煤制甲醇
岗位操作知识问答

刘丽娜　王 鼎　编著

化学工业出版社
·北京·

内容简介

近年来煤制甲醇生产的新工艺、新技术、新设备、新操作更新较快，对本行业技术人员的技能素质要求也越来越高。本书在广泛征求企业技术人员的意见和要求后，按照煤制甲醇企业岗位设置顺序，从每个岗位的基础知识、操作控制等方面，以问答的形式进行编写，便于不同岗位技术人员学习，在全面考虑提高操作与控制水平的同时，也编入了各岗位的安全与防护知识。

本书适合煤化工行业的技工、技术人员阅读参考，也适合于煤化工相关院校师生作为教材使用。本书宜与作者同时编写的《煤制甲醇岗位基础知识问答》配合使用。

图书在版编目（CIP）数据

煤制甲醇岗位操作知识问答/刘丽娜，王鼎编著. —北京：化学工业出版社，2022.1（2022.3 重印）
ISBN 978-7-122-40156-4

Ⅰ.①煤… Ⅱ.①刘… ②王… Ⅲ.①煤气化-甲醇-生产工艺-问题解答 Ⅳ.①TQ223.12-44

中国版本图书馆 CIP 数据核字（2021）第 214246 号

责任编辑：王湘民 　　　　　　　　　　　装帧设计：韩　飞
责任校对：张雨彤

出版发行：化学工业出版社
　　　　　（北京市东城区青年湖南街 13 号　邮政编码 100011）
印　　装：北京印刷集团有限责任公司
850mm×1168mm　1/32　印张 12¾　字数 315 千字
2022 年 3 月北京第 1 版第 2 次印刷

购书咨询：010-64518888 　　　　　　　　售后服务：010-64518899
网　　址：http://www.cip.com.cn
凡购买本书，如有缺损质量问题，本社销售中心负责调换。

定　　价：88.00 元 　　　　　　　　　　　版权所有　违者必究

近年来，由于煤制甲醇行业迅猛发展，新工艺、新技术、新设备、新操作方法不断得到广泛应用，对本行业技术人员的技能素质要求也越来越高，为了更好地满足煤制甲醇行业、企业高技能人才素质的提升需求，在广泛征求企业领导、管理人员及技术人员意见和要求后，结合煤制甲醇生产企业岗位的设置状况，按原料煤进入到产品甲醇的形成过程顺序，进行了本书的编写。

全书分为五章：空分、气化、气体净化、硫回收、合成与精馏。本书是《煤制甲醇岗位基础知识问答》的补充，按照主岗位生产知识的需求，针对岗位理论知识、岗位操作知识、岗位安全环保知识三个部分，重点阐述企业实际生产操作过程内容进行编写。

本书编写主要特点如下。

（1）为了便于学生、煤化工技术人员的阅读和理解，以问答的形式进行编写，问答题可以作为学校、企业的题库及培训教材，也可以作为生产企业对各岗位员工日常技能考核的参考资料。

（2）严格按照煤制甲醇企业岗位设置进行编排，从每个岗位的基础知识、操作控制等方面进行编写，目的是便于不同岗位技术人员的学习。

（3）为了使核心岗位操作工人提升安全意识，在全面考虑提高操作与控制水平的同时，加入了岗位的安全与防护知识。

本书由榆林学院刘丽娜老师、榆林职业技术学院王鼎老师编著。

两位作者均是高校化工专业教师，并且拥有长期从事实践教学的经验，同时也均拥有在煤制甲醇企业三年以上的工作经历，在编写过程中，重点从企业实际生产过程出发、为企业员工技能素质提升考虑，真实体现了本书的应用价值。

由于编写人员水平有限，书中定有不足之处，欢迎读者、专家、同行批评指正。

编　者
2021 年 8 月

目 录
CONTENTS

| 煤制甲醇岗位操作知识问答 |

第二章 | 气化　　　　　　　　　　　　　　　　　　　69

第一节　岗位理论知识补充 •••••••••••••••••••••••••• 69

第四章｜硫回收   241

第一节　岗位理论知识补充 •••••••••••••••••••••••••••• 241

空 分

第一节 岗位理论知识补充

1. 什么是胀差，机组冷态启机时、停机时胀差的变化趋势是怎样的？

答：汽轮机转子与汽缸的相对膨胀，称为胀差，胀差＝转子的膨胀绝对值－汽缸的膨胀绝对值。

冷态启动时，转子受热膨胀快，其膨胀绝对值大于汽缸，差胀向正值方向发展；停机时，转子冷却收缩快，而汽缸的冷却较慢，胀差向负值方向发展。

2. 液氧中乙炔或总烃含量升高时如何处理？

答：（1）加大液氧的排放。
（2）查找乙炔总烃升高的原因。
（3）检验仪表。
（4）含量超过或达到停车值时，必须立即停车。

3. 空气水塔水位过高或过低对精馏工况有何影响？

答：水位过高空气含水量增加，加重了分子筛的吸附负荷，严重时会堵塞换热器和精馏塔，当高过水塔空气入口后会引起空压机喘振。水位过低，大量工艺空气排出，入塔气量减少，氮氧纯度、产量都会受到影响，严重时会产生"液漏"，破坏精馏。

4. 大气中 CO_2 含量上升，空分装置应采取哪些措施？

答：（1）大气中 CO_2 含量升幅不大时，可以通过调节分子筛和再生条件加以控制。

（2）大气中 CO_2 含量升幅较大时，分子筛的吸附时间必须缩短，另外空分装置必须减负荷运行，甚至停车。

5. 空压机中间冷却器冷却效率降低的特征与原因是什么？

答：中间冷却器冷却效率降低，其特征是排气温度高，能耗增加，空气量减小。

原因　①水质不好，冷却器结垢，传热效率下降；②冷却器泄漏，气水相通，使冷却效率下降；③冷却水量少，冷却水温高；④冷却器内空气侧隔板损坏，冷却水侧隔板损坏，使空气和冷却水走短路，会使冷却效率下降。

6. 影响凝汽器端差的原因是什么？

答：热井水位、凝汽器的严密性、凝汽器管子的清洁度、循环水的温度和流量。

7. 什么叫氮塞？

答：由于粗氩中氮含量大幅升高，导致粗氩冷凝器温差减小，甚至为零，这样粗氩气的冷凝量减少，氩馏分的抽出量也将减少，气体上升速度减小，最终造成塔板漏液，粗氩塔精馏工况被破坏。这就是氮塞。

8. 哪些因素会影响氧气纯度？

答：（1）氧气取出量过大。
（2）液空中氧纯度过低。
（3）冷凝蒸发器液面过高。

（4）塔板效率下降。

（5）精馏工况异常。

（6）主冷泄漏。

9. 如何判断液氧泵有汽蚀现象，如何处理？

答： 当液氧泵发生震动，泵的出口压力激烈波动，电机的电流也波动较大或电流较低，流体的连续性遭到破坏，泵的流量急剧下降。则可判断为有"汽蚀"现象，即有部分液体在泵内汽化。

处理方法　打开液氧泵的排放小阀，排出气体，待小阀内排出液体后再关闭，如没有效果，则应该停液氧泵，重新预冷后再启动。

10. 怎样判断分子筛的加热再生是否彻底？

答：（1）首先要求对分子筛进行加热所需的气体压力、流量达到工艺要求的条件。

（2）加热再生过程可通过再生曲线来判断。"冷吹峰值"温度是整个床层再生是否彻底的标志。

11. 分子筛影响吸附容量有哪些因素？

答：（1）温度　吸附容量随温度的升高而减少。

（2）流速　流速越高，吸附效果越差。

（3）再生完善程度　再生解吸越彻底，吸附容量就越大。

（4）分子筛厚度　吸附剂层厚吸附效果好。

12. 为什么过冷器中能用气氮来冷却液氮？

答： 过冷器利用上塔引出的低温气氮来冷却下塔引出的液氮，以减少液氮节流气化率。气氮比液氮的温度低是由于对于同种物质来说，相变温度（饱和温度）与压力有关。压力越低对应的饱和温度也越低。所以从下塔引出的液氮要比上塔气氮的温度高 16℃ 左右，因此，两股流体在流经液氮过冷器时，经过热交换，液氮放出热量而被冷却成过冷液体，气氮因吸热而成为过热蒸气。

13. 造成分子筛带水的原因可能有哪些？

答（1）操作失误引起机后压力大幅度波动。

（2）向空冷塔内较快地加水引起液泛。

（3）纯化器突然放空。

（4）蒸汽加热器串漏。

（5）水中夹带大量泡沫，使气液分离器分离产生困难。

（6）空冷塔水位控制系统仪表失灵。

14. 造成分子筛计时器故障的原因有哪些？

答：（1）泄压不完全。

（2）均压不合格。

（3）冷吹温度不够。

（4）阀位反馈故障。

15. 膨胀机前轴承温度太低的原因有哪些？

答：（1）轴承密封间隙太大。

（2）密封气压力偏低或压差 PDI7488 偏低。

（3）停车时装置冷气体串流。

16. 液氧泵如何加温？

答：（1）停止泵运行，关闭泵的进出口阀。

（2）打开吹除阀排出泵内的液体。

（3）静置一段时间。

（4）打开加温阀加温至常温。

17. 调节阀自控失灵后，如何维护正常生产？

答：调节阀自控失灵后，应及时将调节阀由自动操作改为手动操作；当手动操作无效时，应改为就地操作，同时联系有关人员处理。

18. 低温下阀门卡住怎么办?

答:适当拧松填料函压盖,用蒸汽加温阀套外部,再用"F"扳手用力拧开。

19. 空压站循环水跨接消防水管线投用的前提条件有哪些?

答:(1)二循供空分装置循环水突然中断,空压站需紧急启动时。

(2)全厂检修期间,二循停运,空分装置循环水停止供应时。

(3)夏季循环水温度偏高,影响空压机正常运行时。

20. 进入富氧区的注意事项是什么?

答:(1)不能带火种。

(2)不能穿有铁钉的鞋和容易产生静电的衣服。

(3)出富氧区后,应站在通风处吹除身上携带的氧气。

21. 塔顶液体采出量变大对精馏操作有什么影响?

答:采出量变大,则回流量减少,塔内气液平衡受到破坏。一般来说塔内料液少,气液接触不好,传质效率下降,同时塔顶温度升高,难挥发组分易被带入塔顶,此时精馏效果下降,易造成塔顶产品质量不合格。

22. 为什么空气经过空气冷却塔后水分含量减少?

答:在一定的压力下,饱和湿空气中的含水量随着温度降低而减少,空气在空气冷却塔不断降温下使得部分水分自空气中析出。

23. 节流温降的效果与哪些因素有关?

答:(1)节流前温度越低,温降效果越好。

(2) 节流前后的压差越大，温降效果越好。

24. 蒸汽喷射器的投用程序及注意事项有哪些？

答：先开蒸汽，后开排液阀门，然后根据排放液体的多少，开大或关小蒸汽阀门；防止低温液体不能完全气化或蒸汽浪费。

25. 低温液体储槽应如何操作？

答：首先打开储槽卸压阀门，打开溢流安全阀前阀门。然后打开储槽进液阀门，打开储槽充液阀门，进行充液。充液完毕，关闭充液阀，将储槽压力控制阀投入自动。

26. 过冷器的作用？

答：(1) 可回收出塔气体的冷量。
(2) 降低送入上塔液体的气化率。
(3) 合理分配塔内冷量。

27. 如何判断分子筛纯化系统发生进水事故？

答：分子筛纯化系统进水时，压力忽高忽低波动。

吸附器阻力升高后吸附曲线发生变化，最明显的是冷吹后温度下降，出现平头锋，平头锋曲线距离越长，分子筛进水越多。

28. 空气出空冷塔大量带水的原因是什么？

答：空冷塔空气出塔大量带水的原因如下。
(1) 水位控制系统仪表失灵引起，如水位高时，紧急排放阀打不开，水位自调阀失灵或打不开，翻板液位失灵等原因，这是空冷塔带水的最常见原因；
(2) 操作失误，如空气量突然变化，造成流速过快，也会造成空冷塔带水；
(3) 水中带有大量泡沫，使空冷塔气液分离产生困难，也会造成空冷塔空气出塔大量带水事故。

29. 压缩机的盘车一般在什么情况下进行，其作用是什么？

答：（1）开车前，启动油泵后盘车 2～3 转，检查机内是否有卡滞和摩擦现象。

（2）检修后，检查机内是否留有异物。

（3）停车后，因压缩机在停车前运行时压力温度都较高，停车后仍处于高温状态，而转子已停于某一位置，容易造成局部产生热变形，形成轴弯曲，所以停车后应多次分角度盘车，直到完全冷却下来。

30. 分子筛出口二氧化碳含量超标的原因是什么，如何处理？

答：原因　分子筛长期使用吸附能力下降；分子筛再生不完善；蒸汽加热器泄漏；分子筛吸附水分负荷过大，影响对 CO_2 的吸附；气流脉动等原因造成床层起伏不平，气路短路。

处理措施　更换分子筛；提高蒸汽加热器温度，使加热污氮气进分子筛温度增高；消除蒸汽加热器漏点；降低进气温度，减少进气量；铺平分子筛床层（针对卧式分子筛）。

31. 引起机组真空下降的因素有哪些？

答：引起机组真空下降的因素主要如下。

（1）凝汽器管束内表面脏污，传热热阻增加，使传热端差增大。

（2）真空系统不严密，漏入空气量过大，或抽空气设备运行不良，使凝汽器汽侧积存过量空气，影响凝汽器内的传热，传热端差和过冷度增大。

（3）循环水泵故障或凝汽器铜管被堵塞，或循环水系统阀门未处于全开状态，而导致通过凝汽器的循环水量减少，使循环水温升高。

（4）凝汽器水位过高，淹没了下层管束，冷却面积减小。

32. 为什么空气进入冷箱前要进行净化？

答：空气中除氧氮外，还会有少量的水蒸气、二氧化碳、乙炔和其他碳氢化合物等气体，以及少量的灰尘等固体杂质。这些杂质对空分装置都是有害的，空分装置在低温状态下，这些杂质会形成冰堵，堵塞换热器通道或者管道，使空分装置无法运行，且碳氢化合物含量超标会引起空分装置的爆炸。为了保证空分装置长期安全可靠的运行，必须设置专门的净化设备，清除这些杂质。

33. 为什么临时停车时液氧液面、液空液面会上升？

答：在正常运行时，精馏塔板上的液体由于上升蒸气穿过小孔有一定的速度，能将液体托住。阻止液体从小孔漏下，而只能沿塔板流动，再通过溢流斗流至下块塔板。停车后，由于上升蒸气中断，塔板上的液体失去了上升蒸气的托力，便由各块塔板的筛孔顺次流至底部，积存于冷凝蒸发器和下塔底部。因此，临时停车时，液氧、液空液面均会上升。

34. 为什么精馏塔的下塔压力要比上塔压力高？

答：为了实现上、下塔的精馏过程，必须使下塔顶部的气氮冷凝，给上塔液氧气化提供热源，这个过程是通过冷凝蒸发器来实现的。所以要求冷凝蒸发器的氮侧温度要高于氧侧温度，并保持一定的温差（一般在 $1\sim2.5℃$）。在同样的压力下，氧的沸点比氮高，无法实现上述目的。但由于气体的液化温度与压力成正比，所以通过把氮侧的压力提高，使氮的冷凝温度高于氧的蒸发温度，并保持一定的温差。这样通过提高下塔压力，使它高于上塔压力，就保证了主冷凝蒸发器工作的正常，实现上、下塔的精馏。

35. 跑冷损失与热交换不完全损失在总冷损中分别占多大的比例？

答：单位跑冷损失随着装置容量增大而减小，而大型空分设备设计的热端温差一般均在 $3℃$ 左右，不同装置的单位热交换不完全损失变化不大。因此，随着装置容量增大，单位热交换不完全损失在总冷损中的比例有所增加。不同容量的空分设备，单位热交换不完全损失占总冷损的大致比例如表所示：

装置容量/(m³/h)	1000	3200	6000	10000	20000
热交换不完全损失所占的比例/%	34.2	39.3	46.0	47.0	52.4

可见大容量空分设备，在3℃的热端温差的情况下，热交换不完全损失已占总冷损的一半左右。如果温差扩大1℃，将使总冷损增加16%左右。为了弥补增加的冷损，就要求增大膨胀机的膨胀量，这会影响整个装置的工作。因此，在运转过程中，要注意热端温差的变化，采取相应的措施，防止温差扩大，避免超过设计值，是操作人员的一项重要工作。

36. 跑冷损失的大小与哪些因素有关?

答：跑冷损失取决于由装置周围环境传入内部的热量。跑冷损失的大小与以下因素有关。

（1）绝热保冷措施。在保冷箱内，充填有导热性能差的保温材料，例如珠光砂、矿渣棉等，以减少从外部传入热量。其保冷情况除与保温材料的性能、充填层的厚度、支座的绝热措施等因素有关外，还与充填的情况有关。例如，保冷箱内的死角位置保冷材料是否充满；设备运转后保冷材料有否下沉，使上部产生空隙。影响更大的是保冷材料是否保持干燥。因为干燥的珠光砂的热导率只有$0.03 \sim 0.04 \text{W}/(\text{m} \cdot \text{℃})$，而水的热导率为它的$15 \sim 20$倍，冰的热导率为它的60倍。因此，保冷材料受潮将大大降低绝热性能，增加跑冷损失。如果保冷箱密封不严，保冷箱内部温度降低后，外部湿空气侵入，内部就可能出现结露，甚至结冰。因此要保证保冷箱的密封，并充以少量干燥气体，保持微正压。

（2）运转的环境条件。传热量与传热温差成正比。如果周围的空气温度升高，与装置内部的温差就扩大，跑冷损失也会增加。因此，跑冷损失在夏天大于冬季，白天大于晚间。

（3）空分设备的型号与容量。因为传热量与传热面积成正比，而保冷箱的表面积并不与装置的容量成正比，所以随着装置容量的增大，相对于每立方米加工空气的跑冷损失（单位冷损）是减小的。对一些采用管式蓄冷器的旧型号空分装置，相同容量的制氧机在保冷箱内的设备多，相对来说表面积要大，跑冷损失也会大一些。

对不同容量和型号的空分设备，相对于每立方米加工空气的单位跑冷损失 q_3 大致如下：

小型设备　　　　　$8 \sim 12kJ/m^3$
$1000m^3/h$ 板式　　$7.5kJ/m^3$
$3200m^3/h$ 管式　　$6.3kJ/m^3$
　　　　板式　　$6.1kJ/m^3$
$6000m^3/h$ 管式　　$5.1kJ/m^3$
　　　　板式　　$4.6kJ/m^3$
$10000m^3/h$ 板式　　$4.4kJ/m^3$
$20000m^3/h$ 板式　　$3.6kJ/m^3$
$30000m^3/h$ 板式　　$3.2kJ/m^3$

37. 如何减少热端温差造成的冷损？

答：要使热端温差为零，就要将换热器做成无限大，实际上是不可能的。在设计空分设备时，综合考虑设备投资和运转的经济性，是按选定的热端温差设计的。对大型空分设备，一般允许的热端温差为 $2 \sim 3℃$；对小型中压空分设备，允许温差为 $5 \sim 7℃$。

在实际运转中，换热器的传热面积已确定。如果热端温差扩大，说明返流气体的冷量在换热器内未能够得到充分回收。这可能是由于换热器的传热性能下降造成的，在同样传热面积下能够传递的热量减少；也可能是由于气流量、气流温度的变化造成的，对不同的流程和不同的换热器结构需要进行具体分析。

对分子筛吸附流程的主换热器，造成传热性能下降的原因主要是吸附器的操作不当。由于分子筛吸附器进水，或者因受到气流冲击，分子筛粉化，将粉末带入热交换器，附着在换热器通道表面，进而影响传热性能，造成热端温差扩大。此外，吸附器没有将空气中的水分和二氧化碳清除干净，而进入热交换器则会在传热面上形成冻结层，而使传热系数减小，传热能力降低。这种情况往往还会伴随出现换热器的阻力增高。例如，某 $6000m^3/h$ 制氧机的热端温差从 3℃ 上升至 6℃，主热交换器阻力也从 10kPa 上升至 22kPa。这时需要对主换热器进行加温吹扫，才能使其工况恢复正常。

当进空分设备的空气温度不正常地升高时，应将气体冷却到一定的温度，即需要在换热器中放出更多热量。而换热器的传热面积是一定的，只有扩大传热温差才能达到所需要求，表现在热端温差增大。例如，某 $3350m^3/h$ 制氧机，由于空气进装置的温度从设计值 30℃ 上升至 51.5℃，造成氮气与空气的温差从设计的 4℃ 扩大到 6.5℃，氧气与空气的热端温差从设计的 5℃ 扩大到 18.5℃，这时就应检查空气进塔温度升高的原因，并予以消除。

对于切换式换热器，造成热端温差扩大的原因之一是返流气体的冷量太多，如环流气体量或中抽气体量太大，则会使冷量在热交换器中不能充分回收，出热交换器的返流气体温度降低，使热端温差扩大，这时就应将环流量或中抽量适当调整。

38. 空分设备的节流效应制冷量是否只有通过节流阀的那部分气体（或液体）才产生？

答：在空分设备中，制冷量包括膨胀机制冷量和节流效应制冷量两部分。中压空分设备的膨胀空气进下塔液化后，还要通过液体节流进上塔，而低压空分设备的膨胀空气不再通过节流阀。是否只有通过节流阀的那部分气体（或液体）才产生节流效应制冷量呢？实际上并非如此。节流效应制冷量是由于压力降低、体积膨胀、分子相互作用的位能增加，造成分子运动的动能减小，引起气体温度降低，使它具有一定吸收热量的能力。对整个空分设备来说，进装置时的空气压力高，离开空分设备时压力低，理论上温度可复热到进装置时的温度。此时，低压气体的焓值大于进口时的焓值，它与进口气体的焓差就是节流效应制冷量，不论这个压降是否在节流阀中产生。

气体在膨胀机中膨胀时，计算膨胀机的制冷量只考虑对外做功而产生的焓降。实际上，在压力降低时，同时也增加了分子位能，因而也应产生一部分节流效应制冷量。这部分制冷量并不单独计算，而是按出装置时的低压气体与进装置的压力气体的总焓差，已表示了装置的总节流效应制冷量。在调节膨胀机的制冷量时，也不影响节流效应制冷量的大小。

39. 节流阀与膨胀机在空分设备中分别起什么作用？

答：气体通过膨胀机作外功膨胀，要消耗内部能量，温降效果比节流不做外功膨胀时要大得多。尤其是低压空分设备，制冷量主要靠膨胀机产生。但是，膨胀机膨胀的温降在进口温度越高时效果越大，并且膨胀机内不允许出现液体，以免损坏叶片。

因此对于中压空分设备，出主热交换器的低温空气是采用节流膨胀进入下塔的，以保证进塔空气有一定的含湿。对低温液体的膨胀来说，液体节流的能量损失小，膨胀机膨胀与节流膨胀的效果已无显著差别，而节流阀的结构和操作比膨胀机要简单得多，因此下塔的液体膨胀到上塔时均采用节流膨胀。

由此可见，在空分设备中，节流阀和膨胀机各有利弊，互相配合使用，以满足制冷量的要求。制冷量的调节是通过调节膨胀机的制冷量来实现的；空分塔内的最低温度（−193℃）则是靠液体节流达到的。

40. 在空分塔顶部为什么既有液氮，又有气氮？

答：与烧开水的情况类似，大气压力下水温升高到100℃，水开始沸腾，但水不是一下子全部变成蒸汽的，而是随着热量的吸收汽化量不断加大。在汽液共存的阶段，叫"饱和状态"，该状态下的蒸汽叫"饱和蒸汽"，水叫"饱和水"。在整个汽化阶段，蒸汽与水具有相同的温度，所以又叫"饱和温度"。

精馏塔顶部的情况与此类似，气氮与液氮是处于共存的饱和状态，具有相同的饱和温度。但相同温度下的饱和液体及饱和蒸气属于不同的状态。饱和蒸气放出热量可冷凝成饱和液体，温度保持不变，这部分热量称为"冷凝潜热"；饱和液体吸收热量可气化成饱和蒸气，温度也维持饱和温度不变，这部分热量称为"蒸发潜热"。对同一种物质，在相同的压力下，二者在数值上相等。

41. 冷状态下的全面加温与热状态下全面加温有何不同，操作方法有什么区别？

答：冷状态下的全面加温是停车后的加温操作。主要目的是清除残留的水分、二氧化碳、乙炔等杂质，为下周期的长期运转或检修做好准备。

热状态下的全面加温是开车前的加温操作。其主要目的是清除水分和一些固体杂物。

热状态下的全面加温，塔内温差较少，一般小于 60℃；而冷状态加温，温差大于 200℃。为了防止塔内容器、管道的热应力过大而损坏，冷状态下的全面加温与热状态下的全面加温在操作程序上是有区别的。

冷状态下的全面加温程序是停机—排液—静置—冷吹—加温—系统吹除，加温终点是加温气体出口温度达到常温为止。热状态下的全面加温操作程序分加温和吹除两步。为彻底清除水分达到干燥的目的，加温气体的出口温度要高于常温。为了清除固态杂物，热状态下的全面加温操作中吹除的环节显得更为重要。

42. 空分设备的保冷材料有几种，分别有何特性？

答：常用的保冷材料有碳酸镁、玻璃棉、珠光砂及矿渣棉，其特性如表所示。

名称牌号	密度 /(kg/m³)	热导率 /[W/(m·K)]	比热容 /[kJ/(kg·K)]	其他特性
碳酸镁	400 130	0.05～0.07 0.03～0.04	1.00 1.00	含水率 <2.5%
玻璃棉	130	0.047	0.84	直径 3～30μm

续表

名称牌号		密度 /(kg/m³)	热导率 /[W/(m·K)]	比热容 /[kJ/(kg·K)]	其他特性
膨胀珍珠岩 （珠光砂）		≤80（一级） 150（二级）	0.04～0.058 0.04～0.05	0.67 0.84	粒径1mm以下 ＞90% 粒径1～2mm ＜10% 含水率 ＜0.5%
矿渣棉	100号	≤100	0.044	0.75	含水率 ＜2%
	150号	≤150	0.038～0.047	0.84	
	200号	≤200	0.033～0.052	0.84	

由于珠光砂重量轻，保冷性能好，价格较便宜，流动性好，易于装填，目前主要用它作为设备保冷材料。在箱体底部可装一层矿渣棉，对经常需要检修的局部隔箱中也宜装矿渣棉或玻璃棉。

43. 充填保冷材料时要注意什么问题？

答：（1）充填之前，应烘干保冷箱基础上面的水分。

（2）充填时，空分设备内的各设备、管路均应充气，充气压力为0.045～0.05MPa，并微开各计器管阀门通气。同时使各铂电阻通电，随时监视计器管和电缆是否发生故障。

（3）注意保冷材料内不得混入可燃物，不得受潮。

（4）不宜在雨、雪天装填。

（5）装填应密实，不得有空区，装填矿渣棉时应用木锤或圆头木棍分层捣实，并在人孔取样检查其密度。

（6）装填保冷材料的施工人员应采取劳保措施，并注意人身安全，在充填口加铁栅。

（7）开车后保冷材料下沉时应注意补充。

第二节　岗位操作知识

1. 请简述空分装置的工艺流程

答：从空气过滤器出来的空气被去除了尘埃和其他机械杂质

后，经过空压机压缩至所需压力。该空气进入双级空冷塔，先用常温水加以冷却清洗，再经过低温水进一步冷却。低温水是通过冷却水在氮水塔冷却以后得到的。大量有害元素如 SO_2、SO_3、NH_3 等在空冷塔中被去除。

从空冷塔出来的空气送入到由充填着氧化铝和分子筛的纯化器（R01）或（R02）所组成的一个吸附水、二氧化碳和碳氢化合物的吸附系统。两台纯化器交替运行：当一台在运行的时候，另一台被来自冷箱的污氮再生。

净化后的低压空气主气流直接进入冷箱，并在主换热器中与气态产品进行对流热交换而冷却至接近露点。这股低压空气气流与透平膨胀机膨胀后的气体汇合后，部分进入中压塔底部作首次分离。上升气体和下降液体接触后氮的含量升高，所需回流液来自中压塔顶部的主冷凝蒸发器中被沸腾氧气冷凝的液氮。

其余的净化空气送入空气增压机压缩，排出的压缩气体一部分通过换热器换热并经过膨胀机膨胀后，送入精馏塔参与精馏；另一部分经膨胀机增压端压缩，在高压氧换热器中与高压液体产品换热并液化后经过节流，部分送入中压塔中部，部分经过冷器送入低压塔上部进行低温精馏。

从上到下，中压塔产出如下产品：纯液氮（LIN）；压力气氮（GAN）；富氧液空（LR）。

压力气氮经复热后出冷箱，压力约为 0.45MPa。

纯液氮经过过冷器后作为液氮产品输出，可送入低温液体贮槽。

低压塔（K02）产生如下产品：在底部的液氧（LOX）；在顶部的污氮（WN）。

从低压塔的底部抽出液氧，送入液氧泵增压至 8.5MPa（界区压力），然后进入高压氧换热器，在其中被气化并复热至大气温度，可直接送入产品气管网。在顶部的污氮送入过冷器以过冷来自中压塔的液体，然后进入主换热器复热至大气温度，用于纯化系统的再生和氮水塔中冷却水的冷却。

2. 分子筛出口二氧化碳含量超标的原因是什么，如何处理？

答：原因　分子筛长期使用吸附能力下降；分子筛再生不完善；蒸汽加热器泄漏；分子筛吸附水分负荷过大，影响对 CO_2 的吸附；气流脉动等原因造成床层起伏不平，气路短路。

处理措施　更换分子筛；提高蒸汽加热器温度，使加热污氮气进分子筛温度增高；消除蒸汽加热器漏点；降低进气温度，减少进气量；铺平分子筛床层（针对卧式分子筛）。

3. 为什么空气进入冷箱前要进行净化？

答：空气中除氧氮外，还会有少量的水蒸气、二氧化碳、乙炔和其他碳氢化合物等气体，以及少量的灰尘等固体杂质。这些杂质对空分装置都是有害的，空分装置在低温状态下，这些杂质会形成冰堵，堵塞换热器通道或者管道，使空分装置无法运行，且碳氢化合物含量超标会引起空分装置的爆炸。为了保证空分装置长期安全可靠的运行，必须设置专门的净化设备，清除这些杂质。

4. 分子筛纯化器再生过程中，冷吹峰值达不到设计要求（60℃），应如何补救？

答：在纯化器进入下一个再生阶段时，增加加热时间，提高再生气温度和气量，对其进行彻底的解吸。

在该纯化器再生的过程中适当减少加工气量，一般在正常生产过程中，不允许随意减少加工负荷，所以该方法一般不采用，如果采用则需联系生产调度，联系后续装置降低负荷。

5. 下塔液空液位过高如何处理？有什么危害？

答：处理方法　有检查下塔液空液位调节阀是否失灵；如有故障联系仪表处理，手动调节该阀门保持下塔液空液位在正常范围内；检查液空液位指示是否正确，找仪表检查副管是否漏气；检查增效塔氩冷液空液位调节阀是否失灵，如有故障联系仪表处理，手动调节该阀门保持下塔液空液位在正常范围内。

危害 造成进下塔空气量减少阻力增加，严重时会造成空压机喘振。

6. 水浴式蒸发器在操作时要注意哪些问题？

答：（1）先通水到蒸发器内，至溢流口有溢流流出。

（2）慢慢通入蒸汽并将温度设定 $60℃$。

（3）先开气体出口阀再慢慢送入低温液体，用调节阀调节到所需流量并控制好出口温度，防止出口管道结霜。

7. 空气在预冷系统中的温降减小会对空分设备有什么影响？此时应如何操作？

答：影响 ①空气进入分子筛吸附器的温度升高，空气中饱和含水量增高；②分子筛负荷增加，吸附能力下降；③在吸附器后期将会有大量二氧化碳被带入主换和精馏塔，将主换精馏塔堵塞，严重时必须停车重新加温。

操作 ①适当减少进分子筛的空气量减轻吸附器的负荷，缩短吸附周期保证在吸附容量允许的范围内工作；②监视好吸附器出口空气中二氧化碳含量在 $1×10^{-6}$ 以下；③适当减少产品氮流量，增加去水冷塔氮气量，尽可能降低冷却水温度增大冷却水流量。

8. 空分装置减少产量的方法有哪些？

答：（1）减少进入分馏塔的空气量。

（2）调整膨胀机膨胀量，减少产量。

（3）把产品气取出阀关小。

（4）适当调整氧、氮纯度。

（5）经常检查纯度和液面。

9. 空分装置中主冷总碳含量超标的原因及处理方法有哪些？

答：超标原因 ①主冷未全浸操作，液氧循环、流动状态不好，造成碳氢化合物在某些死角局部浓缩析出；②液氧中二氧化碳等固体杂质过多，加剧液氧中的静电积聚；③化验时只做了乙炔含量分析，未做其他碳氢化合物含量的分析；④大气中碳氢化合物含量过高；⑤分子筛吸附器吸附效率下降。

处理方法 ①主冷必须全浸操作，加强液氧循环量，增加液氧的排放量；②减少二氧化碳的进塔量，把分筛吸附器后空气中二氧化碳含量控制在 $1mg/m^3$ 以下；③主冷中所有碳氢化合物分析必须要全做，以便及时发问题及时处理；④空分装置应处在上风口，减少碳氢化合物的吸入量，在大气中碳氢化合物含量高时，加强对主冷液氧中碳氢化合物的检测，以便及时处理；⑤对分子筛吸附剂进行活化，如果是分子筛吸附剂老化、失效，要对分子筛吸附剂进行更换。

10. 请分析空分装置氧气纯度过低的原因，并写出处理措施？

答：原因 ①氧取出量过大；②液空含氧量低；③主冷液氧液面过高；④塔板效率下降；⑤精馏工况异常；⑥主冷泄漏。

处理措施 ①减少氧取出量；②调整下塔精馏工况，适当提高液空含氧量；③减小膨胀量，排放部分液氧；④停车加温，调整精馏工况；⑤停车检修。

11. 抽气器启动操作及注意事项是什么？

答：（1）应保证排气管畅通无阻。

（2）中间冷却器和后冷却器的凝结水疏水管路应畅通。

（3）开启冷却水进/出口阀门，使冷却水循环于中间冷却器和后冷却器。

（4）首先启动起动抽气器（在凝汽器内压力达到设计值时，起动主抽气器，并逐渐关闭起动抽气器，在停止起动抽气器工作之前，应先关闭抽气管路上的阀门，而后停止蒸汽供应，以防大气经过起动抽气器倒流入凝汽器）。

（5）开启Ⅱ级射汽抽气器。

（6）开启Ⅰ级射汽抽气器。

（7）为了保证抽气器之冷却器冷却管束的冷却，凝结水泵应在抽气器停用之后再停止运行。

12. 空分装置正常停车的步骤有哪些？

答：（1）停产品氮压缩机。

（2）开启氧、氮产品管线上的放空阀。

（3）切换仪表空气系统（两套全部停车时，仪表空气由空压站提供）。

（4）压缩机组逐渐减负荷，停运增压透平膨胀机。

（5）打开压缩机组放空阀。

（6）停机组。

（7）停冷水机组和水泵，停空冷系统的水泵。

（8）停分子筛纯化器的切换系统。

（9）视上、下塔内的压力情况关闭产品放空阀，关闭空气入塔阀门。

（10）若停车时间过长，需要将塔内液体排放。

13. 制氧系统临时停机后的启动顺序如何？

答：（1）启动空气压缩机组缓慢增加压力。

（2）启动空气预冷系统的水泵和冷水机组。

（3）投用分子筛纯化器。

（4）缓慢向分馏塔送气、加压。

（5）启动和调整增压透平膨胀机。

（6）调整精馏系统。

（7）调整产品产量和产品纯度达标。

14. 空分装置预冷系统如何进行启动操作？

答：空冷塔压力达到正常值并稳定；启动常温水泵，观察底部液位，打开控制阀将液位控制在设计范围内；打开常温水向冷冻水系统补水阀；调整冷冻机阀门启动冷冻泵；正常后调整补充水阀控制补充水量在设计范围内；启动低温水泵。

15. 膨胀机的正常停车步骤是什么？

答：（1）缓慢开启膨胀机增压端出口的回流阀，同时关小喷嘴。

（2）当膨胀机转速达到临界转速时，紧急切断阀失电关闭，喷嘴联锁全部关闭。

（3）当膨胀机完全停止后，关闭膨胀机出口阀门。

（4）开启蜗壳吹除阀，将机体内压力泻出一部分。

（5）关闭增压段进出口阀门。

（6）在操作中注意增压机的运行情况。

（7）如不需要加温吹除，膨胀机轴承温度平稳后，停油泵运行。

16. 如何控制膨胀机的机后温度，防止膨胀机带液？

答：（1）控制机前温度不要太低，可通过高压板式换热器效果来调整。

（2）通过膨胀空气旁路阀来控制。

（3）通过调整膨胀机的喷嘴开度和增压端回流阀开度来调整。

（4）通过增压机出口空气压力的控制来调整。

17. 为什么膨胀机膨胀的温降效果要比节流大得多？

答：空气从 0.6MPa 节流到 0.1MPa 的温降只有 1℃左右，而通过膨胀机膨胀，理论上温降可达 80～90℃，温降效果要比节流好得多。其原因是节流过程不对外输出功，温度降低是靠分子位能增加而引起的。而膨胀机膨胀时，气体的温度降低不仅是因为压力降低，造成分子的位能增加，而使分子运动的动能减少引起的，更主要是由于对外做功造成的，所以温降的效果要比节流时大得多。

18. 透平膨胀机为什么是带压力的密封气？

答：透平膨胀机要求进入膨胀机的气体全部能通过导流器和工作

轮膨胀产生冷量，但由于工作轮是转动部件，机壳是静止部件，低温气体有可能通过机壳间隙外漏，这样使膨胀机总制冷量下降，并且冷损增加；另外，冷量外漏后有可能使轴承润滑油冻结，造成机械损坏。因此必须采用可靠密封。通常都采用迷宫式密封。当气体流经密封间时，压力逐渐降低，泄漏量的大小取决于压差的大小，所以如果将密封装置外侧加上低压力的密封气，就可以减少压差，从而减少气体泄漏量，同时也可防止轴承润滑油渗入密封，进入膨胀透平机内。

19. 简述空分装置切换机组油冷器的步骤

答：（1）确认备用油冷器冷却水进口阀打开，打开水侧排气阀，排气完关闭，打开冷却水出口阀。

（2）确认备用油冷器油侧排污阀关闭，各处连接完好，打开两台油冷器间的充油阀。

（3）打开备用油冷器油侧排气阀，当从回油试镜中看到排出的油不夹带油沫且备用油冷器温度正常，油冷器均压完毕，关闭备用油冷器排气阀。

（4）缓慢扳动切换三通阀的切换手柄，将在用油冷器切出，将切换手柄扳到在用油冷器上。

20. 简述液氧泵的切换步骤

答：（1）确认备泵加温已合格，确认备泵预冷结束，拍下备泵紧停按钮现场对备泵盘车，确认正常，复位现场紧停按钮。

（2）确认液氧泵备泵进口阀全开，回流阀开度在60％。

（3）DCS 中按下复位按钮复位液氧泵备泵。

（4）DCS 点开逻辑图确认备泵联锁启动条件满足，DCS 画面显示"PUMP READY"。

（5）DCS 中按下液氧泵备泵启动按钮启动液氧泵。

（6）确认泵启动后，备泵排气阀将自动打开排气1分钟。

（7）调节备泵负荷至泵出口压力 5.12MPa；检查液氧泵的电机电流、轴承温度、密封气压力、密封气压差等正常，现场对泵测振、测温确认泵运行正常。

（8）给备泵出口阀的电磁阀通电，将出口阀缓慢开至全开，同时调节运行泵和备用泵的出口压力保持稳定。

（9）缓慢关闭运行泵的出口阀，过程中要密切注意高压氧的流量和压力的变化。

（10）运行泵的出口阀全关后，确认氧压力流量无异常后，将运行泵的负荷降到最低后停泵。

（11）停泵正常后，将备泵排气程序、排液程序投入自动。

（12）将备泵选择按钮选至刚停止的泵上。确认运行泵无异常，切泵完毕。

21. 1.0MPa 蒸汽压力突然下降的应急处理如何？

答：（1）中控发现 PI1146 低报警，汽机排气压力 PI7917 上涨后，立即汇报车间领导、生产调度。

（2）联系生产调度提高低压蒸汽管网压力。

（3）及时监控汽机排气压力变化情况。

（4）如纯化系统处于加热状态，汇报车间领导，将纯化器打至手动控制状态，联系现场关闭 E08 进口蒸汽阀，纯化系统进行延时加热（延时时间控制在 20 分钟内）。

（5）如汽机排气压力报警后，立即将后备系统启动，负荷提至正常备用，提前做好装置跳车应急准备工作。

（6）空分装置进行降负荷操作。

（7）如出现装置跳车后，则立即启动空分装置跳车应急预案。

22. 空压站循环水跨接消防水管线投用操作步骤如何？

答：（1）报告公司调度，需投用空压站循环水跨接消防水管线。

（2）接调度指令后，投用空压站跨接消防水管线。

（3）打开消防水跨接循环水两道阀门，阀门开度控制在 6～8 扣，空压机启动条件确认后正常启动。

（4）如出现二循停车或循环水中断时，立即关闭空压站循环水上水总阀，报告公司调度投用消防水跨接循环水管线，全开空压站回水至下水井阀门，空压机启动条件确认后正常启动。

（5）消防水投用后控制仪表空压机上水压力≤0.45MPa，防止管线超压。

（6）阀门开关时，专人监护，严格落实安全措施。

（7）循环水管网恢复正常后，及时报告调度将消防水切至循环水系统。

23. 空气中的杂质通过哪些方式去除？

答：（1）自洁式入口过滤器F01除去部分灰尘和大颗粒机械杂质。

（2）通过预冷系统除去SO_2、SO_3等酸性物，NH_3和水。

（3）通过纯化系统除去CO_2、H_2O、C_2H_2等。

（4）通过不凝气气吹除，除去主换热器E02中的不凝气体。

（5）通过液氧泵除去碳氢化合物。

24. 正常生产时，主冷液面逐渐下降，如何分析原因采取对策？

答：主冷液位下降，表明装置冷损大于制冷量，应从冷损增大和制冷量减少两方面着手。

（1）对于冷损增大要采取的措施 ①检查跑冒滴漏，进行消除；②检查挂霜情况，进行保温；③检查换热器复热情况，进行工况调整。

（2）对于制冷不足要检查 ①调整机组运行工况；②膨胀机效果是否不足；③调整膨胀气量，保持最大制冷能力运行。

（3）空分装置投用机组油滤器的操作 ①确认油滤器排气阀、排污阀关闭；②将油滤器切换手柄投至一台油滤器止点；③确认关闭油滤器均压阀；④打开油滤器排气阀，观察回油视镜无夹带气泡的回油时关闭排气阀，确认油滤器压差在正常指标。

25. 怎样进行裸冷，裸冷后要做些什么工作？

答：裸冷中应依次把精馏塔、主冷凝蒸发器等主要设备冷却到最低温度，各保持 2 小时。然后冷却整个空分设备，直至达平衡温度，使所有设备管道处表面都结上白霜，并保持 3～4 小时。

在冷态下应详细检查各部位的变形和泄漏。泄漏点的位置可根据结霜的情况加以判断，并应做好标记。冷冻后首先应将法兰螺钉再次拧紧，以弥补低温下因热胀系数不同而引起的螺钉松弛现象，亦应注意不可拧得太紧，以防预应力太大。然后扫霜，并避免使霜熔化在保冷箱内，影响保冷材料的充填，再加温至常温后作气密性试验。

若有处理项目，处理后需再次裸冷。裸冷的次数与合格标准视具体情况而定。裸冷合格后各吸附器装上吸附剂，保冷箱装保冷材料。

26. 怎样装填分子筛纯化器的分子筛？

答：在充装分子筛前，要检查筛床不能有漏分子筛的问题，否则要进行处理。罐内不能有油及其他杂物；参加充装的人员不能穿有带钉子的工作鞋，以免踩坏筛床；要穿干净的、不能有油的工作服。在中间部位要做几个标准高度标记，先检查环室，并充装铝胶达到标准高度，然后充装分子筛。因分子筛用量大，一般不同窑次生产出的分子筛有些差别，所以，要将同一批窑次的分子筛均匀地对两个分子筛罐进行平均充装。充装完成后先用扒平机构扒平，检查分子筛充装是否达到标准高度（环室内已被分子筛埋在下面）。再次对分子筛进行扒平工作，直到筛床上的分子筛平整，没有凹凸现象。检查合格后可认为充装工作结束。

对有器外活化条件的用户，按下述步骤进行。

（1）首先将准备装填的分子筛彻底活化、待填。

（2）拆开准备装填分子筛纯化器顶部的空气进口管和过滤管。

（3）把经活化后的分子筛装入器内，装满为止，并注意记下装填分子筛的数量，为了装填密实，可用木锤在筒体的封头上敲击。

（4）分子筛装完后，再装回管路、过滤管和阀门，并注意连接法兰的螺钉应均匀、对称地拧紧；阀门需经脱脂后装好填料；氮气加温阀的填料还应采用耐高温的膨胀石墨或石棉线。

对没有器外活化条件的用户，可将分子筛筛去粉末后直接入装纯化器内，装填步骤和注意事项与上述（2）、（3）、（4）相同，所不同的仅在于对新换上的分子筛，在装置内还有待进行再生后才能使用。

27. 空分设备的试压和检漏如何进行？

答：试压和检漏都是空分设备的气密性检查。其目的是考查安装、配管和焊接质量。空分设备的试压有两种：一是强度试压，考验设备安全性，一般是单体设备在制造厂或设备运抵现场后在安装前进行；二是气密性试验，目的是查漏。一般空分设备在安装中的全系统试压均指后一种而言。气密性试验的压力等级与试验方法视所试的对象而不同，应按制造厂的技术文件规定进行。一般空分设备安装后要进行全系统试压并计算残留率。残留率要求到 95％ 以上为合格。

28. 空分设备的运转周期与哪些因素有关？

答：空分设备运转周期的确定，在设计时主要是根据微量二氧化碳带入空分塔后逐步积累，直至因造成堵塞而无法继续运转的时间间隔。在正常情况下，全低压制氧机的连续运转时间应在一年以上，新的分子筛吸附流程连续运转的时间可以长达二年以上。但在实际运转中，情况要比设计情况复杂得多。影响运转周期的主要因素包括制氧机设备及运转机械连续工作的能力，启动前加温吹除的好坏，启动阶段及正常运转中操作水平的高低，空气负荷的大小等。

造成制氧机未到规定周期即需停机检修的原因，大部分是由于运转机械及切换系统的故障。主要是空压机、膨胀机、液氧泵的故障，同时，空分的强制阀、自动阀，某些换热器的内部泄漏，以及内部低温阀门的损坏、内部泄漏，管道膨胀节疲劳断裂等，都会使制氧机在中途需要停车检修。

制氧机启动前的加温吹除及启动阶段的操作，也直接影响运转周期。常常有这种情况发生：由于急于制氧，加温吹除不彻底，塔内残存水分，造成启动后蓄冷器或可逆式换热器阻力过大，有时精馏塔阻力也过大，以致经常发生液泛。在启动阶段中，度过水分及二氧化碳冻结区的时间拖长，切换式换热器冷端温差没有控制在允许范围（在启动阶段，这个温度范围是随着温度降低而逐渐减小的）之内，都会造成带入空分塔的水分及二氧化碳杂质增多。空分设备的启动过程中断或多次启动，都会造成蓄冷器或切换式换热器温度的回升而使二氧化碳大量带入塔内，从而使运转周期缩短。

正常操作中，对运转周期影响最大的是切换式换热器冷端温差控制的好坏。这个温度控制不好，一方面会造成切换式换热器的自清除效果不好，二氧化碳在换热器内积累而使其阻力上升；另一方面会使少量的二氧化碳带入塔内。由于气流的冲击作用，蓄冷器和切换式换热器冷端的空气中，二氧化碳的实际含量会超过饱和含量，这也会对运转周期造成影响。尤其是切换式换热器的冷段过短，二氧化碳的析出区缩短，更容易将部分二氧化碳带入塔内，造成精馏塔阻力增加，主冷换热减弱，过冷器堵塞，下塔压力升高，进塔空气量和氧产量下降。

切换式换热器带水也将使运转周期缩短。通常是由于氮水预冷器操作不当引起的。而轻微进水往往是由于忽视了对水分离器的吹除和进切换式换热器空气总管中冷凝水的排放。

进空分设备加工空气的状态也是影响运转周期的一个重要因素。因为空气量或进装置空气温度提高，都会使蓄冷器或切换式换热器清除水分的负担加重，换热温差增大。在冷端就表现为自清除不良，阻力上升加快。因此，高负荷生产时运转周期一般也会缩短，而低负荷时运转周期一般可延长。

29. 上、下塔分置的制氧机当进装置空气压力突然下降时，为什么上塔液氧液面会猛涨，氧气产量、纯度下降？

答：对上、下塔分置的制氧机，上塔底部的液氧靠液氧泵送至下塔顶部的主冷,当进装置空气压力突然大幅度下降时(如强制阀发生故障),上塔压力、主冷压力也都会先后降低。对液氧泵来说,其进口的液氧应处在过冷状态下,因为若部分液氧在泵中气化,将使泵的输送能力下降,不能顺利向主冷输送液氧。当上塔压力下降太大时,液氧泵进口的液氧温度将超过该压力对应的饱和温度,造成部分液氧气化而产生"带气"现象,使液氧无法送出,造成上塔底部液面的上涨。

此外,当空气旁通,下塔压力突然降到 0.2MPa 时,使主冷温差减小,主冷的热负荷降低很多,液氧蒸发不出去,甚至可能引起塔板漏液,造成液面猛涨。此时如果氧产量不及时调小,上塔上升的蒸气必然减少,提馏段的液气比增加,液氧纯度降低,若塔板漏液,纯度将降低得更快。因此强制阀发生故障时,将会引起塔内一系列的变化,工况遭到破坏,危害很大,生产中必须对此引起足够的重视。

30. 如何提高制氧机运转的经济性?

答:制氧机的经济性主要是指生产单位产品(每 $1m^3$ 氧气)所需的成本。成本中包括电耗、水耗、油耗、蒸汽消耗、辅助物料消耗、维修费及生产管理费用等。为了提高制氧机运转的经济性,应该力求生产更多的产品,降低生产成本。成本中电耗占主要部分,电耗主要是压缩空气消耗的能量,其次是压缩氧气的能耗。通常以生产 $1m^3$ 氧气所消耗的电能($kW \cdot h$)作为衡量制氧机性能的一项指标。压缩机的能耗与压缩空气量、排气压力及压缩机的效率有关。提高氧气生产的经济性的关键是提高管理水平和人员素质,应从以下几方面着手。

(1)降低制氧机的操作压力,以减少空压机的电耗,为此应尽可能减少设备、管路的阻力,降低上塔压力,保持一定的主冷液面,使主冷在最佳的传热工况下工作,以缩小主冷温差,降低下塔压力;尽量减少冷损。

(2)提高压缩机的效率,首先要加强中间冷却器管理,使空气得到良好的冷却。

（3）增加空气量，减少切换损失，杜绝漏损，以便有更多的加工空气进塔参加分离。

（4）增加氧气产量，提高氧的提取率，在调整中应力求降低氮中含氧。

（5）延长设备的连续运转周期，减少停机检修时间，为此要加强设备的日常维护，定期检修设备，保证水分及二氧化碳的清除效果。

（6）绝对避免塔内低温液体、气体的泄漏，在对单体设备加温时，温度也不宜过高。

（7）综合利用生产多种产品。

31. 能否采用往塔内充灌液氧来缩短空分设备启动阶段的时间？

答：空分设备的启动包括设备的冷却、积液和调纯三个阶段。对一定的设备来说，启动所需要的时间大致是一定的。对低压空分设备，空压机的压力没有什么调节的余地，一般靠配备两台膨胀机同时工作，以增大启动阶段的制冷量，缩短启动时间。即使如此，按最大的制冷能力和装置冷却、积液所需的冷量，装置的启动时间也需要 36 小时以上。

大型空分设备一般还配置有液氧储罐，作为紧急备用氧。如果有必要，能否采用往塔内充灌液氧来缩短空分设备启动阶段的时间呢？从理论上来说是完全可能的。如欲向主冷内反充 $1m^3$ 的液氧，则相当从外部提供了 $0.47 \times 10^6 kJ$ 的冷量，约为 $5000m^3$ 的膨胀空气在 2 小时内的制冷量。有的厂曾做过试验，启动时往塔内充灌 $20m^3$ 的液氧，对 $6500m^3/h$ 空分设备而言可缩短启动时间 16.5 小时；对 $10000m^3/h$ 空分设备可缩短启动时间 8 小时以上。当然，往塔内充灌液氧时，一是要注意时机，一是要等装置冷却到开始在主冷内产生液体时，再往里灌，以免因温差过大产生热应力而破坏设备；二是要注意充灌压力。因为只有高于上塔底部压力时才能灌入液氧，但又不能超过液氧储罐的安全阀设定压力，以免安全阀动作。

32. 如何把氧气产量调上去？

答：影响氧产量的因素，除了尽可能减少空气损失，降低设备阻力，以增加空气量；尽可能减少跑冷损失、热交换不完全损失和漏损，以减少膨胀空气量外，这里主要从调整精馏工况的角度，分析一下调整产量的方法。

（1）液面要稳定，液氧液面稳定标志着设备的冷量平衡，如果液氧面忽高忽低，调整纯度就十分困难，合理调节膨胀量和液空、液氧调节阀开度，使液氧面稳定。

（2）调节好液空、液氮纯度，下塔精馏是上塔的基础，液空、液氮取出量的变化，将影响到液空、液氮的纯度，并且影响到上塔精馏段的回流比。如果液氮取出量过小，虽然氮纯度很高，但给精馏段提供的回流液过少，将使氮气纯度降低。此时由于液空中的氧浓度低，将造成氧纯度下降，氧产量减少。所以下塔的最佳精馏工况应在液氮纯度合乎要求的情况下，尽可能加大取出量，一方面为上塔精馏段提供更多的回流液；另一方面使液空的氧浓度提高，减轻上塔的精馏负担。这样才有可能提高氧产量，需要说明的是，液氮纯度的调节要用液氮调节阀，不能用下塔液氮回流阀，回流阀在正常情况下应全开。

（3）调整好上塔精馏工况，努力提高平均氮纯度。平均氮纯度的高低标志着氧损失率的大小，而平均氮纯度又取决于污氮纯度的高低。因为污氮气量占的比例大，污氮的纯度主要靠下塔提供合乎要求的液氮来保证。当下塔精馏工况正常，而污氮纯度仍过低时，则可能是上塔的精馏效率降低（例如塔板堵塞或漏液），或是膨胀空气量过大，或是氧取出量过小、纯度过高，使上升气量增多，回流比减小。要改善上塔的精馏工况，主要是控制氧、氮取出量，一方面二者的取出量要合适；另一方面阀门开度要适度，以尽可能降低上塔压力，有利于精馏，提高污氮纯度。

33. 氧产量达不到指标有哪些原因？

答：影响氧气产量主要有下列因素。

（1）加工空气量不足　①环境温度过高；②大气压力过低；③空气吸入过滤器被堵塞；④电压过低或电网频率降低，造成转速降低；⑤中间冷却器冷却效果不好；⑥级间有内漏；⑦阀门、管道漏气，自动阀或切换阀泄漏；⑧对分子筛纯化流程来说，可能是切换蝶阀漏气。

（2）氮平均纯度过低　①精馏塔板效率降低；②冷损过大造成膨胀空气量过大；③液氮纯度太低，液氮量太大；④液氮量过小；⑤液空或液氮过冷器泄漏；⑥污氮（或馏分）取出量过大；⑦液空、液氮调节阀开度不当，下塔工况未调好。

（3）主冷换热不良　主冷换热面不足或氮侧有较多不凝结气体，影响主冷的传热，使液氧的蒸发量减少。

（4）设备阻力增加　由于塔板、液空吸附器或过冷器堵塞，液空、液氮节流阀开度过小或被堵塞，将造成下塔压力升高，进塔空气量减少。当切换式换热器冻结时，也将造成系统的阻力增加，进塔空气量自动减少。

（5）氧气管道、容器存在泄漏。

34. 为什么全低压空分设备中规定要经常排放相当于1%氧产量的液氧到塔外蒸发呢？

答：以往认为，分馏塔爆炸的原因是乙炔引起的，在防爆系统中设有液空和液氧吸附器，吸附乙炔的效率可达98%左右。国外经过多年实践和研究发现，爆炸源除了乙炔之外，尚有饱和及不饱和的碳氢化合物——烃类，如乙烷、乙烯、丙烷、丙烯等在液氧中富集。这些物质在吸附器中也能被吸附掉一部分，但是吸附效率只有60%～65%。由于它们在液氧中的分压很低，随气氧一起排出的数量很少（除甲烷外），剩下的就会在液氧中逐渐浓缩，一旦增浓到爆炸极限就有危险。

为了避免液氧中烃类浓度的增加，根据物料平衡，需要从主冷引出一部分液氧，把烃类从主冷中抽出一部分。抽出的液氧最小量相当气氧产量的1%再另行气化。还规定把液氧面提高，避免产生液氧干蒸发（在蒸发管出口不含液氧），防止碳氢化合物附着在管壁上，以增加设备的安全性，在国产全低压空分流程中也已采用了这项措施。

35. 空分设备在启动和正常操作中能靠冷凝蒸发器积累液体吗？

答：这个问题要对启动和正常操作两个阶段分别分析。

在启动阶段，积累液体的任务靠液化器来完成，而不能靠冷凝蒸发器。即使把膨胀空气引入冷凝蒸发器，由于传热效果很差，也不能胜任积累液体的工作。不仅如此，问题还在于冷凝蒸发器的结构上并没有膨胀气体进出的回路。

在正常操作阶段，表面上看液氧面的升降是从冷凝蒸发器反映出来的，实际上是一系列传热的结果。怎样把冷量转化为产生液体呢？当冷凝蒸发器处在冷量平衡阶段，如果还要液氧面上涨，就得增加膨胀量或提高膨胀机前压力，即增加制冷量。由于膨胀量的增加，进下塔的空气量减少，使冷凝蒸发器的热负荷减少，蒸发的液氧就相对减少了，表现为液氧面上涨；如果膨胀量未变，只是提高单位制冷量，即提高膨胀前温度（减少旁通量），则必然使环流气体在切换式换热器中放出的冷量增多，使正流空气进塔的能量（焓值）降低，也将减小冷凝蒸发器的热负荷，液氧蒸发量减少，液氧面上涨，所以多余的冷量通过换热器转移到塔内，而不是靠冷凝蒸发器积累的。

此外，在正常运行中，上塔底部主冷液氧面的压力约为0.04MPa，氧的蒸发潜热为6700kJ/kmol；气氮的冷凝压力约0.48MPa，氮的冷凝潜热为4815kJ/kmol，氮的冷凝潜热小于氧的蒸发潜热，即把1kmol的气氮冷凝为液氮所需的冷量比蒸发1kmol液氧所放出的冷量少。而冷量是平衡的，所以相应气氮的冷凝量要大于液氧的蒸发量，这样会有液体积累起来吗？不会的。因为液氮节流到上塔，压力降低，必然有一部分气化，所以流至冷凝蒸发器的量还是等于液氧蒸发量，不会因此而有液体积累起来。

36. 全低压制氧机在积累液氧阶段应如何操作才能加速液面的上涨？

答：全低压制氧机在启动时，到了积累液氧的阶段，应将膨胀机富裕的制冷量尽可能转移到塔内，用于积累液体。由于上塔主冷中的液体全部来自下塔，要使主冷中能积累液体，首先应发挥液化器的作用，提供尽可能多的液体。要使主冷预冷彻底，必须在冷却阶段使主冷通道内的气体畅通。为此必须开大纯液氮调节阀，关闭液氮回流阀和污液氮调节阀，利用下塔来的冷空气通过主冷的氮通道加以冷却。同时开大液氧侧的吹除阀，利用进上塔的膨胀空气和液空来降低主冷温度。

当主冷中开始积累液体时，下塔顶部主冷的氮气通道中的温度已高于液氧温度。如果温差太大，液体蒸发得太快，液氧面上涨就慢，甚至不上涨。这时应关小调节阀，稍开液氮回流阀，使下塔尽快建立起精馏工况，提高下塔顶部的氮纯度，从而降低氮侧的温度，缩小主冷温差，减少液氧的蒸发，液面的上涨速度就会加快。

当液氧面上涨到一定程度时，主冷的热负荷逐渐增加。如果调节阀继续处于关闭状态，则主冷中液氮面会过高，影响主冷的换热，空气量进不来。同时下塔的回流液过多，不但液空纯度会过低，而且可能造成下塔液泛。所以这时应开大调节阀，提高液空、液氧纯度，在液面继续上涨的同时，使上、下塔精馏工况逐渐趋于正常。

由此可见，在积累液氧时，掌握好几个阀门的开关时机和相互配合，是加快液氧面上涨的重要方法，需在实际操作中很好摸索、掌握。

37."开-关-开"操作法的实质是什么，怎样掌握操作要领？

答："开-关-开"操作法实际上是通过恰当地分配冷量，使主冷尽快积累液体，从而缩短空分装置启动时间的一种行之有效的操作方法。

在启动积液阶段，主冷液面涨不上去的原因，一方面是主冷没有预冷透；另一方面是切换式换热器出现过冷，出现冷量过剩。同时解决好这两个问题，冷量才能在塔内积聚，液面才能不断上升。

"开-关-开"操作是指液氮调节阀在装置启动不同阶段的开与关。其操作要领如下。

（1）在启动的第四阶段一开始，要全开液氮调节阀和上塔吹除阀，以便从主冷中压通道和低压侧导走热量，把主冷冷透。到液氧出现、液面上升时，液氮调节阀继续保持开的位置，吹除阀可断续开关。

（2）当膨胀机满负荷运转，而液面开始停滞时，应逐渐关小液氮调节阀，直至关死。要掌握好关阀的时机和速度。关得太慢或太晚，则板式换热器中部温度会太低，出现过冷，使膨胀机前温度过低而无法调节；过早关死，则可能减少入塔空气量。如果调节得当，膨胀机可保持全开，主冷液面不断上涨。如果关得太慢，切换式换热器出现过冷，则可能不得不停一台膨胀机，以减少分配给切换式换热器的冷量。

（3）当液面上升到规定液面的 80％时，再把液氮调节阀逐渐打开，以调节下塔液空纯度和上塔液氧纯度，改善上、下塔精馏工况。这时膨胀机已可减量，切换式换热器已不可能过冷，进入了调纯阶段。

按照以上的操作，在发挥膨胀机最大制冷能力，而又不致使切换式换热器过冷的情况下，可尽快积累液体，缩短整个启动时间。

38. 为什么空气冷却塔启动时要求先充气，后开水泵?

答：空气冷却塔投入使用时都要求先导气，后启动水泵。这是防止空气带水的一种措施。因为充气前塔内空气的压力为大气压力，当把压力约为 0.5MPa 的高压空气导入塔内时，由于容积扩大，压力会突然降低，气流速度急剧增加，它的冲击、挟带作用很强。这时如果冷却水已经喷淋，则空气出冷却塔时极易带水，所以要求塔内先充气，待压力升高、气流稳定后再启动水泵供水喷淋。

另外，如果先开水泵容易使空气冷却塔内水位过高，甚至超过空气入口管的标高，使空压机出口管路阻力增大，引起透平空压机喘振。有些设备规定空气冷却塔内压力高于 0.35MPa 后才能启动循环水泵，运行中当压力低于此值时水泵要自动停车。

39. 如何缩短分子筛净化流程空分设备的冷开车时间？

答：通常大型空分设备从启动冷却、积液、调纯到出合格产品，需要 36 小时以上的时间，其中，冷却约 10 小时，积液约 20 小时，调纯 6 小时。对分子筛净化流程空分设备，没有度过水分析出、冻结和二氧化碳析出期的问题。但整个启动过程，装置所需的冷量是一定的，要缩短冷开车时间，一是要最大限度地发挥膨胀机的制冷能力，二是要缩短调纯的时间。根据一些厂的操作经验，具体可作以下改进。

（1）尽可能降低膨胀机后压力，增大膨胀机的单位制冷量。如在冷却阶段，打开上塔的所有排出阀，使上塔的压力（即膨胀机出口压力）从 0.065MPa 降至 0.04MPa，则约可使制冷量增加 15%。

（2）在积液过程要提高上塔压力。当设备冷却到液化温度时，开始出现液体。由于液化温度随压力增高而提高，相应冷凝潜热减小。因此，在积液阶段，将上塔的压力从 0.04MPa 提高到 0.065MPa，氧的液化温度可从 −180℃ 提高到 −178.3℃，可加快液化速度。

（3）提前开始调纯阶段。当液面达到正常液面的 60% 时，实际上在塔板上也已有液体，已在进行着气液热质交换的精馏过程，因此，可以根据操作经验，提前进入调纯阶段。

采取上述措施后，有的厂可将冷开车的时间缩短到 20 小时以下，减少了开车电耗，也及时提供了氧、氮产品。

40. 冷冻机预冷系统发生故障时，对空分设备的运转有何影响，应该如何操作？

答：分子筛的适用工作温度一般在 8～15℃，在这个范围内能够正常工作，一旦超出这个范围，将会增加负荷量、降低吸附效果，甚至失去吸附作用。

当冷冻机发生故障时，空气进入分子筛吸附器的温度升高，空气中饱和含水量也会增高，若仍按原来的设定吸附周期运转，在吸附周期后期将会有大量二氧化碳未能被清除，而被带入主热交换器和精馏塔，将使主热交换器、液化器堵塞、精馏塔阻力上升，严重时必须停止运转，重新全加温。

带有加氢制氩的装置，一旦冷冻机停止运转，氩气生产将立即停止。

为了避免空分系统堵塞，可在冷冻机故障期间，适当减少空气量，以减轻吸附器的负荷；缩短吸附周期，以保证在吸附容量允许的范围内工作；注意监控好吸附器出口空气中二氧化碳的含量在 1×10^{-6} 以下。同时适当减少产品氮流量，增加去污氮冷却塔氮气流量，以尽可能降低冷却水的温度，增大普通冷却水的流量等措施。采取这些措施，空分装置在短期内尚可维持运转。

41. 纯化器再生操作怎样进行？

答： 分子筛纯化器在 0.5～0.6MPa 下吸附达到饱和后应进行再生。再生操作分 4 个阶段进行：即卸压、加热、冷吹、充压。再生一般在 10～15kPa 下完成。卸压时，分子筛所吸附的水分、二氧化碳、乙炔等分子会部分解吸出来。因脱附需要能量，故必须吸收热量。这部分热量来自分子筛床层本身，因此床层温度下降，气体出口处温度都随之下降。

在加热阶段，加热气体通常采用污氮气。污氮通过蒸汽加热器或电加热器。对于单层分子筛纯化器，加热气体的温度为 280～300℃；对于双层分子筛纯化器，加热温度为 200℃。加热气体进入分子筛床层，一般气体从上部进入，将出口侧及中部床层加热，使之被吸附的杂质解吸，并将足够的热量贮存在床层中。污氮出口温度作为操作的依据。加热阶段刚开始，加热气体使靠近空气出口分子筛床层的温度升高，并供给水分、二氧化碳脱附能，故本身温度又迅速下降，污氮出口温度甚至会降低到 $-10℃$，然后才逐渐升高。当污氮出口温度达到 $100℃$ 时，停止加热。

在冷吹阶段所用气体仍然是污氮，污氮不再经过加热。显然气体进入分子筛床层温度将迅速下降，靠近入口侧的床层温度也随之下降。由于热量向污氮出口侧推移，出口侧床层将继续升高，这部分分子筛将继续再生。污氮出口温度也将逐渐升高，可达到峰值温度一般为 $160℃$，尔后又下降，直到常温。这说明分子筛已再生完毕、待用。冷吹阶段污氮出口温度也可能出现两个或三个峰值，这往往是由于纯化器分子筛床层不平整，薄厚不均所致。

在充压阶段，纯化器内通入空气，纯化器内的压力升高。由于空气中的杂质、水分、二氧化碳、乙炔被吸附床层吸附，温度将升高，空气出口温度一般会升高 $2\sim4℃$。

42. 全低压空分设备的冷凝蒸发器应怎样操作？

答：在正常运行中，冷凝蒸发器的操作主要是保持氧液面在规定的高度上。引起主冷液面波动的原因较多，但归结起来不外乎是冷量不平衡或液体量分配不当造成的。

制冷量的多少是整个空分设备冷量平衡所要求的，制冷量大于需要量时，冷凝蒸发器的液面会升高，就应相应地减少制冷量；在液面降到合适高度时，还需要稍增加一点制冷量才能使其平衡、稳定。如果装置的冷损增加或由于其他原因制冷量小于需要量时，则冷凝蒸发器的液面会下降，就应增加制冷量；当液面长到合适的位置时，还要稍微减少一点制冷量，才能使液面稳定。这种操作是对指示滞后的人工反馈。

对全低压空分设备来说，增加或减少制冷量主要是靠增加或减少膨胀机的膨胀量（或改变机前压力和转速）。

冷凝蒸发器液面过高或过低时，还要看看其他液面是否合适，如果冷凝蒸发器液氧面过高而下塔液空面过低，可能是因打入上塔的液空量过大，此时应关小液空节流阀；反之若冷凝蒸发器液氧面过低而下塔液空面过高，则要开大液空节流阀，以保持冷凝蒸发器的液面稳定。

冷凝蒸发器液面过高时，可以排放一部分液氧。这不仅能使液面迅速下降，还可以清除一部分杂质，有利于生产安全运行。

如果是带氩塔的设备，应事先提高液氧液面，积聚冷量，然后再启动氩塔。

43. 水冷却塔中污氮是怎样把水冷却的？

答：水冷却塔是一种混合式换热器。从空气冷却塔来的温度较高的冷却水（35℃左右），从顶部喷淋向下流动，切换式换热器来的温度较低的污氮气（27℃左右）自下而上的流动，二者直接接触，既传热又传质，是一个比较复杂的换热过程。一方面由于水的温度高于污氮的温度，有热量直接从水传给污氮，使水得到冷却；另一方面，由于污氮比较干燥，相对湿度只有30%左右，所以水分子能不断蒸发、扩散到污氮中去。而水蒸发需要吸收气化潜热，从水中带走热量，就使得水的温度不断降低，这种现象犹如一杯热开水放在空气中冷却一样，热开水和空气接触，一方面将热量直接（或通过容器壁）传给空气，另一方面又在冒气，将水的分子蒸发扩散到空气中而带走热量（气化潜热），使热开水不断降温，得以冷却。必须指出：污氮吸湿是使水降温的主要因素，因此污氮的相对湿度是影响冷却效果的关键，这也是为什么有可能出现冷却水出口温度低于污氮进口温度的原因。

44. 为什么带氩塔的空分设备要求工况特别稳定，氩馏分发生变化时如何调整？

答：氩在上塔的分布并不是固定不变的。当氧、氮纯度发生变化时，即工况稍有变动，氩在塔内的分布也相应地发生变化。但氩馏分抽口的位置是固定不变的，因此，氩馏分抽口的组分也将发生变化。经验证明，氧气纯度变化0.1%，氩馏分中含氧量就要变化0.8%~1%。氩馏分中含氩量是随氧纯度提高而降低的，氩馏分组分的改变就直接影响进入粗氩塔的氩馏分量。在粗氩塔冷凝器冷凝量一定的情况下，氩馏分中含氧越高，进入粗氩塔的氩馏分量就越多，反之就少，同时上塔的液气比也随之变化。这样，粗氩塔的工况就不稳定，甚至不能工作，其具体影响如下。

如果氩馏分含氧过高，将导致粗氩产品含氧量增高，产量降低，氩的提取率降低，同时也可能引起除氧炉温度过高。

如果氩馏分含氮量高，使粗氩塔冷凝器中温差减小，甚至降为零，这样粗氩气冷凝量减少或不冷凝，使粗氮塔无法正常工作，这将使氩馏分抽出量减少，上升气流速度降低，造成塔板漏液。并且随着氩馏分抽出量减少，上塔回流比也相应减少，氧纯度提高，使得氩馏分中含氮量也相应减少，这样冷凝蒸发器温差又会扩大，馏分抽出量将自动增大，氩馏分中的含氮量又随之增大。这样反复变化，使粗氩塔无法正常工作，所以只有在空分设备工况特别稳定，氧、氮纯度都合乎要求时才能将粗氩塔投入工作。

当氩馏分不符合要求，含氮量过大时，可关小送氧阀，开大排氮阀。这时提馏段的富氩区上升，氩馏分中含氮下降；同时含氧量增加，含氩量也有所下降。当馏分中含氩量过低时，关小液氮调节阀，提高排氮纯度，可提高馏分中的含氩量。操作时应特别注意液氧面的升降，氧、氮产量的调节，空气量的调整都要缓慢进行，并要及时、恰当，力求液氧液面的稳定。

45. 加工空气量不足对精馏工况有什么影响？

答：当空气量减少时，塔内的上升气量及回流液量均减小，但回流比仍可保持不变。在正常情况下，它对氧、氮产品纯度影响不大。根据物料平衡，加工空气量减小时，氧、氮产量都会相应地减少。

当气量减小时，气流速度降低，塔板上的液量也减少，液层减薄，因此塔板阻力有所降低。同时由于主冷热负荷减小，传热面积有富裕，传热温差也可减小。这些影响将有利于降低上塔和下塔的压力。

当气量减少过多时，可能出现由于气速过小而托不住筛孔上的液体，液体将从筛孔中直接漏下，产生漏液现象。下漏的液体没有与气流充分接触，部分蒸发不充分，氮浓度较高。这将使精馏效果大大下降，影响到产品氧、氮的纯度，严重时甚至无法维持正常生产。因此，对精馏塔均规定有允许的最低负荷值，这与塔板的结构型式及设计时参数的选择有关。

46. 增加加工空气量对精馏工况有什么影响，需要采取哪些相应的措施？

答：当加工空气量增加时，将使精馏塔内的上升气流增加，主冷内所需冷凝的液体量也相应增加，因此对塔内的回流比没有影响。增加的气量在一定范围内，氧、氮的纯度能基本保持不变，而产量将随空气量的增加而按比例增加。

随着主冷中冷凝液体量增加，主冷的热负荷加大。当传热面积不足时，主冷的温差必然扩大，下塔压力相应升高。同时因塔内气流速度增加，下流液体量增加，塔板上液层加厚，使塔板的阻力增加，上、下塔的压力也会相应地提高。这将对氧、氮的分离带来不利的影响，也会使电耗增加。当气量过大时，塔板阻力及下流液流经溢流斗的阻力均会增大很多，造成溢流斗内液面升高，甚至发生液体无法流下的液泛现象，这时将破坏精馏塔的正常工况。

此外，因上升气流速度增加，容易将液滴带到上一块塔板，影响精馏效果和氮纯度下降，从而会降低氧的提取率。

一般的空分塔，增加20％左右的空气量也能正常工作，不需要采取什么措施。当加工空气量过大时，需要加大塔板上筛孔的孔径，以降低气流速度。加大主冷的传热面积，以缩小主冷温差，保证精馏塔的正常工作。

第三节　岗位安全防范知识

1. 主冷发生爆炸的事故较多是什么原因，应采取什么防患措施？

答：空分设备爆炸事故中，以主冷爆炸居多。产生化学性爆炸的因素是：①可燃物质；②助燃物质；③引爆源。

在主冷中充分的助燃物质——氧，为碳氢化合物的氧化、燃烧、爆炸提供了必要条件。爆炸严重的会造成整个设备的破坏，甚至有人员伤亡；轻微的爆炸在局部位置产生，使氧产品纯度降低，无法维持正常生产。爆炸都与易燃物质——碳氢化合物在液氧中的积聚有关。

引爆源主要如下。

（1）爆炸性杂质固体微粒相互摩擦或与器壁摩擦。

（2）静电放电。液氧中有少量冰粒、固体二氧化碳时，会产生静电荷。当二氧化碳的含量为 $2 \times 10^{-4} \sim 3 \times 10^{-4}$ 时，所产生的静电位可达 3000V。

（3）气波冲击。产生摩擦或局部压力升高。

（4）存在化学活性特别强的物质（臭氧、氮氧化物等），使爆炸的敏感性增大。

主冷中有害杂质有乙炔、碳氢化合物和固态二氧化碳等。它们随时都可以随气流进入主冷。为了安全，往往预先在净化装置中（如分子筛吸附器）将杂质予以清除，但对切换式换热器自清除流程就做不到这一点。所以在流程设计和操作中应采取如下措施。

（1）规定原料空气中乙炔和碳氢化合物的体积分数分别不超过 0.5×10^{-6} 和 30×10^{-5}。

（2）安装液空吸附器，吸附其中有害杂质。

（3）采用液氧循环吸附器吸附进入液氧中的杂质，并定期切换。

（4）如果液氧中乙炔或碳氢化合物含量超过标准，就开始报警。除规定每小时排放相当气氧产量1%的液氧外，再增加液体排放量。

（5）板式主冷采用全浸式操作。

（6）主冷应有良好的接地装置。

即使如此，主冷仍然有可能产生爆炸，并且往往是在事先没有迹象的情况下发生的。一方面，实际上只有对主冷的液氧才有分析仪表和杂质限量指标，以及规定报警排液和停车制度，对空气、液空等没有进行分析，也没有规定指标；另一方面，对液氧的分析不准确,很可能乙炔在局部死角位置积聚而发生微爆,加之液氧的排放量没有计量,难以掌握,有的是液氧循环吸附系统未能正常投入运转,有的是接地装置不合要求等原因造成的。

总之,主冷发生爆炸的原因是多方面的。一旦发生爆炸将在经济上及人身安全上带来重大损失。所以思想上应重视,防患于未然,建议采取以下措施。

(1)采用色谱仪连续分析乙炔和碳氢化合物含量。在没有条件分析原料空气时,要经常注意风向。在原料空气处于乙炔站附近的下风向时,要采取缩短液空吸附器的切换周期等措施。液氧中杂质含量至少 8 小时要分析一次;规定指标见下表。

杂质名称	含量单位	正常值	报警值	停车值
乙炔	体积分数	0.01×10^{-6}	0.1×10^{-6}	1.0×10^{-6}
碳氢化合物	液氧中碳含量/(mg/L)	—	30	100

(2)减少二氧化碳的进塔量。将分子筛吸附器后空气中二氧化碳的含量控制在 0.5×10^{-5} 以下。

(3)要制定吸附器前后的杂质含量指标。液空中乙炔含量应<2×10^{-6}。吸附器后乙炔含量应<0.1×10^{-6}。超过规定时吸附器要提前切换再生,要避免吸附剂粉碎。

(4)要保证液氧循环吸附系统的正常运转。采用液氧自循环系统较为简单、可靠。

(5)板式主冷改为全浸式操作,以免在换热面的气液分界面处产生碳氢化合物局部浓缩、积聚。

(6)液氧排放管应保温,以保证1%的液氧能顺利排出,并有流量测量仪表。液氧中杂质超过警戒点时应增加液氧排放量。

(7)主冷必须按技术要求严格接地,并按标准进行检测和验收。接地电阻应<10Ω;氧管道上法兰跨接电阻应<0.03Ω。

(8)在设计时要改善主冷内液体的流动性,避免产生局部死角。如将上塔的液氧由相错180°双管进入主冷中部,以改善主冷中液氧的混合；主冷底部液氧抽出口由相差 120°的三抽口组成，以防止有害杂质在局部区域沉积。

（9）要严格执行安全操作规定，以防止杂质在主冷内过量积聚。特别要注意停车后的再启动操作，避免由于液氧因大量蒸发而产生杂质的积聚，在加温启动时发生爆炸。要减少压力脉冲。升压操作必须缓慢进行。

2. 液氧贮罐在使用时应注意什么安全问题？

答：液氧是一种低温、强助燃物质。液氧罐内贮存有大量的液氧，除了要防止泄漏和低温灼伤外，更应对其爆炸的危险性有所警惕。虽然来自空分设备的液氧应是基本不含碳氢化合物的，但经过长期使用，微量的碳氢化合物还有可能在贮罐内浓缩、积聚，在一定的条件下，就可能发生爆炸事故，所以在使用时应注意以下问题。

（1）液氧罐内的液位在任何时候，均不得低于 20％。

（2）罐内液氧中的乙炔含量要按规定期限（如半个月一次）进行分析，发现异常要及时采取解决措施。

（3）罐内液体不可长期存放不用，应经常充装及排放，以免引起乙炔等有害杂质的浓缩。

3. 在接触氮气时应注意哪些安全问题？

答：氮气为无色、无味的惰性气体。它本身对人体无甚危害，但空气中氮含量增高时，就减少了其中的氧含量，使人呼吸困难。若吸入纯氮气时，会因严重缺氧而窒息以致死亡。

为避免车间内空气中氮含量的增多，不得将空分设备内分离出来的氮气排放于室内。在有大量氮气存在时，应佩戴氧呼吸器。检修充氮设备、容器和管道时，需先用空气置换，分析氧含量合格后方允许作业。在检修时，应有人监护，对氮气阀门严加看管，以防误开阀门而发生人身事故。

4. 在接触氧气时应注意哪些安全问题?

答:氧气是一种无色、无味的气体,是一种助燃剂。它与可燃性气体(乙炔、甲烷等)按一定比例混合,能形成爆炸性混合物。当空气中氧浓度增到 25% 时,已能激起活泼的燃烧反应;氧浓度到达 27% 时,有个火星就能发展到活泼的火焰。所以在氧气车间和制氧装置周围要严禁烟火。当衣服被氧气饱和时,遇到明火即可迅速燃烧,特别是沾染油脂的衣服,遇氧可能自燃。因此被氧气饱和的衣服应立即到室外通风稀释,同时制氧机操作工或接触氧气、液氧的人不准抹头油。

5. 低温液体气化器在使用中应注意哪些安全问题?

答:液氧、液氮、液氩等低温液体气化器广泛应用于液体气化站,直接供气或充瓶。为保证气化器的安全运行,应设置安全控制点,并注意下述事项。

(1) 设置低温液体出气化器的低温控制联锁点,将气体出口温度控制在 5~30℃。当出口温度低于 0℃时,自动切断液体泵,中止液体进入气化器,不带液体泵的气化器则发出声光报警。

(2) 设置气化器水温控制联锁点,控制水温在 40~60℃。当水温低于 30℃时自动切断液体泵,中止液体进入气化器。

(3) 设置气化气体出口压力控制联锁点,将压力控制在设定值。当出口气体压力高于设定值时,发出声光报警;压力继续升高则自动切断液体泵,中止液体进入气化器。

(4) 在液体泵两头设有截止阀的部位应装设安全阀和放空阀,以保证误操作时的安全。

(5) 气化器配套的压力表、安全阀应定期校验。

(6) 用水浴加热的气化器使用前必须先将水槽的水充满,并加热到 40~60℃后才能通入液体。在停气化器之前,则应先切断输液阀,后切断加热电源。气化过程中应经常注意水位,及时补充水量。

（7）工作过程中由于流量的改变，会影响气化后的温度，所以要及时调整水温。

（8）若发生水温降至 30℃ 以下，应检查电热管是否损坏。必要时应减少输出流量，确保气化后的温度。气化器至充装的管道发现结冰或结霜时应停止充装。

6. 低温液氧气化充灌系统应注意哪些安全问题？

答：液氧是强烈助燃物质，在气化充瓶时压力很高，所以在系统配置时，应采取特殊的安全措施。

（1）在泵与贮槽相连的进液管和回气管路上，要分别装有紧急切断阀，并与泵联锁，以便在发生意外事故时，可远距离及时切断液体和气源，紧急停止液体泵运转。

（2）液氧泵出口处应设置超压报警及联锁停泵装置。

（3）高压气化器后氧气总管上应设有温度指示和温度报警装置，以防液氧进入钢瓶，发生意外事故。

（4）在液氧泵周围应设置厚度在 5 毫米以上的钢板组成防护隔离墙。

（5）在液氧泵的轴封处，要设置氮气保护气管。

（6）充灌汇流排应采用新型的带防错装接头的金属软管进行充灌，严禁用其他材质的软管。高压阀门与管道应采用紫铜丝做的 O 形密封圈。

（7）汇流排上应接有超压声光报警装置。

（8）汇流排的充瓶数量由泵的充灌量、充灌速度来决定，要防止流速过高。

7. 在使用再生用电加热器时，应注意哪些安全问题？

答：电加热器作为一种电气设备，在操作时应注意人身安全和设备安全。

（1）严格按操作规程进行操作。在加温时，应先通气后通电，并密切注意气体流量是否正常。在停止加温时，应先停电后断气。

严禁在不通气或气量很小的情况下通电。此外，要谨慎操作，防止开错阀门，将高压气通入电炉。安全薄膜因损坏需要更换时，应用同一规格，严禁随意替代。

（2）当电路发生故障而出现自动跳闸或熔断器熔断，或通电后温度不上升等情况时，应请电工检查修理。

（3）温控仪表应定期校验，以保证其灵敏度和准确性。要避免因仪表失灵而造成炉温失控。继电器等要定期进行清洁除尘，并避免受潮。

（4）电炉的非带电金属部分（外壳、支架等）均应可靠接地。

（5）注意不使炉壳温度过高（温升超过 60℃），以免使电源线老化或绝缘破坏。

（6）长期不使用的电炉在使用前必须检查绝缘电阻，用 500V 兆欧表测量，不应低于 0.38MΩ。每年雷雨季节前也应测量绝缘电阻。

（7）操作人员应经过安全用电知识培训。

8. 制氧车间遇到火灾应如何抢救？

答：造成火灾的原因很多，有油类起火、电气设备起火等。氧气车间存在着大量的助燃物（氧气和液氧），具有更大的危险性。灭火的用具有灭火器、沙子、水、氮气等。对不同的着火方式，应采用不同的灭火设备。首先应分清对象，不可随便乱用，以免造成危险。

当密度比水小，且不溶于水的液体或油类着火时，若用水去灭火，则会使着火地区更加扩大。应该用沙子、蒸汽或泡沫灭火器去扑灭，或者用隔断空气的办法使其熄灭；电气设备着火时，不可用泡沫灭火器，也不可用水去灭火，而需用四氯化碳灭火器。因为水和泡沫都具有导电性，很可能造成救火者触电。电线着火时，应先切断电源，然后用沙子去扑灭；一般固体着火时，可用沙子或水去扑灭；氧气管道着火时，则首先要切断气源；身着衣服着火，不得扑打，应该用救火毯子将身体裹住，在地上往返滚动；在车间危险的部位，可预先准备些氮气瓶或设置氮气管路，以供灭火用。

9. 在检修空分设备进行动火焊接时应注意什么问题？

答：当制氧机停车检修，需要动火进行焊接时，应注意下列问题。

（1）制氧机生产车间如需要动明火，应得到上级的批准，并化验现场周围的氧浓度，加强消防措施。当焊接场所的氧浓度高于23％时，不能进行焊接。对氧浓度低于19％时要防止窒息事故。

（2）对有气压的容器，在未卸压前不能进行烧焊。

（3）对未经彻底加温的低温容器，不许动火修理，以免产生过大的热应力或无法保证焊接质量。严重时，如有液氧、气氧泄出，还可能引起火灾。

（4）动火的全过程要有安全员在场监护。

10. 在检修氮水预冷系统时，要注意哪些安全事项？

答：氮水预冷系统的检修，最需注意的是防止氮气窒息事故的发生。国内已发生过几次检修工人因氮气窒息而死亡的教训。在检修时，往往同时在对装置用氮气进行加温，而加温的氮气常会通过污氮三通阀窜入冷却塔内，造成塔内氮浓度过高。因此在对装置进行加温前，要把空冷塔、水冷塔用盲板与装置隔离开；要分析空冷塔、水冷塔内的氧含量。当氧含量在19％～21％，才允许检修人员进入；若在含氧量低于19％的区域内工作，则必须有人监护，并戴好隔离式面具（氧呼吸器、长管式面具等）。

11. 在扒装珠光砂时要注意哪些安全事项？

答：目前空分设备的保冷箱内充填的保冷材料绝大多数都是珠光砂。

珠光砂是表观密度很小的颗粒，很容易飞扬。会侵入五官，刺激喉头和眼睛，甚至经呼吸道吸入肺部。因此在作业时要戴好防护面罩。

珠光砂的流动性很好，密度比水小，人落入珠光砂层内将被淹没而窒息，因此，在冷箱顶部人孔及装料位置要全部装上用8～10毫米钢筋焊制的方格形安全铁栅，以防意外。

在需要扒珠光砂时，都是发现冷箱内有泄漏的部位。如果是氧泄漏，会使冷箱内的氧浓度增高，如果动火检修就可能发生燃爆事故；如果泄漏的是氮，冷箱内氮浓度很高，可能造成窒息事故。因此，在进入冷箱作业前，一定要预先分析冷箱内的氧浓度是否在正常范围内（19%～21%）。

此外，保冷箱内的珠光砂处于低温状态（−80～−50℃），在扒珠光砂时要注意采取防冻措施。同时要注意低温珠光砂在空气中会结露而变潮，影响下次装填时的保冷性能。

12. 空分设备在停车排放低温液体时，应注意哪些安全事项？

答：空分设备中的液氧、液空的氧含量高，在空气中蒸发后会造成局部范围氧浓度提高，如果遇到火种，有发生燃烧、爆炸的危险。某化肥厂曾由于将大量液氧排到地沟中，又遇到电焊火花而发生爆炸伤人事故。因此严禁将液体随意排放到地沟中，应通过管道排至液体蒸发罐或专门的耐低温金属制的排放坑内。

排放坑应经常保持清洁，严禁有有机物或油脂积存。在排放液体时，周围严禁动火。

低温液体与皮肤接触，将造成严重冻伤。轻则皮肤形成水泡、红肿、疼痛；重则将冻坏内部组织和骨关节。如果落入眼内，将造成眼损伤。因此，在排放液体时要避免用手直接接触液体，必要时应戴上干燥的棉手套和防护眼镜。万一碰到皮肤上，应立即用温水（45℃以下）冲洗。

13. 为什么乙炔含量没有超过标准，主冷也可能发生爆炸？

答：有的厂定期化验液氧中的乙炔含量并未超过许可极限，但仍多次发生爆炸事故，这是什么原因呢？据分析可能有以下几种原因。

（1）主冷的结构不合理或某些通道堵塞，液氧的流动性不好，造成乙炔在某些死角局部浓缩而析出。

（2）液氧中二氧化碳等固体杂质太多，加剧液氧中静电积聚。

（3）对其他碳氢化合物含量未做化验，而硅胶对其他碳氢化合物的吸附效率较低。当大气中碳氢化合物的含量较高时，有可能在液氧中积累而形成爆炸的根源。因此对较大的全低压制氧机，应加强对碳氢化合物的分析。每升液氧中碳的总含量控制在：

报警极限　　30mg/L

停车极限　　100mg/L

14. 为什么在空分设备中乙炔是最危险的物质？

答：因为乙炔是一种不饱和的碳氢化合物，具有高度的化学活性，性质极不稳定。固态乙炔在无氧的情况下也可能发生爆炸，分解成碳和氢，并放出热量。产生爆炸的放热量为 8374kJ/kg，形成的气体体积为 $0.86m^3/kg$，温度达 $2600℃$。如果乙炔在分解时存在氧气，则生成的碳和氢又与氧化合，发生氧化反应而进一步放出热量，从而加剧了爆炸的威力。此外，乙炔与其他碳氢化合物相比，它在液氧等中的溶解度极低，如下表所示。

介质	温度/℃			
	−169	−173.6	−174.4	−190
液氧/（cm³/L）	28.8	13.5	12.9	3.6
液氮/（cm³/L）	25	25	25	6.4
液空/（cm³/L）	24	—	21.6	—

15. 为什么乙炔在液氧内以固态析出的可能性最大？

答：乙炔在液氧中的溶解度极低，故其固态析出的可能性最大。为了保证安全，乙炔在液氧内的极限许可含量一般控制在其溶解度的 1/50～1/3，即每升液氧内的含量控制在 0.1～2mg/L。在每天进行分析液氧中乙炔含量时，国内一般规定：报警极限为0.4mg/L；停车极限为1.0mg/L。

16. 为什么分子筛纯化器的加热炉会发生爆炸事故，如何防止？

答：分子筛纯化器加热炉用于加热分子筛再生用的氮气。氮气是低压气体，加热炉的设计工作压力也是低压的。在实际运转中，加热炉发生过几例爆炸的事故。分析其爆炸的原因，都是由于高压空气串入而造成的。

高压空气串入加热炉的原因有两个：一是在切换时阀门没有关严，如果正在工作的吸附筒的氮气进口阀关闭不严，高压空气就会串入加热炉，如果正在再生的吸附筒的高压空气进口阀和出口阀关闭不严，高压空气会进入吸附筒，从而串入加热炉；二是阀门维护不好，检修质量差，若吸附筒氮气进口阀门及高压空气进出口阀门的密封面密封不好，或密封面上有杂质，使阀门关不严，也有可能使高压空气串入加热炉。

如果高压空气串入加热炉，加热炉上又没有装安全阀，就可能发生爆炸。一旦发生爆炸，不仅会损坏加热炉，影响正常生产，而且高压空气还可能串入上塔，造成上塔超压。

防止发生加热炉爆炸的安全措施如下。

（1）在加热炉上应装设安全阀。

（2）在切换时，吸附筒的氮气进口阀门和高压空气进出口阀门一定要关严。

（3）在安装、检修时，应将空气管路和阀门吹扫干净；要检查阀门的密封情况，研磨损坏了的密封面，以保证其密封性。

（4）吸附筒试压时，应将加热炉氮气出口管路上的阀门打开。

17. 氧气管道发生爆炸有哪些原因，要注意哪些安全事项？

答：企业内的氧气输送管道为3MPa以上的压力管道，曾经发生过多起管道燃烧、爆炸的事故，并且多数是在阀门开启时。氧气管道材质为钢管，铁素体在氧中一旦着火，其燃烧热非常大，温度

急剧上升，呈白热状态，钢管会被烧熔化。其反应式为

$$3Fe + 2O_2 == Fe_3O_4$$

分析其原因，必定要有突发性的激发能源，加之阀门内有油脂等可燃物质才能引起。激发能源包括机械能（撞击、摩擦、绝热压缩等）、热能（高温气体、火焰等）、电能（电火花、静电等）等。

气体被绝热压缩时，其温度升高与压力升高的关系为

$$p_1V_1/T_1 = p_2V_2/T_2$$

如果初温 $T_1 = 300K$，（p_2/p_1）$= 20$，则压缩后的温度可达 $T_2 = 704K$。当突然打开阀门时，压力为 $p_2 = 2MPa$ 的氧气充至常压的管道中，会将内部压力为 $p_1 = 0.1MPa$ 的氧气压缩，温度升高。如果管道内有铁锈、焊渣等杂物，会被高速气流带动，与管壁产生摩擦，或与阀门内件、弯头等产生撞击，产生热量而温度升高。如果管道没有良好的接地，气流与管壁摩擦产生静电。当电位积聚到一定的数值时，就可能产生电火花，引起钢管在氧气中燃烧。

为了防止氧气管道的爆炸事故，对氧气管道的设计、施工作了以下规定。

（1）限制氧气在碳素钢管中的最大流速，见下表。

氧气工作压力/MPa	≤0.1	0.1～0.6	0.6～1.6	1.6～3.0
氧气流速/(m/s)	20	13	10	8

（2）在氧气阀门后，应连接一段长度不小于 5 倍管径、且不小于 1.5 米的铜基合金或不锈钢管道。

（3）应尽量减少氧气管道的弯头和分岔头，并采用冲压成型。

（4）在对焊的凹凸法兰中，应采用紫铜焊丝作 O 形密封圈。

（5）管道应有良好的接地。接地电阻应小于 10Ω，法兰间总电阻应小于 0.03Ω。

（6）车间内主要氧气管道的末端，应加设放散管，以利于吹扫和置换。

（7）管道及附件应严格脱脂，并用无油干空气或干氮气吹净。

在操作、维护时，应注意以下事项。

（1）对直径大于 70 毫米的手动氧气阀门，只有当前后压差小于 0.3MPa 才允许操作，氧气阀门必须缓慢操作。

（2）氧气管道要经常检查、维护。除锈刷漆 3～5 年一次，应与氧气贮罐相配合，3～5 年测一次壁厚。管路上的安全阀、压力表每年要作校验，以保证其正常工作。

（3）当氧气管道系统带有液氧气化设施时，切忌低温液氧进入常温氧气管道，以免气化超压。

（4）保证氧气管道的接地装置完善、可靠。

（5）要有氧气管网完整的技术档案、检修记录。

18. 在使用脱脂剂时应注意什么问题？

答：管道和设备的脱脂溶剂通常采用四氯化碳或二氯乙烷，二者均具有毒性。因为二氯乙烷还有燃烧和爆炸的危险，所以最常用的溶剂是四氯化碳。

四氯化碳对人体是有毒的，它是脂肪的溶剂，有强麻醉作用，且易被皮肤吸收。四氯化碳中毒能引起头痛、昏迷、呕吐等症状。四氯化碳在 500℃ 以下是稳定的。接触到烟火温度升至 500℃ 以上时，四氯化碳蒸气与水蒸气化合可生成光气。在常温下四氯化碳与硫酸作用也能生成光气。光气是剧毒气体，极其微量也能引起中毒。此外，四氯化碳与碱发生化学反应，会生成甲烷而失效，所以在使用四氯化碳脱脂时应注意以下几点。

（1）脱脂应在露天或通风良好的地方进行。工作人员应有防毒保护措施，戴多层口罩和胶皮手套，穿围裙与长筒套靴。浓度大时还应戴防毒面具。在连续工作 8 小时的情况下，空气中的四氯化碳含量不得超过 0.05mg/L。

（2）脱脂现场严禁烟火。

（3）溶剂严禁与强酸接触。

（4）溶剂应保存在密封的容器内，不得与碱接触，以防变质。

（5）需要脱脂的部件，在脱脂前不应沾有水分。

（6）阀门脱脂时，应解体在四氯化碳溶液中浸泡4～5分钟，不宜过久。

（7）脱脂后的零部件要用氮气或干空气吹干后才能组装使用，否则易发生腐蚀、生锈。

（8）管式冷凝蒸发器脱脂时，要严防四氯化碳积存在换热管内，特别是换热管被焊锡等杂物堵塞时更要注意，在脱脂后应用热空气将其吹除到无气味为止。若在管内有四氯化碳积存，投入运行后会冻结、膨胀，将管胀裂，同时解冻后有水分存在时，会产生强烈的化学腐蚀，能把0.5毫米厚的管蚀穿。

19. 空分设备内部产生泄漏如何判断？

答：空分塔冷箱内产生泄漏时，维持正常生产的制冷量显得不足，因此主要的标志是主冷液面持续下降。如果大量气体泄漏，可以观察到冷箱内压力升高。如果冷箱密封不严，就会从缝隙中冒出大量冷气。而低温液体泄漏时，观察不到明显的压力升高和气体逸出，常常可以测出基础温度大幅度下降。

为了在停机检修前能对泄漏部位和泄漏物有一初步判断，以缩短停机时间，许多单位在实践中摸索了一些行之有效的方法。

一是化验从冷箱逸出的气体纯度。当氮气或液氮泄漏时，冷气的氮的体积分数可达80%以上；氧气或液氧泄漏时，则可化验到氧的体积分数显著增高。

二是观察冷箱壁上"出汗"或"结霜"的部位。这时要注意低温液体产生泄漏时，"结霜"的部位偏泄漏点下方。

三是观察逸出气体外冒时有无规律性。主要判断切换式换热器的切换通道的泄漏。对交替使用的容器，则可通过切换使用来进一步判断泄漏的部位。

以上的这些判断方法往往是综合使用的。为了提高判断的准确性，应当熟悉冷箱内各个容器、管道、阀门的空间位置，并注意在实践中不断积累经验。

20. 空分设备发生内泄漏时，对冷损有什么影响，如何估算？

答：空分设备内的气体和液体都处于很低的温度。低温气体在环境温度以下，直至－193℃；液态空气为－173℃，液氧为－180℃，液氮为－193～－177℃。这些低温气体和液体都是花费了代价（压缩机消耗的电能）得来的，它们的冷量应尽可能在换热器中加以回收利用。如果管道、阀门、甚至设备的局部位置发生泄漏，外漏的那部分低温气体或液体的冷量无法加以回收，不但大大增加了其他冷损项 Q_1，还会在保冷箱内外结露、结冰，增大跑冷损失 Q_3。这部分冷损在设计时是未加考虑的，要弥补这部分冷损，将破坏装置的正常工作，甚至无法维持生产，被迫停机。因此泄漏是空分装置的大敌，在安装和试压检漏时，必须严格把关，不能马虎、凑合。泄漏往往是越发展越严重，最后达到不可收拾的地步。

液体泄漏与气体泄漏相比，危害性更大，因为它的单位冷量比相同温度的气体要大一倍左右，并且液体的密度又是气体的数百倍。以液氧为例，如果以 1L/min 的速度外漏，则增加的冷损量为 27200kJ/h＝7.6kW，相应地需要增加 600m³/h 的膨胀量来弥补，这时空分设备实际已无法正常工作，所以对液体管路绝对不允许出现泄漏现象。

21. 在试压时应注意什么问题？

答：在现场做气压试验主要是检查设备的气密性，在试压时应注意下列问题。

（1）严禁用氧气作为试压气源。

（2）对试压后不再脱脂的忌油设备，应用清洁无油的试压气源。

（3）对试压用的压力表应经校验，予以铅封后方得使用，试压前应仔细检查压力表阀门是否已经打开。

（4）试压时，不能对试压容器用锤敲击。

（5）试压时，不能拆卸或拧紧螺钉。

（6）用氮气瓶或压力等级较高的气源向较低压力的容器充气试压时，应安装减压阀，严禁直接充气。

（7）试压充气达到规定压力后，应将充气管接头拆除。

22.管道及设备如何进行脱脂？

答：管道及设备的脱脂首先应选好脱脂剂，对于脱脂剂可参照下表选用。

脱脂剂名称	适用范围	附　　注
四氯化碳	铸铁件,钢、合金钢制件,铜制件	有毒
95%乙醇	铝制件	易燃、易爆
碱性清洗	油污较多的管道	10%氢氧化钠溶液加热至60～90℃,然后用15%硝酸中和,并用清水冲洗

常用的脱脂方法有4种：灌注法、循环法、蒸汽冷凝法、擦洗法。脱脂质量可按脱脂后脱脂剂内含油量的相对增加量检定。一般内表面脱脂合格标准：再次清洗时脱脂剂内含油相对增加量不大于20mg/L。外露表面的脱脂合格标准：用白色滤纸擦拭脱脂表面，纸上看不出油渍。

脱脂时需要注意以下几点。

（1）含油量小于50mg/L的脱脂剂可作为净脱脂用，含油量在50～500mg/L的脱脂剂，则只能作粗脱脂用，而后必须以净脱脂剂进行再次清洗。含油量大于500mg/L的则必须蒸馏再生，并检验其含油量后才能用来脱脂。

（2）如果管道、阀件和设备，在制造后已脱脂、并封闭良好，安装时可不必脱脂。

（3）四氯化碳、水洗涤剂对金属的腐蚀性较强，为抑制其腐蚀性，应采用抑制添加剂，如每升四氯化碳可添加1.34g酚和0.96g苯甲酸；水洗涤剂可在每升水内添加1g重铬酸钾或2g亚硝酸钠（不适用于有色金属脱脂）。

（4）因脱脂剂具有毒性或爆炸性，使用时必须注意防止中毒和形成爆炸性混合气体。

23. 液体贮槽在贮存、运输过程中应注意什么问题？

答：液体贮槽在贮存、运输过程中应注意如下问题。

（1）贮槽的防护设备及仪表应完好。

（2）贮槽在贮运过程中应有良好的通风，周围不得存放易燃物质，无任何火种。

（3）贮槽的充满率小于95％，严禁过量充装，不得超压。

（4）贮槽内有液体时，严禁动火修理。

（5）设备管道解冻要缓慢加热，不要用过热的工质或明火化冻。

（6）接触低温液体时应戴好防护手套，避免皮肤与低温液体直接接触。

（7）运输过程中要平稳，不要有大的颠簸。

24. 液氧、液氮蒸发器在操作上要注意什么问题？

答：低温液体蒸发器有大气式和蒸汽水浴式等型式。大气式蒸发器由带翅片的蒸发管组成，分几组并列放置，体积较大。随着低温液体的流过，蒸发翅片表面会逐渐结霜。该冰霜会覆盖在蒸发器表面。当其厚度增加时，蒸发效率下降，蒸发量随时间急剧递减。欲使蒸发量恢复，一般需采取除霜措施，如用蒸汽吹去或扫帚扫去冰霜。

蒸汽水浴式蒸发器用热水加热蒸发管内的低温液体，使之蒸发。在低温液体流入前，应先将纯净水（无氯）灌入蒸发筒内至溢流口，再慢慢通入蒸汽，并将温控设定在60℃左右（不宜太高）。先打开气体出口阀，然后慢慢送入低温液体，用流量调节阀调节到所需流量，并控制出口气体温度大于－15℃，以防止出口管道结霜。

冬季蒸发器停止使用期间，应注意把蒸发筒内剩水排放完，或吹入少量蒸汽，或保持溢流状态，水温控制在20～40℃，防止水浴结冰，蒸汽管道疏水器应该保持完好的工作状态，液体蒸发器的盘管一般应按压力容器管理。因此要定期按国家对压力容器的规定进行检查，检查合格后方可投入运行。

25. 怎样判断主冷凝蒸发器泄漏？

答：主冷严重泄漏时，压力较高的氮气大量漏入低压氧侧，则上、下塔压力，产品纯度将发生显著变化，直至无法维持正常生产而停车。

当主冷轻微泄漏时，往往不会引起上、下塔压力的显著变化，也不会引起主冷内液氧纯度的显著降低。普遍现象是主冷气氧和液氧纯度相差较大，气相浓度低于与液氧相平衡的浓度值。例如，某厂化验液氧浓度为 99%，气氧浓度为 96%，结果在检修时发现有 7 根主冷管泄漏。

产生泄漏的原因有以下几方面。

（1）管子因震动而相互磨漏 对长管式冷凝蒸发器，装有上万根管径只有 10 毫米，管长为 8m 的紫铜管，管间距很小。在运转过程中，由于气流的冲击、震动，很容易在管子中部发生挠曲变形而互相摩擦，时间长了有可能磨漏。

（2）管内积水而冻裂 当加温不彻底，特别是小管堵塞而给积存水造成机会，加温时又无法吹除掉时，低温下积存水冻结成冰，体积膨胀，就有可能将小管冻裂。

（3）主冷轻微局部爆炸 当主冷中局部范围因乙炔或碳氢化合物积聚后，一定条件下可能发生爆炸。这种轻微爆炸发生时，外部没有任何体现，也听不到声音，开始往往无法察觉。只有当氧纯度自动发生变化而又无法调整时，才会有发生这种情况的可能。

26. 低压空分设备的负荷调节范围与哪些因素有关，当氧气富裕而需要减少氧气产量时在调节上应注意什么问题？

答：低压空分设备的负荷调节范围与原料空压机调节性能、膨胀机的调节性能、精馏塔的结构特点等因素有关。目前设有进口导叶的透平空压机流量调节范围在 $75\%\sim100\%$；设有可调喷嘴的透平膨胀机调节范围可在 $65\%\sim100\%$。关键是精馏塔的调节余地如何。目前采用规整填料的精馏塔负荷调节范围可达 $50\%\sim100\%$，而传统筛板塔最好的调节范围在 $70\%\sim100\%$，负荷再低则可能因气流通过筛孔的速度过低而导致漏液。

当氧气有富裕而需要减少氧产量时，首先要减少氧产品的输出，再相应减少空气流量，并根据主冷液位调节膨胀空气量。送往上塔的液空、液氮调节阀也要根据精馏工况相应关小。应该注意的是，整个操作要缓慢和逐步完成，以保持减量过程中精馏工况的稳定。

如果有液氧贮存系统，减少氧产量可增加液氧的产量，将液氧贮存起来更为便利。可先将氧产量减下来，然后增加膨胀空气量，在保持主冷液位不变的情况下增加液氧的取出量。为保持上塔精馏工况的稳定，必要时可将部分膨胀空气走旁通。

27. 如何防止氮水预冷器带水事故，带水后应如何处理？

答：所谓氮水预冷器带水，一般指空气出喷淋冷却塔时带水过多的故障，空冷塔是通过空气与水直接接触对空气进行冷却的。从理论上说，出塔空气所含的水分是当时温度下饱和空气对应的含水量，若操作不当，有可能将机械水随空气带出，进入分子筛净化器或切换式换热器，破坏装置的正常运转，造成这种故障的原因如下。

（1）筛板的筛孔部分堵塞 空冷塔的喷淋水通过穿流筛板下流，与空气不断接触。当筛孔被水垢、污物部分堵塞时，空气流速增大，超过一定流速后空气就会带水。

（2）循环冷却水水分配器注水孔堵塞 这时冷却水难以往下流动，水在上部塔板上积聚起来，造成液泛而导致带水。

（3）冷冻水水分配器注水孔堵塞，导致冷冻水回水槽中水位满溢至升气管口后，部分水被空气带入纯化器。

（4）喷淋水量过多或水分离装置（包括塔顶设置的水捕集层或

单独设置的水分离器）分离效果不好也会造成带水。

（5）使用杀菌灭藻剂不当　对水质不佳的冷却水，如果使用了杀菌灭藻剂，会在冷却水中产生大量泡沫，造成空气带水。这时需注意加入杀菌灭藻剂的剂量，采用量少多次，或同时加入消泡剂的方式。

（6）巡检操作不精心　一般喷淋冷却塔都设有水位自动调节装置，当水位过高时，控制排水的气动薄膜阀自动开大，也有些装置由人工控制液位，如果检查不周或仪表、阀门等发生故障，就会使水位升高，当水位高于空气入口管时，水就会被气流冲到塔顶，使大量的水带入分子筛吸附器或空分塔。此外，当空分系统压力突然下降时（如强制阀、自动阀关不严），通过喷淋冷却塔的空气量猛增，由于气流速度增大，压力降低，回水量减少，喷淋量增多，也会将大量的水带入空分塔，纯化器切换时，由于速度过快，造成气流冲击而出现带水。

为了防止带水事故，应加强对氮水预冷器的精心管理及操作。喷淋冷却塔填料结垢不仅使出塔空气容易带水，而且还会使出塔空气温度升高，这对空分生产都是不利的。因此应改善水质，使喷淋水尽可能干净，为防止结垢，要设法降低空气进入喷淋塔的温度。如在透平空压机末段加一个冷却器，把空气温度降到100℃以下后再进入喷淋塔。对于填料环、水分离装置要定期检查、清洗或更换；液位自调装置要加强维护保养，确保水位计的正常指示，自动水位调节阀动作准确、可靠。即使投入自调，也应经常检查水位高度，严格控制在规定的范围内。

当空气压力突然降低时，应尽快关闭空气喷淋冷却塔的上水阀门（或停泵）。如果空分系统压力暂时恢复不了，应尽快关闭空气进装置的阀门。在空气送气没有稳定之前，一般不给水，以免压力波动，造成空气挟带水量增多。

当发现大量水涌入空分塔时，应在空压机紧急放空的同时，关闭进入空分设备空气进口阀门及空气冷却塔的上水阀门。冷端在上、热端在下安装的切换式换热器的进水比较容易排除故障，不容易造成严重的冰冻现象。而热端在上、冷端在下的蓄冷器则很怕进水，一旦进水容易造成冰冻堵塞，这时只有停车加温解冻一条办法可施。因此应该以预防为主，加强管理。

28. 分子筛吸附净化流程的空分设备在短期停车后重新恢复启动时，应注意什么问题？

答：分子筛吸附净化流程的空分设备，在短期停车后重新恢复启动时应注意如下问题。

（1）空压机应缓慢升压，防止因压力突然升高，造成对空冷塔的冲击，应先升压后开水泵。

（2）注意空冷塔的水位，防止因水位过高而造成分子筛吸附器进水。

（3）短期停车时如再生的分子筛吸附器已经冷吹即将结束，可以手动切换使用经再生的分子筛吸附器。

（4）在分子筛吸附器再生系统调整到正常工艺条件，且分子筛后分析点的二氧化碳含量小于 1×10^{-6} 时，将空气缓慢导入空分塔。

（5）在调整空分工况的同时，缓慢切换分子筛再生气，并改用污氮，保证再生气流量。

29. 分子筛吸附器的切换操作应注意什么问题？

答：分子筛吸附器在切换时，首先要进行均压。由于均压管在出口处，在均压过程中如果均压阀开得过快，势必造成空气量有大的波动，而影响空分的稳定生产；如果均压阀开得过慢，将会延长分子筛的使用时间，对吸附效果不利。

在卸压时，如果卸压过快，由于卸压阀在分子筛的下面，分子筛下部的压力卸掉得快，而分子筛床层上面的压力必须通过分子筛层才能卸掉压力。其压力差越大，对筛床的压力也将大大增加，这将对分子筛床的安全不利。

所以要密切注意分子筛加热、冷吹等工艺情况，均压和卸压的时间过长和过短都不利。

30. 分子筛纯化系统为什么有时会发生进水事故，怎样解决？

答：在分子筛纯化器前，为了降低加工空气进入纯化器的温度，全低压制氧机多设有氮水预冷系统，其中包括空气冷却塔和水冷却塔。在空气冷却塔中，空气自下而入，从塔顶引出，进入分子筛纯化器，水从塔顶喷淋与空气接触、混合而使空气冷却，空冷塔内设置有多块穿流筛板或填料，以增加气液接触面积。为了水分离在塔顶设有水捕集层，当空冷塔中空气流速过快，挟带水分过多或者喷淋水量过多，水位自动调节失灵时，就会造成分子筛纯化器进水事故的发生。

如某厂 $30000 m^3/h$ 制氧机，在空压机自动停车后，空气冷却塔内压力下降，空压机再启动时，发生了分子筛纯化器进水事故。分析其原因，是由于水位自动调节阀及回水系统的逆止阀失灵。当空压机自动停车时，空冷塔空气进口至空压机出口逆止阀处积满水，空压机再启动，空气从空气冷却塔下部进入时，将这部分水全部压入了空气冷却塔，使空气冷却塔中水位上升至顶部后沿出口管道进入分子筛纯化器。

分子筛纯化器进水时，分子筛的压力忽高、忽低地波动，吸附器的阻力升高，加热和冷吹后曲线发生变化，其中最明显的是冷吹后的温度下降，并出现平头峰。平头峰的曲线距离越长，表示分子筛进水越多。

为了防止分子筛纯化器发生进水事故，在操作上注意如下事项。

（1）空冷塔应按操作规程操作，先通入气，待压力升高稳定后再通入水。

（2）不能突然增大或减少气量。

（3）保持空冷塔的水位。

（4）水喷淋量不能过大。

（5）水质应达到要求，降低进水温度，并减少水垢。

发生进水事故后，首先应处理空冷塔的工况，停止水泵供水，把空冷塔的水液位降下来，并使之恢复到正常工况。同时对空分设备进行减量生产，以减少分子筛的负荷量，并对分子筛进行活化操作。活化时注意首先用大气流冷吹，在游离水吹净时再加热。如果活化操作不成功，则只能更换分子筛。

31. 分子筛净化系统的操作对空分设备运行周期有何影响？

答：空分设备在两次大加热之间的运转周期长短与很多因素有关，从操作的角度，主要取决于主换热器的空气通道何时被堵塞。而堵塞的主要原因是进装置空气中的水分、二氧化碳的含量超标（对水分要求露点低于 $-65℃$，二氧化碳含量小于 $1×10^{-6}$），在主换热器内积累、冻结，直至堵塞。

分子筛净化系统操作不正常，会缩短装置的运转周期，主要由以下几方面原因引起。

（1）分子筛吸附器床层短路　在开车过程中由于空气气速控制不稳，或切换时两罐压差过大，会对床层产生冲击，使分子筛床层凹凸不平，造成床层短路。严重时会将吸附器的防尘网冲破，将分子筛粉末带进换热器通道，造成堵塞。

（2）喷淋冷却塔带水　空气通过喷淋冷却塔的气速过大，将水雾带进吸附器，使吸附器清除水的负荷大大增加，出口空气中的水分、二氧化碳的含量超标，带入主热交换器而产生冻结，使阻力增大。如果冷段的阻力增大，则是二氧化碳冻结；如果热段阻力增大，则是水分冻结；整个换热器阻力增大，则二者都冻结，或是分子筛粉末堵塞。

（3）冷冻机工作不正常，造成冷冻水温度升高，空气不能冷却到正常的温度。一方面使得空气离开喷淋塔时的饱和水含量增加；另一方面使得分子筛的吸附能力下降。

（4）喷淋塔断水或水位过高，将造成分子筛吸附器温度升高，或产生带水事故。

32. 分子筛吸附净化流程的空分设备在停电后再恢复供电时应如何操作？

答：分子筛吸附净化流程的空分设备在停电后再恢复供电时，操作应按以下步骤进行。

（1）应对突然断电时给空压机等机械设备可能造成的影响作出判断，如没有影响，按空压机的操作规程进行空压机的启动准备。

（2）对连锁停机的设备阀门的开关状态进行检查和确认。

（3）对空分装置的报警连锁项目检查和确认，对断电时失灵的连锁控制进行重新校验和确认。

（4）按规程启动空压机和空气预冷系统。

（5）按规程启动分子筛吸附器，继续完成停机前的进行程序。如果停机时间较长（超过 24 小时），分子筛吸附器宜循环再生一个周期。

（6）根据停机时间长短、主换热器的冷端温度及主冷液位等情况，按规程确定空分设备的启动步骤启动。

33. 出分子筛纯化器后空气中的水分和二氧化碳含量超标如何判断，是什么原因造成的？

答：出分子筛纯化器后空气中的水分和二氧化碳含量超标的判断，通常有以下方法。

（1）设在分子筛吸附器后的水分和二氧化碳检测仪表的指示值，在周期末上升很快，并且很快达到报警值。

（2）主换热器内水分和二氧化碳有冻结现象，热端温差明显增大，空分装置的冷量不足，需要增加膨胀空气量。在水分和二氧化碳检测仪表失灵时，要特别注意这种情况。

出现这种情况可能有以下原因。

（1）分子筛长期使用，吸附性能下降。

（2）分子筛再生不完全，或蒸汽再生加热器泄漏，再生气体潮湿；或分子筛吸附水分负荷过大，影响对二氧化碳的吸附。

（3）对卧式分子筛吸附器，因气流脉动等原因造成床层起伏不平，出现气流短路。

（4）对立式分子筛吸附器，因吸附床层出现空隙，造成气流短路。

34. 分子筛纯化器的加热再生采用蒸汽加热和电加热设备各有什么特点，在再生操作中应注意什么问题？

答：蒸汽加热器用过热水蒸气作为热源，因此在使用过程中易发生泄漏而污染加热介质，所以在制造方面要求严格，设备的造价也比较高。使用蒸汽进行加热，其价格比电要便宜，但冬天要进行防冻处理。从操作上看，电加热不会因蒸汽泄漏而出现影响吸附器再生的问题，所以设备造价较低。

分子筛纯化器的加热再生采用蒸汽还是电加热与设备容量及工厂条件有关。一般设备容量较大，而且工厂有充足的蒸汽源的，多采用蒸汽加热；设备容量较小且工厂蒸汽源有困难的，则采用电加热，也有采用先蒸汽加热而后电加热的。

一般在正常生产中，使用蒸汽加热器进行加热。当蒸汽压力不足或分子筛需要进行活化时，才投入电加热器，以提高加热介质的温度。

再生操作中应注意以下问题。

（1）无论哪种加热方式，都要注意吸附器再生过程中的加热和冷吹的温度曲线变化。温度曲线的异常变化说明：①再生热源（蒸汽或电）不足或气量不足；②吸附器负荷（尤其是吸附水量）有变化，应查明原因。

（2）注意吸附器再生时的压力变化，压力升高说明吸附器阻力增大或吸附器的进出口阀没关严，应查明原因。

（3）注意加热时间的变化，加热时间的延长应查明是热源问题还是吸附器的负荷增大的影响。

（4）在操作蒸汽加热器时注意：①要经常检查蒸汽加热器的冷凝水的液位情况，水液位高将会影响换热的温度；②发生蒸汽换热器漏气时，将影响加热再生的效果，所以要经常检查换热后气体中的含湿情况，一般水分含量应小于 1×10^{-6}（露点温度 $-65℃$），否则要检查换热器的工作情况并进行处理，加热器后一般设有露点检测仪，要注意露点的变化。

（5）在使用电加热器时，应注意加热介质流量不能小于工艺流量要求，否则将会发生烧毁事故；在冷吹时，要注意检查是否已断开电源，防止烧坏电热元件。

35. 分子筛净化系统在操作时应注意哪些问题？

答：分子筛净化系统的净化效果的好坏，影响到装置的运转周期。对相同的设备，如果操作不当也可能影响净化效果。在操作时应注意以下问题。

（1）对分子筛吸附器的安装要求：要认真检查上、下筛网有无破损，固定是否牢固；分子筛是否充填满，并且扒平；认真封好内、外筒人孔，防止相互窜气。

（2）分子筛吸附器在运行时，要定期监视分子筛温度曲线和出口二氧化碳的含量，以判断吸附器的工作是否正常。

（3）要密切监视吸附器的切换程序、切换压差是否正常。如遇故障，要及时处理。

（4）要密切注意冷冻机的运行是否正常。如遇短期故障，造成空气出口温度升高时，应及时缩短吸附器的切换周期，并及时排除故障。

（5）空压机启动升压时，应缓慢进行，防止空气气速过大。向低温系统充气，或系统增加负荷（启动膨胀机、开启节流阀等）时，要缓慢进行，防止系统压力波动。

（6）空分设备停车时，应立即关闭吸附器后的空气总阀，以免再启动时气流速度过大而冲击分子筛床层。

36. 分子筛吸附净化能否清除干净乙炔等碳氢化合物，为保证装置的安全运行，在操作上应注意什么问题？

答：分子筛吸附器在常温条件下吸附水分和二氧化碳的同时，

能够吸附乙炔等碳氢化合物。根据林德公司提供的资料。其中，对
CH_4、C_2H_6 的吸附效率几乎为零；对 C_3H_8 为 89%，C_2H_4 为 97%，
C_3H_6、C_2H_2 和 C_4H_{10} 几乎为 100%。从以上数据可见，分子筛净化
对乙炔、丙烯等是可以清除的，但对甲烷、乙烷是无效的。

为保证装置的安全运行，在操作中应注意以下问题。

（1）分子筛吸附器应处于良好的工作状态，解吸再生完全，床
层充实平整，无短路气流通过。

（2）保持主冷液氧有一定的排放量（一般不少于产品氧量
的 1%）。

（3）保持主冷液位的稳定。全浸操作的主冷，液位不得降到全
浸位置以下。

（4）设有液氧保安吸附器的，应保持吸附器的正常工作和
再生。

（5）注意监视主冷液氧中碳氢化合物的含量，超过规定时应采
取相应措施。

37. 分子筛吸附净化流程的空分设备在启动上有何特点，操作时应注意什么问题？

答：分子筛净化流程的空分设备，由于空气经分子筛吸附除去
了水分和二氧化碳等杂质，与切换净化流程相比，启动操作简单容
易控制。它不需要考虑诸如水分和二氧化碳的自清除，膨胀机内水
分和二氧化碳析出等复杂影响。启动过程的注意力主要集中在充分
发挥膨胀机的制冷能力，合理分配冷量，全面冷却设备上。可分为
冷却设备、积累液体、调整精馏工况三个阶段。与切换流程的启动
方式相比，可称"全面冷却法"或"一次冷却法"。

启动操作时应注意以下几点。

（1）首次使用的分子筛要进行一次活化再生，目的是清除运输
和充填过程吸附的水分和二氧化碳。活化的温度一般应高于
200℃，低于 250℃。当出口温度达 80℃时就可冷吹，活化时间不
少于两个切换周期。

（2）分子筛吸附器启动时送气升压过程要缓慢，放空阀调小时要谨慎，防止因压力波动而破坏床层内的分子筛。

（3）需要启动两台膨胀机时，要全开增压机的出口回流阀，将先运转的膨胀机的压力降下来，然后两台膨胀机同时加负荷，防止后启动的增压机发生喘振。

（4）注意主换热器中部温度的控制：①控制单元间的中部温差，一般不大于3～5℃；②中部温度不宜过低，冷量不要过多集中在主换热器，造成热端温差增大；冷端温度达到空气液化温度后，冷量应向精馏系统转移，使精馏系统充分冷却，尽快积累液体，建立精馏。

（5）注意空气冷却塔的工作，确保预冷后的空气温度达到设计要求；防止压力和水位波动，以免空气带水，影响分子筛的性能。

38. 当大型空分塔产生液悬时，除了采用停止膨胀机、切断气源静置的方法消除外，有无其他不影响正常生产的办法？

答：采用停止膨胀机、切断气源静置的方法消除液悬，势必造成氧压机、氮压机停运，给正常生产带来损失。为此可采用适当排放液氮的方法来消除液悬，较为简单可行，不影响正常生产。如果在排液氮的同时，加大膨胀量则效果更佳，具体操作方法如下。

在将氧气流量调至比正常时略小、其他各阀开度不变的情况下，只要将液氮排放阀适当打开，加大膨胀量后（一台膨胀机的最大膨胀量），从污氮气经过冷器后的温度显示可看到，2～3分钟即可达到正常值，即-173℃左右。接着阻力压差开始下降，主冷液面开始上升。同时从氧分析仪可看到氧纯度的变化，开始略有下降，10分钟后慢慢上升。待阻力基本达到正常值后，逐渐调小液氮排放阀，直至完全关闭。

用这种方法处理液悬，也可能一次不行，还需进行第二次处理。主要需要根据工况恶化的程度决定液氮排放量。在操作时要注意将进塔空气量控制稳定；调节某项参数时，阀门的开闭要缓慢。

该操作方法的原理是：在进装置空气量稳定不变、氧气流量比正常值稍小的情况下，排放液氮会使进入下塔的空气量增加；但增加膨胀量除为了补充排液的冷损外，由于膨胀空气进入上塔，实际进入下塔的空气量反而是减少的，这样下塔压力会有所降低，使主冷的传热温差减小，同时热负荷也减少（因入下塔空气量减少），致使主冷中液氧蒸发量减少，从而使上塔的上升气速下降，压差减小，液悬问题得到解决。

39. 产生液悬时如何处理？

答：产生液悬时首先应找出液悬的原因，然后对症下药。

（1）如果是设计制造上的毛病，如由于塔径过小、溢流斗没有对正、挡液板倾斜等引起，只能停车加温，进行更换或纠正。但这类毛病在首次试车中就可发现，经过试车合格的产品是不会发生的。

（2）由于设备运转已到周期末或已超过运转周期，微量的水分和二氧化碳带入塔内，久而久之使塔板上的小孔堵塞，使塔内阻力增加而引起的液悬，这时只能停车加温，但在生产急需用氧时，可采取减少进塔空气量，在低负荷下运转的应急措施来解决。

（3）由于硅胶粉末、空气中的灰尘清除不彻底，或有杂质带入塔内，也会引起液悬，这时应停车进行彻底加温吹除，必要时应进行清洗。

（4）小型设备在关阀期间，因液空、液氮节流阀关得过快或降压过快引起的液悬较为多见。对这种液悬应有思想准备，严格掌握关阀的要点和方法。如出现液悬，则应重新开大液空、液氮节流阀，待中压稳定、液氧液面上升时再慢慢把两阀关小。如采取这种方法无效时，可把高压空气进口阀关闭（空气由油水分离器放空），关闭节流阀和停止膨胀机运转，把液空、液氮节流阀开大，打开氮气放空阀，使在塔板上的液体流下来，静止 15～30 分钟，必要时可排除部分液氧，重新启动。如果确属关阀引起的液悬，一般能消除。

（5）小型设备因加工空气量过多，而造成液悬，这时应排放部分空气，待塔内工况稳定后，再缓慢分多次送入空气，每送一次间隔半小时左右，待空分塔各参数稳定后继续再送。

（6）由于纯化器使用周期过长造成的液悬，应立即切换纯化器，减少空气量和降低下塔及上塔压力，或排掉部分液氧和液空，待工况正常后再把空气送入。若采用上述方法无效时，则只能停车加温。

（7）由于分馏塔加热不彻底引起液悬，在关阀降压过程中，塔内的参数还是正常的，但到调整氮气纯度时，才反映出上塔产生液悬。这种情况只能停车加温吹除。

（8）大型空分塔由于二氧化碳吸附器使用周期过长而引起液悬，这时应立即切换二氧化碳吸附器、膨胀空气过滤器，减小膨胀空气送入上塔的量。若调节无效的话，应采取改变上塔压力的办法使二氧化碳能随气流带出来，即停止膨胀空气送入上塔，走启动短路，打开污氮管上的吹除阀进行吹除。可以把膨胀空气进入上塔阀时开、时关，反复进行，直至吹出的气体中无明显的二氧化碳为止，然后再重新调整。若采用上述方法无效时，只能单独加温上塔。

气　化

第一节　岗位理论知识补充

1. 何谓德士古？

答： 由美国德士古（Texaco）公司开发并工业化的水煤浆气化技术，工厂习惯简称为"德士古"，是二十世纪九十年代世界上最先进的气化方法，具有其他气化技术无法比拟的优点。

2. 德士古气流床气化的原理是什么？

答： 所谓气流床气化，就是气化剂（蒸汽与氧）将煤粉夹带入气化炉，在高温下进行并流气化反应的过程。微小的煤粉在火焰中经部分氧化而进行气化反应，所以其机理不同于移动床或流化床气化。煤粉与气化剂均匀混合，通过特殊的喷嘴进入气化炉反应段，瞬间着火，直接发生火焰反应，温度高达2000℃。煤粉和气化剂在火焰中作并流流动，煤粉急速通过高温区，来不及熔化而迅速气化，反应时间约数秒，在上述时间内，放热反应和吸热反应可以认为是同时进行的。因此在火焰端部，即煤气离开气化炉之前，碳几乎全部消耗尽。在高温下，所有干馏产物都迅速分解，因而生成的煤气中只含有很少量的甲烷。

气流床气化的特点在于煤粒能各自被气流隔开，每个颗粒能单独膨胀、软化、烧尽或形成熔渣，而与邻近的颗粒毫不相干。燃料颗粒不易在塑性阶段凝聚，因而燃料的黏结性对气化过程没有什么影响。

在并流气化过程中，气化剂和碳的浓度都随反应的进行而降低，反应物和生成物之间的热交换，不像逆流气化（如移动床）那样接近理想进行，因此碳的损失是不可避免的。这里煤的反应性决定了煤完全气化的程度，影响了飞灰含碳量。如常压气化反应性好的褐煤，飞灰含碳 30%～40%，而反应性差的贫煤则高达 60%。为了使碳转化完全，必须提高反应温度，因此灰分通常以熔渣状态排出，所以在选择燃料时，必须注意灰分的黏温特性。

燃料在气流床气化炉的反应区停留时间极短，燃料与气化剂的反应速度很快。通常为了维持较高的反应温度，采用氧气和少量水蒸气作为气化剂；为了具有较大的表面积加快反应，通常采用煤粉为原料，如 70% 以上应小于 200 目。

已经工业化的气流床气化炉主要包括国外的 K-T 炉、Shell 气化炉、GSP 气化炉、GE 气化炉、Prenflo 气化炉、E-gas 气化炉，以及国内的对置式四喷嘴气化炉、多元料浆气化炉、两段式气化炉等。

3. 德士古水煤浆气化工艺路线特点及先进性有哪些?

答：（1）煤种适应性广　水煤浆加压气化工艺可以利用次烟煤、烟煤、石油焦、煤加氢液化残渣等。不受灰熔点限制（灰熔点高可通过添加助熔剂调整），同时因煤最终要磨制成水煤浆，故不受煤的块度大小限制。

（2）连续生产性强　气化炉的原料——煤浆、氧气的生产是连续的，因此也就能够连续不断进入气化炉。排渣经排渣系统固定程序控制，不需停车，气化开停少，系统操作稳定。

（3）气化压力高　气化炉内的高压，使得相同质量的产品气大幅度减小了比容积，提高了单炉产气量；同时产品气具有高压力，为后续工段节省了煤气压缩所需的能耗和费用。

（4）粗煤气质量好　国内外已有的德士古水煤浆气化工艺产品

煤气中的有效成分（$CO+H_2$），一般都在 80％以上。

（5）气化温度高　气化炉运行温度一般在 1100～1540℃，碳转化率高达 96％～98％。

（6）安全性能好　由于水煤浆加压气化工艺采用湿法磨煤，避免了干磨法中煤粉这一易燃易爆物质给工业生产带来的巨大安全隐患。

（7）有利于环保　一是水煤浆加压气化气化工艺由于气化炉内温度高，所以不生成焦油、酚等污染环境的副产物，废水主要成分是含氰化合物，远比煤焦产生的废水易于处理；二是气化系统的水在本系统内循环使用，外排废水很少，远比其他气化方法产生的废水量少；三是配制水煤浆时，可利用工厂排出的含大量有机物、较难生化处理的废水，从而大幅度降低了因满足环保要求而支出的废水处理费用；四是气化炉渣为固态排放物，没有飞灰等带出，不污染环境，而且是良好的建筑材料。

4. 德士古水煤浆加压气化主要反应机理是什么？

答：水煤浆和纯氧经工艺烧嘴进入气化炉，在压力 6.5MPa、温度 1350℃左右的条件下进行气化反应，生成以 $CO+H_2$ 为主要成分的粗煤气。在气化炉内进行的反应相当复杂，一般认为分如下三步进行。

（1）煤的裂解和挥发分燃烧　水煤浆和纯氧进入高温气化炉后，水分迅速蒸发为水蒸气，煤粉发生热裂解并释放出挥发分，裂解产物及易挥发分在高温、高氧浓度的条件下迅速完全燃烧，同时煤粉变成煤焦，放出大量的反应热。因此在粗煤气中不含焦油、酚类和高分子烃类，该过程进行得相当短促。

（2）燃烧和气化反应　煤裂解后生成的煤焦，一方面和剩余的氧气发生燃烧反应，生成 CO、CO_2 等气体，放出反应热；另一方面，煤焦又和水蒸气、CO_2 等发生气化反应，生成 CO、H_2。

（3）气化反应　经过前两步反应后，气化炉中的氧气已完全消耗殆尽，这时主要进行的是煤焦、甲烷等与水蒸气、CO_2 发生的气化反应，生成 CO 和 H_2。

一般认为，在气化炉中主要进行下述反应：

部分氧化反应 $\quad C_m H_n S_r + m/2 O_2 \longrightarrow m CO + (n/2-r) H_2 + r H_2 S + Q$

煤的燃烧反应

$$C_m H_n S_r + (m+n/4-r/2) O_2 \longrightarrow (m-r) CO + n/2 H_2 O + r COS + Q$$

煤的裂解反应

$$C_m H_n S_r \longrightarrow (n/4-r/2) CH_4 + (m-n/4-r/2) C + r H_2 S - Q$$

CO_2 还原反应 $\quad C + CO_2 \longrightarrow 2 CO - Q$

碳的完全燃烧反应 $\quad C + O_2 \longrightarrow CO_2 + Q$

非均相水煤气反应 $\quad C + H_2 O \longrightarrow H_2 + CO - Q$

$$C + 2 H_2 O \longrightarrow 2 H_2 + CO_2 - Q$$

甲烷转化反应 $\quad CH_4 + H_2 O \longrightarrow 3 H_2 + CO - Q$

逆变换反应 $\quad H_2 + CO_2 \longrightarrow H_2 O + CO - Q$

同时可能发生以下副反应 $\quad COS + H_2 O \longrightarrow H_2 S + CO_2$

$$C + O_2 + H_2 \longrightarrow HCOOH$$

$$N_2 + 3 H_2 \longrightarrow 2 NH_3$$

$$N_2 + H_2 + 2 C \longrightarrow 2 HCN$$

这些副反应生成的酸性产物可能会使渣水的 pH 值降低，而呈酸性，造成渣水系统的设备和管道的腐蚀。气化反应中生成的硫化物主要以无机硫（$H_2 S$）的形式存在，有机硫 COS 的含量很少。

5. 德士古水煤浆加压气化按流动过程可分为哪几个区域？

答：气化过程从流动特征上讲属于受限制的射流反应，按流动过程可将气化炉燃烧室分成三个区域，即射流区、回流区和管流区。

（1）射流区的反应　水煤浆和氧气刚进入气化炉时，氧浓度相当高，随着燃烧和气化反应的进行，氧浓度逐渐降低直至完全消耗。因此该区域内进行的反应可分为两种类型：一类是有氧反应，主要进行的是煤的部分氧化反应、煤的燃烧反应、煤的裂解反应及碳的完全燃烧反应，这些反应称为一次反应；另一类是无氧反应，主要进行的是 CO_2 的还原反应、非均相水煤气反应、甲烷转化反应及逆变换反应等，这些反应称为二次反应。

（2）管流区的反应　进入管流区的介质为来自一次反应区的燃烧产物即甲烷、残碳及水蒸气等，在管流区内继续进行射流区的二次反应。

（3）回流区的反应　由于射流作用，在烧嘴附近形成相对低压区，造成大量的高温气体被卷吸回流，形成一个回流区。其介质主要是从射流区卷吸来的燃烧产物、残碳、水蒸气及少量氧气，因而其反应包括一次反应和二次反应。形成一次反应和二次反应的共存区。由于回流区的存在，造成气化炉内物料停留时间不一样，也就是说在气化炉内存在返混现象。

6. 德士古气化过程的主要操作控制参数有哪些？

答：（1）操作温度　由于气化炉是液态排渣，故操作温度必须大于煤的灰熔点，一般在 1350～1500℃。当灰熔点高于 1350℃时就要添加助熔剂，使其灰熔点降低到 1350℃以下，考虑气化温度的上限主要是顾及耐火材料的使用寿命。

（2）操作压力　气化压力主要取决于粗煤气的用途，如生产合成氨为 8.5～10MPa，合成甲醇以 6.0MPa 左右为宜，这样控制后面的工序就不需要增压了。

（3）气化时间　气化时间与煤的活性、粒度、气化温度和压力有关，一般为 3～10 秒。

（4）氧煤比　与煤的性质、煤浆浓度、煤浆粒度分布有关，一般在 0.9～0.95，但最终需经煤气化试验确定。

（5）煤浆浓度　它是水煤浆气化法独特的控制指标，一般要控制在＞59％以上，这也是德士古气化技术极其重要的工艺参数。高浓度煤浆是非牛顿流体，可用表观黏度概念描述其流变性质，一般水煤浆黏度控制在 1Pa·s 左右。不同的煤种都有一个最佳的粒度和浓度，需预先进行试验选择。

7. 煤气化系统灰水的 pH 值受哪些因素影响和控制？

答：（1）煤气化装置水系统存在的酸性物质　煤气化装置水系统中一般存在有若干种酸性物质，按酸性强弱顺序依次为氯化氢（HCl）、甲酸（HCOOH）、碳酸（H_2CO_3）、硫化氢（H_2S）。在气化炉高温气化反应或激冷条件下，一般认为伴随有如下副反应发生：

$$2NaCl + SiO_2 + H_2O \Longrightarrow NaSiO_3 + HCl$$
$$CO + H_2O \Longrightarrow HCOOH$$
$$CO_2 + H_2O \Longrightarrow H_2CO_3$$
$$H_2 + S \Longrightarrow H_2S$$

氯化氢和甲酸离子化程度很高，它们完全以离子状态存在于水相当中，腐蚀性极强。二氧化碳和硫化氢仅有部分溶解水中，虽然酸性不是很强，但在系统缺少中和性氨的情况下，这部分可溶性酸性气体也会引起系统产生酸性腐蚀。

（2）煤气化装置水系统存在的碱性物质　煤气化装置水系统中存在的碱性物质主要由气化反应生成的氨溶解水后形成的，一般情况下气化反应生成氨的摩尔数比生成酸（HCl 及 HCOOH）的摩尔数要多得多，因而系统中的总氨量足够将气化装置水系统 pH 值保持在较高的水平，但氨在系统中的分布不均衡，激冷室及碳洗塔等关键设备操作温度较高，水相溶解的氨量较少，而系统生成的强酸则全部存在于液相，使得激冷水相的 pH 值在气化装置水系统中处于最低。

（3）煤气化装置水系统 pH 值的控制　对于特定的煤气化装置，生成的影响水系统 pH 值的物质如氨、氯化氢、甲酸及可溶性碱性金属等的量是一定的，除非更换煤种或改变工艺条件才能发生变化。所以煤气化装置水系统中 pH 值的控制，需要通过调整装置中生成影响水系统 pH 值的物质分布（主要是氨的分布）来实现。将粗煤气中的氨及水蒸气在下游工序冷凝下来，含氨冷凝液部分返回碳洗塔，参加碳洗塔和气化炉激冷室水系统 pH 值的调整。返回的冷凝液需要认真平衡，一方面避免因随冷凝液返回系统的氨量过多可能引发的碳酸氢铵结晶堵塞或结垢问题，另一方面避免因随冷凝液返回系统的氨量过少，造成系统 pH 值过低产生酸性腐蚀。

（4）煤气化装置水系统的其他腐蚀因素　气化装置水系统发生的腐蚀主要是酸性腐蚀，此外还有几种情形的腐蚀应引起足够重视：①氧对合金钢的腐蚀作用很强，进入气化系统的各种补水，均要彻底进行脱氧处理；②煤气化过程中生成的粗渣及细渣，对设备材质有很强的磨蚀作用，各黑水管道流速设计和管路配置要慎重考虑，尽量减轻黑水对设备、管道及其配件的磨蚀；③气化反应也会生成微量的氰化物，应预防氰化物富集后可能造成的局部材质腐蚀。

8. 简述煤气化装置主要由哪几个单元组成？各单元的生产任务？

答：主要由煤浆制备单元、煤气化单元、渣水处理单元、火炬单元等组成。

煤浆制备单元为煤气化单元磨制出一定浓度（59%～63%）、黏度（500～1300cp）、粒度和 pH 值（7～9）的合格水煤浆。

煤气化单元负责生产出（$CO+H_2$）≥78%的合格粗煤气，送往下游变换工段。

渣水处理单元负责将煤气化单元送来的黑水进行高、低、真空闪蒸浓缩，以达到充分回收黑水热量、释放出黑水中溶解的酸性气体送往火炬燃烧。闪蒸浓缩后的黑水经沉降分离，上层清液送往气化单元循环利用，下层沉淀的黑泥送往真空过滤系统进行渣水分离。

火炬单元负责接收生产装置开停工及整个甲醇装置正常生产运行期间排放出的废气，通过火炬头燃烧最终实现达标排放。

9. 简述煤浆制备单元工艺流程

答：流程简图如下。由煤贮运系统来小于 10 毫米的碎煤进入原料煤仓内，经煤称量给料机称量后送入磨煤机；助溶剂（石灰石）由压缩空气送入助溶剂仓内，经圆盘喂料机定量后通过螺旋给料机1、2送入磨煤机内。液体添加剂卸至添加剂制备槽中，加水稀释后，由添加剂制备槽泵送至添加剂槽中贮存，经添加剂计量泵加压计量后送至磨机中。外购NaOH（40%）储存入碱液储罐内备用，使用时由pH值调节剂泵计量后直接送入磨机中（碱液用来调整煤浆pH值）。

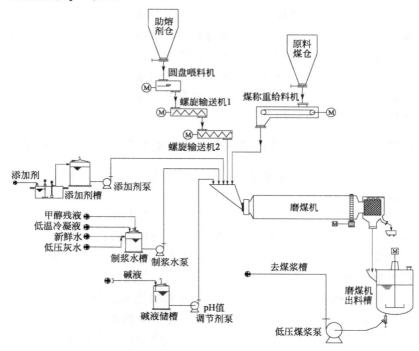

来自甲醇精馏的废水、低温变换冷凝液和低压灰水进入制浆水槽混合，作为煤浆制备用工艺水，正常情况下用低压灰水量来控制制浆水槽液位。工艺水由制浆水泵加压经磨煤机给水调节阀来控制水量送至磨煤机内。煤、工艺水、助溶剂、添加剂和pH值调节剂等一同送入磨煤机，原料煤被研磨成一定粒度分布的含量59%～63%，黏度500～1300cP、pH值7～9的合格水煤浆。水煤浆在磨煤机滚筒口溢出，流经出料口滚筒筛时滤去3毫米以上的大颗粒，最终靠重力流至磨煤机出料槽中，由低压煤浆泵加压送至煤浆槽内储槽。磨机出口槽和煤浆槽均设有搅拌器，其作用是使煤浆始终处于均匀悬浮状态。

10. 简述煤气化单元工艺流程

答：流程简图如下。由煤浆贮槽来的浓度约为 $59\%\sim63\%$ 煤浆经高压煤浆泵加压至 $7.8MPa$ 后，连同空分送来的高压氧（$8.3MPa$，$30℃$）通过工艺烧嘴喷入气化炉。在气化炉中水煤浆与氧在 $6.5MPa$、$1350\sim1400℃$ 发生部分氧化还原反应。反应瞬间完成，生成 CO、H_2、CO_2、H_2O 和少量 CH_4、H_2S 等气体。

离开燃烧室的粗煤气和熔融态灰渣并流经渣口及下降管进入到激冷室水浴，为保护下降管，自激冷水泵送来的激冷水通过激冷环均匀分布在下降管内壁上形成一层水膜。激冷水与粗煤气、熔渣并流进入激冷室液相，经初步洗涤后的粗煤气出下降管沿上升管与下降管之间的环隙进入激冷室上部的分离空间，气水分离后出激冷室。熔融态的渣被激冷水淬冷固化，经破渣机破碎后，进入锁斗，定时排放。

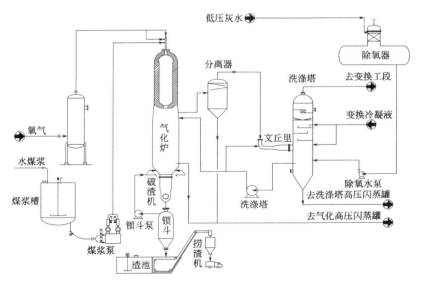

出气化炉的粗煤气（6.5MPa、245℃）经气液分离器进一步分离气体中夹带的细灰和液滴，进入文丘里洗涤器内，与激冷水泵来的黑水直接接触使气体中夹带的细灰进一步增湿，增湿后的粗煤气进入洗涤塔，沿下降管进入塔底的水浴中。粗煤气向上穿过水层，大部分固体颗粒沉降与粗煤气分离。上升的粗煤气沿下降管和导气管的环隙进入洗涤塔上部三块冲击式塔板，与变换高温冷凝液泵送来的冷凝液逆向接触，进一步洗涤掉剩余的固体颗粒。在洗涤塔顶部经过旋流板除沫器，除去夹带气体中的雾沫，温度降至242℃后离开洗涤塔进入变换工序。

出洗涤塔粗煤气水汽气比控制在1.4～1.6，标态含尘量小于1mg/m^3。在洗涤塔出口管线上设有在线分析仪，分析粗煤气中CH_4、CO、CO_2、H_2的含量。

气化炉反应中生成的熔渣进入激冷室水浴后被猝冷成固态渣，经破渣机破碎后，排入锁斗，排出的大部分灰渣沉降在锁斗的底部。为使渣顺利排入锁斗，从锁斗上部抽出较清的水经锁斗循环泵加压进入气化炉激冷室锥底下渣口，使激冷室与锁斗之间形成黑水的强制流动，便于冲洗带出气化炉激冷室锥底进入锁斗的粗渣，同时也起到防止粗渣堵塞下渣口的作用。锁斗的运行由程序控制，其收排渣运行循环周期为每次28分钟，循环时间到后，通过锁斗程控系统，将收集到锁斗内的粗渣沿管道排入捞渣机尾部渣池内，再由捞渣机捞链条刮板刮出后装车外运。

来自渣水处理工序的灰水经除氧器热力除氧后，通过高压灰水泵加压后进入洗涤塔底部，用作冷却及维持洗涤塔液位，变换高温冷凝液进入洗涤塔上部塔盘，作为洗涤水对粗煤气进一步除尘降温。洗涤塔中部排出较清洁的灰水经激冷水泵加压后，少部分送至文丘里洗涤器内作为粗煤气中灰分的增湿增重用，大部经黑水过滤器过滤后送至气化炉激冷环，作为保护下降管及维持气化炉激冷室液位用激冷水。气化炉与气液分离器底部黑水一并进入气化高压闪蒸罐内减压闪蒸；洗涤塔底部黑水进入洗涤塔高压闪蒸罐内进行减压闪蒸，以达到浓缩黑水、回收热量及解析出黑水中溶解的酸性气体的目的。

11. 简述气化单元锁斗排渣系统工艺流程

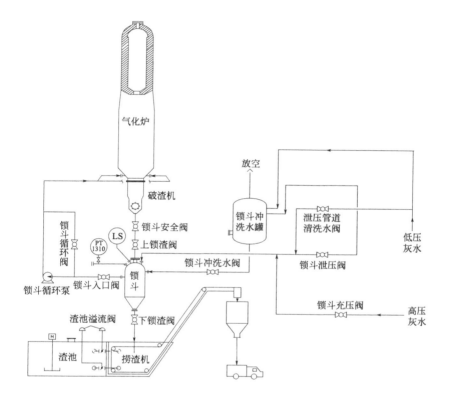

答：流程简图如上。锁斗排渣系统由一套逻辑联锁程序自动控制，每个循环周期约为 28 分钟。激冷室底部的渣及少量的未被燃烧掉的残碳通过锁斗入口安全阀、上锁渣阀收集在锁斗内。为了有利于渣的收集，锁斗循环泵将锁斗上部的黑水抽出加压后返回气化炉激冷室，使激冷室中的黑水在向下流动的过程中将渣带入锁斗，形成锁斗黑水循环。

具体排渣过程：渣收集时间到后，锁斗循环泵循环阀开，锁斗循环泵入口阀关；锁斗循环泵打自身循环。当确认上锁渣阀关闭后，锁斗泄压阀打开对锁斗进行泄压，当锁斗压力 PT1310 指示小于 0.28MPa 时，渣池溢流阀关闭，防止在排渣过程中含渣黑水溢流入渣池内，造成渣池泵入口堵塞。

为保证泄压管线的畅通，在泄压完毕后打开泄压管线清洗水阀，用灰水对泄压管线进行冲洗。冲洗干净后自动关闭清洗水阀及泄压阀；当锁斗冲洗水罐液位高报时自动打开锁斗冲洗水阀和下锁渣阀，靠冲洗水罐内低压灰水的位差将锁斗内的渣冲入渣池，同时锁斗泄压管线清洗阀亦打开，对锁斗泄压管线进行冲洗，当锁斗冲洗水罐液位低或排渣时间到后关闭下锁渣阀和清洗水阀，此时激发渣池溢流阀计时器开始计时，5 分钟后渣池溢流阀打开，将捞渣机内顶部澄清液溢流至渣池中。

当锁斗顶部液位开关高报时，关闭锁斗冲洗水阀，打开锁斗充压阀，用高压灰水泵来的高压灰水对锁斗进行充压，当锁斗与气化炉压差小于 0.28MPa 时，关闭锁斗充压阀，打开锁斗上锁渣阀，此时锁斗具备接收粗渣条件，打开锁斗循环泵入口阀，关闭泵循环阀，此时锁斗循环泵进入正常运转状态，整个锁斗系统进入下一轮收渣阶段。

12. 简述气化单元烧嘴冷却水系统流程

答：流程简图如下。为了保护气化炉内的工艺烧嘴，防止高温损坏，工艺烧嘴头部带有冷却水盘管。烧嘴冷却水槽内的脱盐水，通过烧嘴冷却水泵加压后经烧嘴冷却水换热器用循环水冷却至 35℃，进入烧嘴冷却水盘管，对工艺烧嘴头部进行冷却，出烧嘴冷却水盘管时水温度上涨至 45℃，流经烧嘴冷却水回水分离罐进行汽液分离，最后返回到烧嘴冷却水槽循环使用。

在烧嘴冷却水分离罐上部的放空管线上有 CO 检测器，检测分离气中 CO 含量，判断烧嘴冷却水盘管是否泄漏。烧嘴冷却水系统另设事故烧嘴冷却水槽，正常运行中通入低压氮气，维持槽内压力在0.45MPa，当两台烧嘴冷却水泵均出现故障时作为紧急补充烧嘴冷却水。

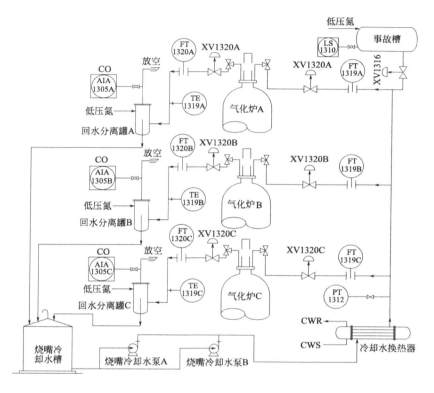

烧嘴冷却水系统设置了一套单独的联锁系统，在判断烧嘴头部水夹套和冷却水盘管泄漏的情况下，联锁触发气化炉停车，同时立即关闭烧嘴冷却水盘管进出口管线上仪表控制阀，实现冷却水系统与气化炉系统的有效隔离，防止因冷却水盘管被烧穿造成的粗煤气倒窜。

烧嘴冷却水泵设置了自启动功能，当烧嘴冷却水总管压力低低（PT1312 小于 1.5MPa）时，烧嘴冷却水备用泵自启动。如果总管压力仍然下降，至低低低（PT1312 小于 0.4MPa）时，自动打开事故槽紧急水阀 XV1316 对烧嘴冷却水盘管进行紧急补水，如果 5 分钟后压力仍然升不起来，则视为烧嘴冷却水系统故障，触发气化炉安全联锁系统停车，并联锁关闭烧嘴冷却水阀 XV1318 和出水阀 XV1319，防止炉内高温煤气通过盘管倒窜至烧嘴冷却水管网内，造成另外运行系统发生故障跳车。

13. 简述渣水处理单元流程

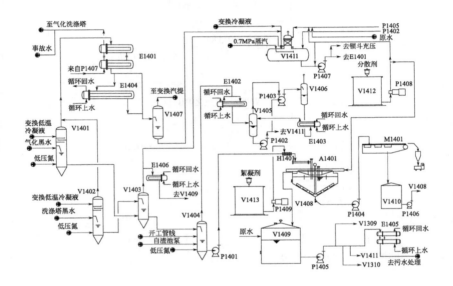

答：流程简图如上。渣水处理单元主要包括高压闪蒸、低压闪蒸、真空闪蒸、黑水沉降、细渣过滤及灰水除氧等。

来自气化炉激冷室底部黑水与气液分离器底部来的黑水汇合后，经过减压阀减压至 0.8MPa，分别进入气化高压闪蒸罐 V1401 内；洗涤塔底部黑水经减压阀减压至 0.8MPa 后，进入洗涤塔闪蒸罐 V1402 内，高压闪蒸罐压力通过压力调节阀控制在 0.8MPa。黑水经减压闪蒸后，一部分水被闪蒸为蒸汽，大量溶解在黑水中的酸性气解析出来，同时黑水被浓缩，温度降低至 179℃。

气化、洗涤塔高压闪蒸罐顶部均设有 3 块筛板，变换汽提塔底的工艺冷凝液经泵加压后送分别送至气化、洗涤塔高压闪蒸罐顶部筛板，对闪蒸出来的气体进行洗涤。

从高压闪蒸罐顶部闪蒸出来的闪蒸气经灰水加热器 E1401 与高压灰水泵 P1407 送来的灰水换热冷却至 172℃，再经水冷器 E1404 冷却后进入高压闪蒸分离罐 V1407，分离出的闪蒸气送至变换汽提塔作汽提气用，冷凝液送往除氧器 V1411 内循环使用。

气化、洗涤塔高压闪蒸罐底部的黑水分别经液位调节阀减压后，进入低压闪蒸罐 V1403 内，控制低压闪蒸罐内压力在 0.05MPa 左右。黑水经闪蒸后，一部分水被闪蒸为蒸汽，少量溶解在黑中的酸性气解析出来，同时黑水再次被浓缩，温度降低 114℃。闪蒸气大部分直接送至除氧器 V1411 内作为除氧热源用，其余部分经过低压闪蒸气冷凝器 E1404 冷凝后直接排入灰水槽内循环使用。

低压闪蒸罐底部黑水经过液位调节阀减压后，进入真空闪蒸罐 V1404，真空闪蒸罐内真空度通过真空泵 P1403 提供，黑水在 -0.08MPa 下进一步闪蒸、浓缩后，经澄清槽进料泵 P1401 送至沉降槽 V1408。

真空闪蒸罐顶部出来的闪蒸气经真空闪蒸冷凝器 E1402 冷凝后，进入真空闪蒸分离罐 V1405，闪蒸气经真空泵 P1403 抽取在保持真空度后排入大气，真空泵分离器 V1406 内液体经真空泵分离器出口冷却器 E1403 冷却后，进入真空闪蒸分离器 V1405，冷凝液经真空凝液泵 P1402 送至除氧器 V1411。

真空泵的密封水由真空凝液泵 P1402 提供。真空闪蒸罐底部黑水经澄清槽进料泵 P1401 加压后在混合器 H1401 中与絮凝剂泵 P1409 送来的絮凝剂混合后，一并进入沉降槽中，加速黑水中的固体悬浮物及颗粒的沉降。

在沉降槽沉降下来的细渣由耙料器 A1401 刮入底部经过滤机

给料泵 P1404 送至真空带式过滤机 M1401，过滤后的滤饼外运。过滤下来的清水流入滤液槽 V1410，经滤液泵 P1406 送至澄清槽再次沉降。

澄清槽上部的澄清水经分散剂泵 P1408 加入分散剂后溢流到灰水槽 V1409，灰水槽中的灰水经低压灰水泵 P1405 加压后，分成四部分：大部分至脱氧水器 V1411；一部分送气化工段作为渣池 V1310 液位调节；一部分送至气化锁斗冲洗罐 V1309 作冲渣清洗水；少部分（约 66m³/h）经废水冷却器 E1405 冷却至 40℃后送污水处理站进一步处理。

脱氧水槽采用低压闪蒸气汽提，低压灰水由脱氧水槽顶部喷淋并与汽提气逆流而下，废蒸汽由顶部放空；正常生产后汽提气主要由低压闪蒸气提供。脱氧水槽控制压力 0.04MPa。脱氧后的灰水由高压灰水泵加压至 7.5MPa 后，经灰水加热器加热，温度升至 160℃，送至气化洗涤塔。

除氧器内的水来源：大部分由低压灰水泵提供；还有部分来自系统回收的冷凝液，主要有变换汽提塔底部来的冷凝液。高压闪蒸分离罐冷凝液；有一路为原水，它与除氧器液位投入自调，用以维持除氧器内液位的正常稳定。

液态分散剂贮存在分散剂槽中，由分散剂泵加压并调节适当流量，加入沉降槽溢流管道和低压灰水泵出口管线及高压灰水泵入口管线，防止管道及设备结垢。

14. 简述气化废水汽提装置流程

答：煤气化灰水汽提装置设计采用单塔低压（0.3MPa）汽提不回收氨工艺，塔顶气凝液全回流，为防止不凝气中铵盐结晶，控制含氨不凝气送往火炬温度在 90℃，塔底净化水送公司污水处理装置，汽提热源采用气化灰水处理单元的高压闪蒸气，不足部分采用 0.7MPa 低压蒸汽，低压蒸汽用量按高闪气量为零时的工况设计，流程简图如下。

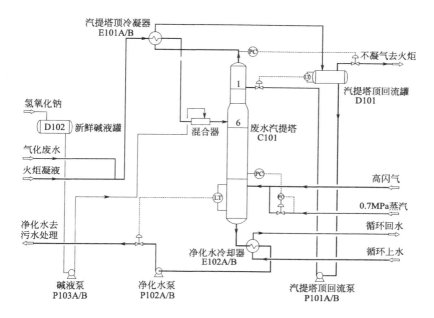

汽提装置原料废水包含两股水：一是气化灰水处理装置来的气化废水（pH 值 7~9），正常排放量为 70m³/h，最大量 90m³/h，连续输送，由灰水贮槽不经过冷却直接送往汽提单元。二是公司火炬沿途管线排放气冷凝液和火炬塔架分液罐内冷凝液，间断排放，排放时流量为 10m³/h，最大量为 20m³/h，每次排放 1 小时。两股废水混合后被送至汽提塔顶冷凝器内，与汽提塔顶气进行换热，进塔灰水从 70℃升温至 103℃；另一路 30% 含量的 NaOH 溶液自新鲜碱液罐抽出，由碱液泵计量后送入加热过的气化灰水中，二者在管道混合器内经充分混合后（进塔灰水 pH 值 11~12），一起进入废水汽提塔塔顶的第 6 块塔盘上，为防止塔盘堵塞，汽提塔采用筛板塔盘。灰水在塔内沿塔盘向下流动，高压闪蒸气（0.8MPa、173℃）和少量的 0.7MPa 低压蒸汽从塔底送入，与灰水逆向接触，气液两相在塔盘上进行充分混合，进行传质传热。

废水汽提塔内，溶解在灰水中的 NH_3 和高压闪蒸气中的 H_2S、CO、H_2、CO_2、CH_4 被汽提出，以气相形式上升至塔顶。塔顶混合气经过塔顶冷凝器冷凝冷却至 90℃，进入汽提塔顶回流罐进行气液两相分离；罐顶分离出的含氨酸性气排放至常量火炬系统；罐底分离出的液相经汽提塔顶回流泵送回汽提塔作回流。塔底是合格的净化水，经净化水冷却器与循环冷水换热，降温至 40℃，再经净化水泵升压，送至污水站进行生化处理。

15. 为什么预热烘炉流程需设置一套柴油烘炉流程和一套驰放气烘炉流程？两种烘炉流程分别在哪种情况下使用？

答： 气化炉原始开车前，由于甲醇装置未开工，故整个厂区内驰放气管网无可供烘炉用的驰放气，需通过柴油站提供的柴油为气化炉耐火砖进行加热，以达到投料的所需炉温，此状态下只可采用柴油烘炉流程来实现。

当整个甲醇装置投用正常后，厂区内驰放气管网有了足够量的驰放气时，对于需热备用的气化炉，可采用驰放气预热烘炉方式代替原始开车前的柴油烘炉，以便降低热备用炉的运行成本。一般热备用炉的炉温控制在 1000℃ 左右，所需的热量驰放气足以提供。

16. 简述气化炉柴油烘炉流程

答： 原理简图见下。气化装置原始烘炉采用柴油烘炉流程，冬季烘炉用－10♯柴油，其余季节选用 0♯柴油。气化装置与动力装置共用一套柴油储罐，烘炉用柴油通过柴油泵加压至 3.82MPa 后送往气化装置内，再通过气化装置内自力式调节阀 PCV13155 调压至 1.0MPa，最终送往柴油烧嘴进行烘炉。

烘炉所需柴油量的多少主要根据炉温的高低和升温速率来决定，柴油量的大小通过柴油管线上的流量调节阀 FV13018 来控制实现。为确保柴油出枪头时雾化良好、燃烧充分，雾化气体采用 0.5MPa 压缩空气。

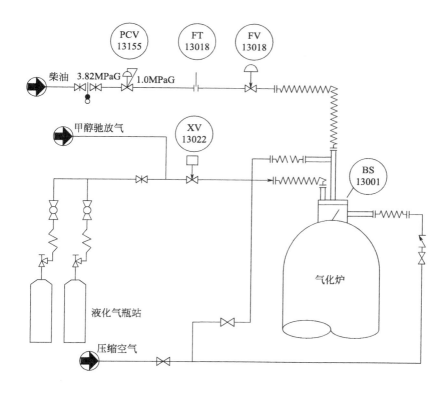

柴油烘炉中还设置了一套液化气长明枪，主要目的是引燃烘炉柴油枪头和确保烘炉过程中柴油枪头火焰始终处于燃烧状态。液化气长明枪燃料通过 50kg 液化气瓶（或液化气站）提供。

为确保烘炉过程中的安全，在烘炉烧嘴上安装有火焰检测系统（BS13001），用于检测烘炉柴油枪头火焰是否熄灭，若枪头火焰熄灭，火检信号丢失，立即触发柴油调节阀 FV13018、液化气阀 XV13022 同时关闭，切断烘炉燃料。

再次点火烘炉前，需旁路火检系统，待长明灯和柴油枪头火焰燃烧正常后，投用火检系统。

17. 简述气化炉驰放气烘炉流程

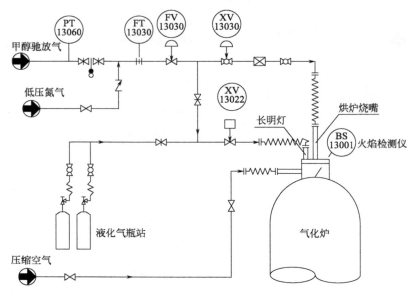

答：原理简图见上。甲醇装置正常生产时，备用气化炉检修结束后，需烘炉热备时，采用驰放气烘炉流程，以达到最大化减少企业生产运营成本。

烘炉所需驰放气量的多少主要根据炉温的高低和升温速率来决定，驰放气量的大小通过其管线上的流量调节阀 FV13030 来控制实现，采用专用的驰放气烘炉喷嘴进行烘炉。

驰放气烘炉中仍使用柴油烘炉设置的长明灯，只是将此时的燃料气由原来的液化气改为驰放气提供。

为确保烘炉过程中的安全，在驰放气烧嘴上设置了以下安全联锁。

（1）驰放气总管压力 PT13060（0.15MPa）低低时，联锁触发 FV13030、XV13030 关闭，同时 FV13030 不可控。

（2）当火焰检测系统（BS13001）检测到火焰熄灭信号时，联锁触发 FV13030、XV13030 关闭，同时 FV13030 不可控。

（3）烘炉驰放气流量 FT13030 标态流量（200m³/h）低低时，联锁触发 FV13030、XV13030 关闭，同时 FV13030 不可控。

再次启用驰放气进行烘炉时，必须同时满足以下条件。

（1）驰放气总管压力 PT13060 大于 0.15MPa。

（2）旁路驰放气流量 FT13030 流量低低。

（3）旁路火检信号正常。

（4）"复位按钮"按下。

以上前三个条件同时具备时，按下"复位"按钮，此时 FV13030 处于可控状态，XV13030 阀门自动打开。

18. 简述气化炉预热烘炉水循环工艺流程

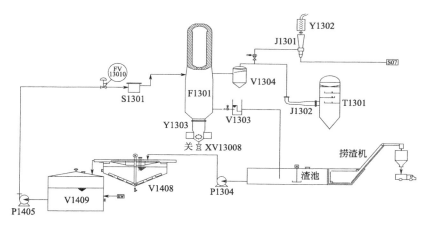

答：流程简图见上。气化炉耐火砖升温至 150℃时，需投用预热水系统，以便保护激冷环和下降管不被损坏。在建立预热水系统前，需用原水给灰水槽 V1409 建立液位，通过低压灰水泵 P1405 加压送往黑水过滤器 S1301 内，过滤掉水中夹带的 6 毫米以上的固体颗粒，之后沿激冷环外管进入激冷环内部方形环管内，经环向分布的 60 个 8 毫米的出水孔喷出，沿下降管内壁流入气化炉激冷室内，当气化炉液位高过溢流水封槽 V1303 溢流挡板时，预热水溢流至捞渣机渣池内，之后通过渣池泵 P1304 加压送往沉降槽 V1408，通过 V1408 溢流堰流至灰水槽 V1409 内，最终实现整个预热水系统的循环利用。

19. 简述多元料浆水煤浆加压气化预热水流程切换系统大水循环流程步骤

答：气化炉投煤前，需将原升温预热水流程切换为开工用大水循环流程，以便满足开工后的气化炉内激冷水供给条件。在预热水流程切换为开工大水循环流程前，需提前通过低压灰水泵给除氧器内建立液位，当除氧器内液位达 60％时，及时启动除氧水泵（高压灰水泵）向洗涤塔（碳洗塔）内供水，当洗涤塔内液位上涨至 50％时，及时启动灰水循环泵（激冷水泵），在缓慢打开灰水循环泵（激冷水泵）出口球阀的同时，缓慢关闭原低压灰水泵去激冷水管线手动球阀，直至全关，最终实现气化炉内激冷水的供给全部由灰水循环泵（激冷水泵）提供，出气化炉预热水经开工管线流入真空闪蒸罐内，最终由泵打压送往沉降槽内，再经沉降槽溢流管线溢流至灰水槽内循环利用。

20. 闪蒸的原理是什么？

答：闪蒸和蒸馏不同，在闪蒸过程中没有热量加入。闪蒸的原理是利用物质的沸点随压力增大而升高，反之压力降低沸点也随之降低。在煤气化渣水处理过程中，将高温高压的气化黑水经减压阀减压，使其沸点降低，进入闪蒸罐内，这时流体温度高于该压力下的沸点，流体在闪蒸罐内迅速沸腾气化，溶解在黑水中的酸性气体大量逸出，同时水被气化为水蒸气，在闪蒸罐内进行气液两相分离，气相进入冷却器中进行冷却降温，回水冷凝液（水蒸气）、不凝气（酸性气）排向火炬燃烧。此过程中使流体达到气化的设备不是闪蒸罐，而是减压阀。闪蒸罐的作用是提供流体迅速气化和气液分离的空间。一句话，闪蒸就是通过减压，使流体沸腾，进而产生气液两相，建立一个新的压力等级下的气液平衡。

21. 气化黑水进入闪蒸的目的是什么?

答：①降低温度，即通过减压过程，降低进入闪蒸罐黑水的温度；②浓缩黑水，黑水经过减压闪蒸后，大量水以水蒸气形式逸出进入气相，从而使得液相含固量增大；③析出酸性气体，黑水减压过程中，随水蒸气一并逸出的还有溶解在水中的酸性气体；④回收热量，闪蒸气中水蒸气经冷却器被冷却，冷介质同时被加热，从而实现了冷热流体之间的热交换。

22. 煤气化废水汽提工作原理是什么?

答：煤气化废水中主要存在 CO_3^{2-}、HCO_3^-、HS^-、Cl^-、SO_4^{2-} 等阴离子和 NH_4^+ 阳离子，从而造成废水中铵盐的存在形式很多，既有游离铵盐也有固定铵盐。

废水中氨、硫化氢、二氧化碳等主要以 NH_4HS、NH_4HCO_3、$(NH_4)_2CO_3$、$(NH_4)_2SO_4$、NH_4NO_3 等形态存在，而液相中的 H_2S、NH_3、CO_2 是挥发性组分，按照亨利定律，用蒸汽来降低这些组分的分压就可以把 H_2S、NH_3 和 CO_2 从溶液中转入到气相中去，这就是废水汽提的原理。

23. 煤气化废水汽提过程中加入碱液的目的是什么?

答：煤气化废水中含有大量 SO_4^{2-}、NO_3^-、NO_2^- 等酸根离子，这就促使 NH_4^+ 被固定成铵盐，单靠增加汽提深度如提高汽提蒸汽量和增加汽提塔板数等无法将其脱除，若想将固定铵转变成游离氨，从而将其有效去除掉，就需通过在进塔灰水中增加 OH^- 浓度（液碱），使其转变成游离氨后，再通过蒸汽汽提工艺将其除去。

24. 洗涤塔的工作过程是怎样的?

答：粗煤气和激冷水在文丘里洗涤器内进行气液混合后，粗煤气经下降管进入洗涤塔下部，经水浴后气体沿上升管，经升气罩折流后继续上升，水和大部分固体颗粒则留在水中。从变换来的高温冷凝液通过上塔板进一步对出洗涤塔的粗煤气进行洗涤，最后气体经除雾器除去夹带的液体和灰尘后，进入变换工段进行耐硫变换。

25. 氧阀间为何要设置高压氮气？

答：设置高压氮气的目的是起到氮封作用，是为了在氧阀出现内漏时，不至于造成氧气外泄。即便出现氧阀内漏时，也只会出现高压氮气通过氧阀外泄到设备或大气内（高压氮气压力始终高于氧管线压力 2.0～3.0MPa）。

26. 开停工过程中，高压氮气吹扫煤浆管线的目的是什么？

答：开车过程中，利用高压氮气对氧气管线进行吹扫的目的是为了防止煤浆进入氧气管线或烧嘴外环氧和中心氧腔体内；停工后高压氮气吹扫的目的是为了将煤浆下游切断阀到烧嘴头部管线内的煤浆吹除干净，防止煤浆堵塞管线及烧嘴。

27. 停工过程中，氧气、煤浆管线高压氮吹扫顺序如何？

答：气化炉停车程序执行中，氧气管线高压氮吹扫阀先打开，吹扫数秒后，才会触发打开煤浆管线高压氮吹扫阀，对煤浆管线进行高压氮气吹扫；吹扫时间到后，先触发煤浆管线高压氮气吹扫阀关闭，再触发氧气管线高压氮吹扫阀关闭。

28. 气化炉投料前进行氮气置换的目的是什么？

答：置换的目的是将容器及管道内的氧气置换到低于爆炸极限，防止投料时产生的煤气与氧气混合而发生爆炸。当氧气含量低于 2% 时才算合格。

29. 气化炉大联锁试验的目的有哪些？

答：气化炉大联锁试验主要是为了确认炉头 ESD 各程控阀门动作状况符合投料程序，确保正常投料阀门动作时序的准确无误。

30. 烧嘴冷却水回水分离罐上为什么要设置 CO 检测系统？

答：在烧嘴冷却水回水分离罐管线上设置 CO 检测装置的目的，是为了检测正常生产中工艺烧嘴冷却水盘管是否存在烧穿泄漏，如果烧嘴盘管一旦被烧穿损坏，炉内粗煤气就会窜入到烧嘴冷却水管线内，此时在出水口上设置的 CO 检测系统就会发出报警提示，提醒操作人员进行检查确认（CO 正常值为 0，大于 10×10^{-6} 时就会报警）。

31. 为什么烧嘴冷却水压力比气化炉压力低？

答：设计烧嘴冷却水压力低于气化炉压力，是为了当烧嘴盘管烧穿泄漏时，工艺气进入烧嘴冷却水管线，触发引起 CO 报警、冷却水出口温度升高、水流量变化，方便判断。不然冷却水进入气化炉，会造成炉温突降、炉砖损坏的更严重后果。

32. 设置事故烧嘴冷却水槽的目的是什么？

答：设置此装置的目的是在两台烧嘴冷却水泵同时发生故障时，能够维持烧嘴短时间内有水通过，给系统处理提供一定的时间，可防止烧嘴突然断水而引发事故。

33. 磨煤机高压油泵的作用是什么？

答：磨机启动前或停止的同时，向主轴承底部输入高压油，使主轴与轴瓦之间形成具有一定厚度、一定强度的油膜，以减少启动力矩，降低启动电流，避免轴与轴瓦的直接接触，延长轴瓦的使用寿命，并起到静压润滑的作用。

34. 磨煤机为什么不能长期在低负荷下工作？

答：因为磨煤机的钢棒充填量和钢棒级配基本上是固定的，长期低负荷运行会损伤衬板，加速钢棒的磨损，影响设备的使用寿命；会使煤浆粒度变细，黏度增大，浓度降低，影响气化效率；造成输送困难，且不经济。所以磨煤机不能长期在低负荷下工作。

35. 煤浆循环管线的作用是什么？

答：由于水煤浆气化的要求，煤浆和氧气必须同时到达工艺烧嘴，而水煤浆的流动性比氧气差得多，水煤浆又有析出、沉淀等特性，煤浆循环管线可在投料前将煤浆送到工艺烧嘴前，又能使煤浆保持流动状态。从开车顺序上讲，气化炉投料前，高压煤浆泵必须运行正常，泵出口排出的煤浆必须有回路，循环管线可将煤浆送回煤浆槽，利用煤浆在循环管线的流动，调节流量至正常值。

36. 激冷环的作用是什么？

答：激冷环安装在下降管上部，根据激冷环内部开口方向的不同，激冷水经激冷环均匀分布后，在下降管表面形成垂直向下或螺旋状的水膜流，防止高温气体损坏下降管，起到保护下降管的作用。

37. 气化炉内下降管、上升管的作用是什么？

答：下降管的作用：将高温粗煤气和熔融态的炉渣引入至激冷室水溶中，使得熔融态渣在激冷室中被激冷水降温固化，粗煤气被激冷室水浴洗涤、冷却降温，粗煤气被冷却的同时产生大量饱和蒸汽，为变换工段进行耐硫变换提供所需的饱和蒸汽。

上升管的作用：将激冷后鼓泡上升的粗煤气引至激冷室液面的上部，不至于气流鼓泡时对整个液面产生过大的波动而引起一系列的液位报警。

38. 激冷水泵的吸入口为什么设在洗涤塔锥体以上的筒体上？

答：由洗涤塔中固体沉降过程可知，大颗粒比小颗粒沉降速度快，激冷水泵的吸入口设在锥体以上筒体上目的就是使吸到泵内的黑水尽可能的少带颗粒，尽量减少泵入口滤网和出口管道上过滤器的堵塞更换和维修的次数。

39. 激冷水管线设置过滤器的作用是什么？

答：气化炉正常生产中，激冷水起着保护下降管不被高温的粗煤气和熔渣烧坏，同时还起着维持气化炉液位的作用。激冷水来源于洗涤塔内中上部抽出的清液，因其不可避免地会含有部分灰渣，在直接进入气化炉激冷环后，很容易在管道内沉积或结垢堵塞激冷环出水孔，最终造成下降管壁水膜被破坏，造成高温气体和熔渣烧穿下降管。

为有效减缓激冷环的结垢和灰渣的沉积，避免烧坏激冷环，故在激冷水进气化炉之前并排设置两组过滤器，达到对进入气化炉的激冷水进行过滤除渣的效果（一般过滤器网眼直径为 6 毫米，激冷环进水孔直径为 16 毫米），正常生产中一开一备，一旦发现激冷水过滤器前后压差较大且激冷水量持续下降无法满足正常生产工况时，应及时切换过滤器，以确保进入气化炉激冷水量的稳定。

40. 烘炉预热水封罐的作用是什么？

答：一方面，为了确保在预热烘炉期间的气化炉激冷室液位的恒定；另一方面，始终保证气化炉与水封罐间形成液封，防止因液位过低造成空气倒窜影响烘炉负压。

预热水封罐内部设置有活动挡板，可用来在一定范围内调节气化炉烘炉液位。

41. 激冷室出口粗煤气管道上的温度传感器为什么要三选二进入安全逻辑系统？

答：目的是从安全角度考虑的。因为粗煤气温度过高，会导致气化炉激冷室所有内件及粗煤气出口管线受热甚至变形，因此当超过一定温度时，传感器输出信号安全系统自动停车，确保安全。采取三选二措施是为了杜绝发生因一个传感器失真而导致不必要的停车。

42. 开工抽引器大阀前为什么要在投料前加盲板？

答：开工抽引器连接在气化炉粗煤气出口管线上，供气化炉预热升温时用的，当炉温预热到投料温度时，应将开工抽引器与粗煤气主管线隔开，防止投料后粗煤气在高压下从开工抽引器管线经消音器放空，造成事故。虽然开工抽引器与粗煤气管线之间有一手动阀，但考虑到抽引管线及抽引手动阀在日常生产中，尤其在烘炉过程中易积灰，致使抽引手动阀出现开关费力和密封不严等问题，故为确保投料后装置的稳定及安全生产，必须在开工前在阀后加装盲板。

43. 气化界区内氧气管道上有几个流量传感器，为什么要这么多流量传感器？它们与安全系统的关系是怎样的？

答：气化界区氧气管道上有三只流量传感器；要三只流量传感器是为了保证流量信号的准确传递。三个信号三选二进入安全逻辑系统，这样不会因一个传感器的失真而导致不必要的停车。

44. 氧气支管线流量调节阀为什么要连接到安全逻辑系统？此阀的作用是什么？

答：设置到安全逻辑系统的目的还是安全考虑，在气化炉运行中，一旦系统出现故障，安全逻辑系统发出停车指令，可关闭此阀，切断氧气，确保安全。此阀的作用是控制调节入炉氧气总量。

45. 输氧管道为什么不能残存铁锈、铁块、焊瘤、油垢等杂物？

答：当管道内残存铁锈、铁块等时，在输送氧气过程中被高速气流席卷带走，造成颗粒之间、颗粒与管道、颗粒与氧气之间的摩擦和碰撞，所做的机械功即会变为热能。由于颗粒被热导率很小的氧气所包围，所以存在着蓄热能。从输氧管道燃烧的机理 $3Fe + 2O_2 \longrightarrow Fe_3O_4 + Q$ 可以看出，尤其是铁粉在常压下着火温度 $300 \sim 400℃$，高压时着火温度更低，当这种蓄热达到该工况下可燃杂物的着火温度时，则会在管道内自发燃烧。

46. 怎样调整气化炉的生产负荷？

答：在生产中会遇到生产负荷增加和减少的问题，调整的方法如下。

（1）若煤浆、氧气投用自动，则在增加生产负荷时，先增加煤浆流量（即用增加流量设定值的方法），由氧气/煤浆比例调节器自动调高进氧量；要求每次调整幅度小，便于操作稳定，而减少生产负荷时，通过先减少氧气的流量，同样由比例调节器自动减少煤浆进料量。

（2）若煤浆、氧气流量处于手动状态时，在增加生产负荷时，通过先手动增加煤浆泵转速，后手动加大氧气流量调节阀给定值的方法进行操作；在减少生产负荷时，通过手动降低氧气流量调节阀给定值，来减小进炉氧气总流量，后手动降低煤浆泵转速，来最终实现氧煤比的合理配比。单炉负荷调整范围 $50\%\sim100\%$，最高可达 120%。在加减负荷过程中，要严格遵循少量多次的原则，增加煤浆量时以每次 $0.5\mathrm{m}^3/\mathrm{h}$ 调节；增加氧气流量时以每次 0.2% 个阀位调节。

47. 气化炉温度受哪些因素影响？

答：气化炉温度的控制主要受氧气/煤浆比的影响，氧气/煤浆比高，气化炉的反应温度就高，氧气/煤浆比低，气化炉的反应温度就低。在气化炉氧气/煤浆比一定的情况下，氧气的纯度和煤浆的浓度对气化炉的反应温度也有影响，氧气纯度高的情况下，气化炉的反应温度相对就高，氧气纯度低的情况下，气化炉的反应温度相对就低。另外在以上条件不变的情况下，磨制煤浆的原料煤的发热量、含碳量、灰分含量等因素也会影响气化炉的反应温度。在控制气化炉温度的时候要综合考虑以上各方面的因素，在气化炉反应温度相对比较低的情况下，要适当提高氧气/煤浆的比例，提高氧气的纯度和煤浆的浓度，使用发热量高、含碳量高、灰分含量低的煤。在气化炉反应温度相对比较高的情况下，要适当降低氧气/煤浆比，降低煤浆的浓度，使用部分发热量低、含碳量低、灰分含量高的煤。

48. 如何确定气化炉最佳操作温度？

答：为了提高碳的转换率必须提高气化炉的操作温度，但操作温度过高，渣的黏度下降，将增大熔渣对向火面炉砖的渗透侵蚀，导致向火面炉砖损坏剥落。向火面炉砖是高铬砖（Cr_2O_3 86%），铬带入灰渣，使灰渣含铬增加；较低温度下操作，将导致熔渣黏度过大，流动排渣困难，甚至使溶渣堵在下锥口，被迫停炉，气化炉炉膛最佳温度点应是气化炉能正常生产的最大温度。

气化炉操作温度原则上要求比灰熔点温度高 50℃（1370℃＋50℃），即 1420℃，稳定 2～3 天后可将操作温度降低 20℃，再稳定运行 1 天后，可继续降低操作温度 20℃，照此继续下去，当发现气化炉排渣困难不能正常运行时，将操作温度提高 20～30℃，在此温度下若能正常运行 1 天以上，即可把这一温度定为最佳操作温度。

49. 气化炉温度调节的手段有哪些？

答：气化炉炉膛温度是靠燃烧反应放热维持的。

$$C+O_2 \longrightarrow CO+Q$$
$$C+O_2 \longrightarrow CO_2+Q$$

上述反应进行的比较彻底，煤中碳的转换率 96%～98%，但下述反应只能部分进行。

$$CO+O_2 \longrightarrow CO_2+Q$$
$$H_2+O_2 \longrightarrow H_2O+Q$$

以上反应的进行程度与氧气用量有关，氧气用量越大，燃烧的越多，反应放热量越大，气化炉炉膛温度越高，反之炉温越低。

在实际生产中，气化炉温度调节是靠调节氧气/煤浆比（即氧煤比）实现的。

提高炉温时，增加氧煤比例调节器的设定值，增加氧气相对用量，燃烧反应增加，使气化炉温度上升；降低炉温时，降低氧煤比例调节器的设定值，氧气用量相对减少，燃烧反应减少，使气化炉温度下降。

50. 气化炉操作温度的调节依据是什么？

答：测量气化炉炉膛温度的热电偶能正常测量温度时，它测出的温度当然是炉温调节的主要依据，特别是单炉开车期间，但因该热电偶寿命短，易损坏，所以炉温调节时必须参考下述因素，综合判断真实炉温后才调节。

（1）煤气的组分变化　煤气中 CH_4 含量与炉温的关系是：炉温上升，CH_4 含量下降；炉温下降，CH_4 含量上升。因 CH_4 含量本来就很低，是百万分之某某级，测量值相对误差大，当微小温度变化时，CH_4 含量指示曲线的变化幅度大且不稳，故 CH_4 含量只用于观察炉温的变化趋势。煤气中 CO、CO_2 含量与温度变化的关系是：炉温上升，CO 下降，CO_2 上升；炉温下降，则 CO 上升，CO_2 下降。因 CO_2 变化幅度大一些，有些操作人员用煤气中 CO_2 变化来指导操作温度：CO_2 上升，表示炉温上升；CO_2 下降，表示炉温下降。因煤气中 CO_2 与煤的组分、煤浆的浓度等有关，所以实际操作时不能视煤气中 CO_2 与炉温之间有一定关系值，应当每天总结上一天的生产情况，判断当天两者之间的关系值。

（2）看捞渣机出口粗渣　渣是煤气化反应的固体产物，它能反映气化炉炉温的高低。炉温正常时渣应是以细颗粒为主，无大块渣，但有一部分（20%～30%）玻璃体的玉米粒大小的渣。若炉温偏高时均为细颗粒渣。若炉温偏低时，渣粒变大，大颗粒增加，并出现大块渣。如果渣内有丝渣、胡子渣，表明渣口缩小，熔渣流速加快，引起拉丝而形成，此时应适当提高炉温。另外也可通过观察排出的渣量判断炉温，渣量少，则说明渣逐渐积在燃烧室，这时可考虑将气化炉温适当提高。

（3）看燃烧室与激冷室的压差　炉温合理，气化炉运行平衡，压差也保持稳定，如渣口变小，压差增大，压差波动，表示炉温低，应提高炉温。

提高炉温熔渣时要缓慢进行，切莫过急，否则燃烧室内壁大量挂渣流向渣口会堵塞下渣口导致气化炉排渣困难，严重时气化炉被迫停车。增加氧气流量要量少次多，每次增加 0.1％后观察 10 分钟，总加氧量不要超过 1％。此时应注意两点：一是注意观察气化炉表面壁温，防止出现一心提温不顾壁温，同时注意燃烧室与激冷室压差；二是提温初期，2～4 小时内会逐渐上升（但不能影响生产），4 小时后压差才会慢慢降下去，约一个班，渣口正常，压差也恢复正常。

（4）通过计算机对系统热平衡计算也可得出气化炉温度，但目前只能参考。

51. 气化炉温度过高、过低对系统有何影响？

答：温度过高的影响　①温度过高，灰渣黏度降低，对耐火砖冲刷加剧，进而导致炉砖裂缝或脱落甚至爆裂，降低炉砖使用寿命；②耐火砖最高耐火温度有限，温度太高对耐火砖的冲蚀有加剧；③温度太高则粗煤气中有效成分降低，二氧化碳含量上升，氧耗加剧；④温度太高会造成系统热负荷加剧，使水气比增加；⑤温度太高渣中细灰增加，使水气中的细小炭黑增加而难以除去，从而影响水质。

温度过低影响　①灰渣黏度增加，排渣困难，易堵塞渣口，造成气化炉阻力增加；②碳转化率降低，影响产气量。

52. 气化系统压力的高低与哪些因素有关？

答：系统压力的变化主要取决系统的发气量和后系统的吃气量之间的平衡，发气量高而后系统吃气量低，系统的压力就会不断地上涨，同样发气量低而后系统的吃气量高，则系统的压力就会不断下降。在后系统吃气量相对不变，气化炉的负荷高、发气量高的情况下系统压力会比较高，反之，压力会比较低。除此以外，系统的压力还与气化炉的反应温度和气化炉是否带水有关，在以上因素皆不变的情况下，气化炉的发气量虽然没有变化，但是由于气化炉的反应温度比较高，同样的发气量，出气化炉的水煤气的温度越高，水煤气在被冷却的过程产生的水蒸气就越多，系统的压力就会受到单位时间内水蒸气生成量的影响，所以气化炉的反应温度也会间接地影响到系统的压力。在气化炉带水、气体通道不变的情况下，突然增加的部分夹带水液在气体中间，势必造成系统的超压。

53. 煤气化甲醇工艺中，对出气化装置的煤气中水气比（水蒸气/干气）有何要求？操作中如何控制出气化装置粗煤气中的水气比？

答：气化反应产生的高温煤气和熔渣在降温回收热量的过程中产生大量的水蒸气，随同煤气一同进入变换工序，变换工序在进行 CO 变换时需要水蒸气（$CO + H_2O \Longrightarrow CO_2 + H_2$）。由于煤气化合成甲醇工艺中，对变换率要求不高，故煤气中水气比为 1.5 即可，但因气化用煤灰分的变化，其水气比也随之变化。过高的水气比不仅给变换的换热冷却设备负荷增大，而且因变换系统各换热设备能力既定，过量的水气可使催化剂破碎，增加变换炉床层阻力。

为了将煤气水气比控制在 1.5 左右，可采用下列措施。

（1）尽量将煤浆浓度提高到上限操作。

（2）气化炉温度维持在低限操作，以减少反应生成的热量。

（3）灰水加热器尽量不通闪蒸气，降低灰水入洗涤塔的温度。

（4）增加灰水进洗涤塔和激冷环的流量，将系统内热量带出来，通过闪蒸将热量送出界外。

（5）管理上寻找煤灰分低（<15%）、灰熔点低（$T_3 <$ 1300℃）的新煤种。

54. 煤浆浓度对有效气组分的影响是什么？

答：当氧煤比一定时，煤浆中的水量虽对碳转化率不起主要影响作用，然而这个水量的气化要消耗热量，使炉温变化，所以煤浆浓度降低（含水增加）会使炉温下降，煤气中 CO 上升，而 CO_2 下降。

故煤浆浓度对气化的经济性影响很大，一般尽可能提高煤浆浓度，使比氧耗下降，煤气中 $CO+H_2$ 浓度上升，经济性提高。若煤浆浓度的提高靠增加添加剂用量来实现的话，经济性又受到影响。合理的煤浆浓度应根据装置的综合经济效益来判断。

55. 为什么说高碱度的水与高硬度的水相遇后，不一定会产生结垢？

答：在德士古水系统中，引起结垢的主要是在水中溶解度极小的 $MgCO_3$ 和 $CaCO_3$，25℃时两种物质的溶度积分别为 $1×10^{-5}$ 和 $4.8×10^{-9}$，溶解度分别为 $3.162×10^{-3}$ mol/L 和 $6.928×10^{-5}$ mol/L，二者混合后饱和水溶液的硬度（以 $CaCO_3$ 计）为 323.128mg/L，此数据即为以 $MgCO_3$ 和 $CaCO_3$ 为结垢物质水溶液的临界硬度。当 Ca^{2+}、Mg^{2+} 的浓度大于 323.128mg/L（25℃），且水中有超过这一浓度的 CO_3^{2-} 时，就会产生沉淀。

并不是高碱度的水和高硬度的水相遇必然会导致结垢。如高碱度的水遇到硬度超过 323.128mg/L 临界硬度的水时，由于没有多余的 CO_3^{2-}，也不会结垢。或者在 pH<8.3 的情况下，水中只有 HCO_3^- 存在，其与硬度高的水碰到一起，由于不存在 CO_3^{2-}，自然也不会结垢。而在 pH>11 情况下，水中只存在 OH^-，此时如与高硬度的水相遇，则发生如下反应：$OH^- + HCO_3^- \rightleftharpoons H_2O + CO_3^{2-}$，产生的 CO_3^{2-} 和 Ca^{2+}、Mg^{2+} 离子结合，就发生结垢，因此两种水碰到一起，到底结不结垢，不能简单地看是高硬度碰到高碱度，需根据具体情况仔细分析。

56. 新砌气化炉耐火砖为什么要自然干燥和烘炉预热？

答：新砌耐火砖自然干燥是为了缓慢、逐步脱除耐火砖和黏结剂内含有的游离水和结晶水，防止其在高温下大量气体累积后骤然膨胀，使耐火砖碎裂，甚至变形破裂，从而影响耐火砖的寿命。而烘炉预热的目的是为了使耐火砖蓄积足够的热量，以便投料时点燃煤浆。

57. 沉降槽的工作原理是什么？

答：颗粒在沉降槽中的沉降大致可分为两个阶段。在加料口以下一段距离内，颗粒浓度很低，颗粒大致作自由沉降；在沉降槽下部，颗粒浓度逐渐增大，颗粒大致作干扰沉降，沉降速度很慢。在沉降槽中加入絮凝剂以加速沉降，沉降槽清液产率取决于沉降槽的直径。

58. 进入澄清槽的黑水为什么要先进入澄清槽的下泥筒？

答：进入澄清槽的黑水先进入澄清槽的下泥筒，有利于黑水中的灰渣直接沉降到澄清槽的底部，清水向上走通过溢流口进入灰水槽。

59. 水环式真空泵的工作原理是什么？

答：水环式真空泵的叶轮偏心地安装在泵体内，起动前向泵内注入一定高度的水，叶轮旋转时，水受离心力作用而在泵体壁内形成一个旋转的水环，叶片及两端的分配器形成密闭的空腔在前半转（此时经过吸气孔）的旋转过程中，密封空腔的容积逐渐扩大，气体由吸气孔吸入；在后半转（此时经过排气孔）的旋转过程中，密封空腔容积逐渐减少，气体从排气孔排出。为了保持恒定的水环，在运动过程中，必须连续向泵内供水。

60. 渣池来水与低压闪蒸来水进真空闪蒸的目的有什么不同？

答：渣池来水进真空闪蒸的目的：为了脱除水中的酸性气体和氧气，是解吸操作，低压闪蒸来水主要的作用是为了蒸发掉部分水，释放热量降低温度，属于蒸发操作。所以渣池来水最好在真空闪蒸罐液面以下进入闪蒸罐，如果和低压闪蒸罐来水一起进入，渣池来水容易冷却低压闪蒸来水影响低压闪蒸罐来水的蒸发效果。

61. 文丘里为什么在 1.5MPa 时投用?

答:文丘里(即文丘里混合器,工厂简称文丘里)主要的作用是为粗煤气夹带灰尘增重,是灰颗粒和液体凝结在一起;在压力较低的时候,气体流速非常大,在 1.5MPa 的时候,气体流速基本为正常流速的 2 倍,也就是 20m/s 左右,这时候再混合,一是比较均匀,另外也不至于发生液击现象。

62. 气化投料中各阀的开关时间是如何确定的?

答:气化的阀门开关时间除了经验,还是有具体要求的,大联锁测试中各阀门何时动作,阀门开关的快慢,最终目的都是为了确保煤浆和氧气同时进入气化炉内,具体要根据煤浆、氧气流速和管道长度来进行计算,一般在计算氧气入炉时间时,要再加一个系数来保证氧气不会先进入气化炉。

63. 影响气化炉耐火衬里寿命的因素有哪些?

答:(1)操作温度 炉内温度对耐火衬里的寿命非常重要,所以要严格控制不超温。在正常生产条件下,耐火砖表面有一层煤渣层,实际上渣层是动态的,温度低渣层较厚,温度高渣层较薄,适当厚的渣层可以减缓高温气体和熔渣的冲刷。

水煤浆德士古气化炉对耐火砖的要求比以重油为原料的炉子对耐火砖的要求要高得多,其主要原因是熔渣对耐火材料的渗透和腐蚀。更换耐火砖时发现渗透厚度达 10~20 毫米,熔渣渗透后,其强度明显下降,温度高则浸蚀加剧。据有关资料介绍,特别是操作温度超过 1400℃时浸蚀作用成倍增加。在运行过程中还曾发生过氧气负荷波动的情况,有时氧气调节阀会造成氧气负荷变动,有时大颗粒会突然卡住高压煤浆泵阀门,煤浆流量突然下降造成氧气相对过量。氧气波动后直接造成炉温波动,氧气波动范围(标态)有时为 500~600m³/h,最大达到过 1000m³/h 左右。氧气量突然升高后,造成炉温突然升高,会突然烧坏高温热电偶,这种情况对耐火砖的影响是很大的，应尽量避免。

综合考虑各种因素，一般气化炉的操作温度应控制在 1350℃
以下。当高温热电偶损坏或指示不准时，因粗煤气中甲烷含量与炉
内温度有一定的关系，一般可根据出口气中甲烷含量来进行控制。
遇到这种情况，在实际操作中，为了避免 CH_4 含量分析结果的偏
差，不但要观察甲烷含量，而且还要观察 H_2、CO、CO_2 等成分
的变化，以及其他生产条件，如煤浆浓度、流量、氧气流量、出渣
情况等的变化来进行综合判断，使操作温度与理论控制温度不要偏
离太大。

（2）减少开停车次数　在开停车的过程中因更换烧嘴，会使冷
空气进入炉内，造成炉内温度的急骤变化，在投料过程的短时间
内，炉内温度升得比较快，这也是难以控制的。这些情况对耐火衬
里是非常有害的，甚至会导致耐火衬里出现开裂损坏，所以在生产
过程中应尽量做到稳定生产，减少开停车次数。

64. 耐火砖损伤模式如何分析？

答：针对不同的外部条件和耐火砖损伤消耗的不同规律，可把
气化炉耐火砖的损伤分为块状剥落、烧蚀损坏、冲蚀损坏、化学侵
蚀等。

（1）块状剥落模式　块状剥落是气化炉耐火砖损耗和对寿命影
响最大的一种模式，减少或消除块状剥落就可大幅度提高耐火砖的
寿命。当耐火砖表面出现深度超过 1.5 毫米、且有一定面积的块状
形态凹坑时，即可认为耐火砖损伤以块状剥落为主；而小于 1.5 毫
米时，可认为是由烧蚀为主引起的深层蚀损，引起块状剥落的原因
有以下几个方面。

① 砖与砖之间的相对位移。由于各层砖在气化炉升温或降温
过程中，升降温速率不同及在发生热位移过程中所受到的约束和阻
力不同，将会使砖与砖之间发生相对位移。这种相对位移会在砖与
砖的位移面上产生摩擦剪切力并具有局部撕开作用，导致耐火砖产
生表面裂纹。这些表面裂纹在后续的每次位移中将扩展，并由于熔

融炉渣和还原性介质在裂纹中的侵蚀扩散，导致砖的表面剥落，砖的位移过程本身也加速了炉渣在裂纹中的侵蚀。

② 砖缝及炉渣侵蚀。耐火砖之间的砖缝，不但为运行状态下高温熔融态炉渣的渗入及侵蚀提供了通道，而且这种炉渣侵蚀本身也促使砖缝不断加大。这两种作用都使炉渣与耐火砖侧面接触的表面增大，并使耐火砖在每一次因热引起的收缩膨胀循环过程中，使耐火砖侧面遭受过度应力。炉渣在砖缝中不仅会沿着径向，而且还会沿着耐火砖的圆周方向对炉砖产生侵蚀作用。特别在耐火砖侧面存在周向裂纹时，周向侵蚀速度会更快，使耐火砖表面发生块状剥落。因此耐火砖周向裂纹比径向裂纹对耐火砖寿命的影响和作用更大。

(2) 烧蚀损耗模式　气化炉内的温度场是一个不均匀、不稳定、甚至不连续的温度场。产生局部高温的原因也较多，因此很容易使 Cr_2O_3-Al_2O_3-ZrO 耐火砖表面受高温作用而烧蚀损伤，甚至产生局部过烧熔化。在正常情况下，这个烧蚀损伤过程是缓慢进行的，只有在极端异常的炉内高温和反应工况下，烧蚀过程才会明显加速。根据观察分析，耐火砖的烧蚀可分为高温熔化型烧蚀和高温氧化还原型烧蚀。

气化炉耐火砖的高温熔化型烧蚀主要发生在富氧区、火焰舔烧区和气化炉过氧工况。这三个区域/工况都属于气化炉内的局部高温区。耐火砖的主要成分是 Cr_2O_3、ZrO 和 Al_2O_3，经高温烧制而成。在炉内正常温度条件下，它们具有良好的机械稳定性，在通常运行中，耐火砖表面都覆盖着熔化的炉渣，炉内高温气流不会与耐火砖表面直接接触。但在局部富氧区和高温气流直接舔烧耐火砖表面的区域，耐火砖表面组织软化和强度下降，耐磨损冲刷性能和组织结合性能下降，部分结合相被直接烧损。耐火砖烧蚀的速率受到多方因素影响，诸如气化炉工况，包括氧煤比、烧嘴性能、渣口压差、原料煤的灰分含量、灰渣组成特性、拱顶砖的型状和气化炉的负荷等，同时耐火砖中存在的低熔点杂质也会加速耐火砖的熔化烧蚀速度。

（3）冲蚀损伤模式　耐火砖在气化炉内除受到高温炉渣侵蚀外，还受到高速气流和沿壁面流动的炉渣冲刷和磨损，使耐火砖损坏，由此引起的耐火砖损坏称为冲蚀性损伤。在德士古气化炉内，耐火砖的冲蚀损伤存在几种情况，主要有高速气流的冲刷、流动炉渣的磨损和气体炉渣混合物的冲刷。

（4）化学侵蚀　耐火砖由各种耐火材料颗粒锻压成型，无可避免地存在气孔，这些气孔的存在加快了耐火砖的化学侵蚀。气化炉产生的气体主要成分为 H_2 和 CO，整个耐火砖的向火面被这两种强还原性气体笼罩，气体沿耐火砖气孔、裂纹向内渗透，并与耐火砖中的 SiO_2、Fe_2O_3 等氧化物进行反应，导致气孔或裂纹加大，破坏了砖的结构。

65. 气化炉内的反应是一个压力增大的反应，但是气化一般都是加压反应，是不是压力和灰渣中的碳含量、有效气含量、比氧耗及比煤耗有什么关系？

答：气化是一个体积增加的反应，压力对气化反应的平衡含量有一定影响，但目前气化反应远没有达到平衡，因此对气体成分的影响有但不大，即同样煤种，在各压力等级的气化中，成分变化不大的原因。但与灰渣中的残碳量没有关系。至于比氧耗、比煤耗，压力越高，消耗的能量也越大，即放热反应要增加，参与燃烧的煤就多。

66. 气化炉带水机理如何分析？

答：从传热传质的角度考虑，在激冷室内，粗煤气与激冷水之间的传热属于两相流的沸腾传热过程，根据流体沸腾传热理论，其过程将随热流强度的增加而发生传热机理的转变，即当热流强度增加到某一临界值时，传热过程将由高效泡核沸腾转变为低效膜状沸腾，此时气相中将夹带大量的水沫，由于水沫的密度比液体的密度小，使得气体夹带液体所需要的能力大大降低，可在气体流速并不太大的情况下而发生大量带水现象。这一理论可成功解释当气化炉带水时加大气化炉的排黑量后，气化炉液位不但不下降反而会升高。这是因为排黑量加大后，激冷室内激冷水的滞留时间相对缩短了，激冷水的温度也就降低了，即降低了粗煤气与激冷水之间的热流强度，使传热过程从膜状沸腾转变成泡核沸腾，气相中不再有大量水沫出现，于是粗煤气带出水量就减少，激冷室的液位上升。

67. 气化炉带水原因、现象及预防措施是什么？

答：气化炉带水是气化炉在操作过程中经常遇到的问题，带水的原因及现象主要表现如下。

原因　①气化炉操作温度偏高，激冷室内黑水操作温度偏高；②系统负荷过高，粗煤气量过大；③后系统压力波动且偏低；④激冷室内件损坏、脱落；⑤激冷水流量偏低，造成激冷室内水质变差。

现象　①激冷水流量偏低；②激冷室液位偏低；③文丘里压差波动且偏大；④洗涤塔液位高；⑤洗涤塔粗煤气出口温度高且粗煤气流量波动大。

在操作中为有效避免出现气化炉带水事故，需要做到以下几点。

（1）不可盲目提高气化炉的操作温度。

（2）不可盲目提高气化炉的负荷，不能在系统条件不允许的情况下强行提高负荷。

（3）尽量稳定住气化炉的液位，激冷水流量要适量，加减激冷水流量时尽量缓慢进行。

（4）激冷水流量不能过低，防止激冷室内件因温度过高而被烧坏。

（5）系统压力要适当，不能低于操作要求压力，当系统压力出现波动且偏低时要适当提高系统压力。

68. 气化炉托砖盘温度高的原因如何分析？

答：气化炉正常运行中，出现托砖盘温度高的原因主要有以下几种情况。

（1）气化炉锥底耐火砖由于使用周期长，出现砖厚度减薄，热阻减小，正常生产中产生的大量热量通过耐火砖被传至支撑板上，造成支撑板温度上升。

（2）支撑板出现裂纹后，导致气化炉燃烧室内热气通过裂纹互窜，引起托砖盘局部温度上涨。

（3）由于煤种的突变，造成黏温特性变差，渣口和下降管挂渣，最终出现结渣，堵塞渣口，为此不得不通过提温操作和拉长火焰方式来处理，这样就会造成气化炉渣口处温度上涨，引起托砖盘温度也上涨。

（4）渣口和下降管出现挂渣后，致使气流速度变快，将熔融态灰渣拉成玻璃丝状，造成灰渣容易被气流带走，并附着在支撑板上，支撑板处灰渣积多后，热量不能及时被上升的气流带走，最终热量聚集造成支撑板温度升高。

（5）下降管挂渣后严重破坏了水膜分布，引起局部断水而烧穿下降管，直接导致粗煤气短路，也会引起支撑板温度升高。

69. 煤灰渣的黏温特性对气化生产运行会带来哪些影响？

答：（1）激冷室积灰　由于黏温特性差，液态渣在流动过程中随温度降低，黏度直线上升，灰渣流动性减弱，形成挂渣，堵塞下降管。再加上渣口处气流速度快，将黏度高的液态灰渣拉成玻璃丝状，这种玻璃丝起着黏结剂作用，使细灰易黏结在激冷室内，给停炉后的清理工作带来很大困难，使激冷室液位正常控制受到影响，严重时甚至导致窜气停车。

（2）灰水管线磨蚀加快　由于黏温特性的下降，造成下渣口不畅，致使大量粗渣延排黑管线被带入到闪蒸系统，造成闪蒸系统黑水中含固量增加，管线、阀门磨蚀加快，同时大量粗渣被带入排黑管线后，易造成排黑管道不畅。

（3）加快炉砖损耗速率　煤灰的黏温特性变差后，为确保气化炉排渣畅通，不得不通过加大氧气消耗来保证排渣的畅通，这样因炉温高造成炉壁不易挂渣，高速喷出的煤浆和含渣气流加快了炉壁耐火砖的冲刷减薄，粗渣中铬含量明显增加。

（4）有效气含量降低　在灰渣黏度增大造成拍渣口不畅时，为了熔渣不得不提高氧/煤比，以提高炉温来达到熔渣目的，这样就必须消耗更多的碳与氧反应生成 CO_2，放出大量热量来维持高炉温，由于工艺气中 CO_2 含量升高，相应的有效气（$CO+H_2$）含量降低，而且由于 CO 含量降低、热负荷高、水气比高、使得变换反应温度难以维持，不利于变换工段高负荷操作。

（5）下降管损坏　由于渣的流动性变差，黏度增大，导致灰渣在流经下降管时出现不同程度的挂渣，这样即会造成下降管水分布出现不均匀，又使得出气化炉燃烧室的粗煤气发生偏流，造成下降管被烧穿。

（6）出气化炉粗煤气温度升高　由于黏温特性不好，造成下降管挂渣，粗煤气偏流烧穿下降管，粗煤气未经激冷室水浴冷却而发生短路直接出气化炉，造成出口粗煤气温度高高联锁跳车。

70. 煤灰渣影响水煤浆加压气化的因素是什么？

答：煤灰渣形成的数量与原料煤含灰质量分数有直接关系，另外还与气化炉的负荷、气化燃烧室的反应温度及工艺烧嘴的雾化效果等多种因素有关。灰渣的形态与气化炉的操作温度有直接关系。灰渣的形态及灰渣中的含碳量（渣中可燃物）可以反映出气化炉反应温度高低、炉壁挂渣情况、反应完全程度，可由此判断烧嘴雾化情况等。反应温度（炉膛高温热偶、托盘热偶、粗煤气出口热偶）、气体成分（在线分析、取样分析）、灰渣（渣池灰渣、滤饼）三项指标互相佐证，共同反映出气化炉的运行情况。

71. 气化炉操作温度对炉渣形态的影响有哪些？

答：气化炉灰渣状态主要由粗渣（含水量 10%～25%，颗粒直径＞1.140 毫米，所占比例 15%～30%），细渣（含水量 20%～40%，颗粒直径 0.074～1.140 毫米，所占比例 70%～85%），飞灰（含水量 40%～50%，颗粒直径＜0.074 毫米，所占比例 1%～3%）三部分组成。

（1）粗渣 根据灰渣的形成过程可看出，粗渣主要可反映炉壁的挂渣情况。玻璃体灰渣的形式主要与原料煤成分、气化炉负荷、操作温度等有关。在气化炉运行过程中，若原料煤相对固定、气化负荷稳定、粗渣的状况（数量、粒度、状态等）也可反映出操作温度与煤灰熔点的情况。气化燃烧室温度适中时，玻璃体灰渣颗粒比较均匀，粗渣比例相对比较固定。

渣颗粒的大小与气化炉挂渣的厚度有关。在灰渣黏温特性为 25Pa·s 时，若温度继续升高，熔渣流动性变好，炉壁上熔融的灰渣流下量较多，先流下的挂壁熔渣较均匀地变厚，玻璃体灰渣颗粒变大；随后薄（稀）的熔渣流下时，颗粒又变小。颗粒大小有梯度，且会比较均匀。操作温度持续升高，黏温特性达到 10Pa·s 时，熔渣流动性更好，炉壁上的灰渣熔融流下很多，先流下的挂壁熔渣不均匀地变厚，颗粒中会伴有焊渣状颗粒；之后薄的熔渣流下，颗粒更小。

操作温度继续升高，黏温特性＜10Pa·s 时，熔渣流动性良好，渣状大颗粒较多，直径相对减小，颗粒相对均匀，此时炉壁几乎没有挂渣，气化反应产生的粗煤气气流及夹带的熔渣直接冲刷炉壁，同时灰渣中的活泼金属直接置换耐火砖中的铬，严重时灰渣甚至可能呈绿色（含铬化合物）。研究表明：操作温度超过 1400℃时，操作温度每上升 20℃，灰渣对耐火材料的侵蚀速度加快 1 倍。因此耐火砖气化炉在用煤的选择上一定要选择操作温度低于 1350℃的煤种。

气化炉的操作温度在黏温特性临界温度及 25Pa·s 时，熔渣流动性变差，炉壁上的灰渣熔融流下很少，先流下的挂壁熔渣较均匀地变薄，玻璃体灰渣颗粒少；之后厚的熔渣流下时，颗粒又变多，大小不均匀，表现为玻璃体灰渣量很不稳定。

气化炉的操作温度低于黏温特性临界温度时，灰渣流动性变差，甚至不能流动，炉壁挂渣厚度增加，在流经渣口时大量熔渣固化，玻璃体灰渣难以排出，最终在渣口堆积而导致渣口堵塞，即发生气化炉渣堵现象。

（2）细渣　根据灰渣的形成过程可看出，细渣量可反映出气化炉的控制温度及烧嘴的雾化效果。细渣主要是没有被撞击并在气流的夹带下直接通过渣口，然后被水激冷形成的，有少量细渣是渣口处流动的熔渣在气流的剪切下形成的。正常情况下，细渣颜色比较黑，其量相对固定。

气化炉的温度升高，雾化效果很好时，反应完全，碳转化率高，细渣量比较少，细渣含碳量在正常范围内；当气化炉温度降低，雾化效果变差时，反应不完全，碳转化率降低，细渣量增多，且细渣中含碳量也会有所增加。

72. 气化炉渣中玻璃丝形态常见有哪几种？玻璃丝状炉渣形成的因素有哪些？

答：玻璃丝渣有三种形态　①头发丝状细长形，长度在 10～50 毫米；②粗细较为均匀，呈牛毛状；③一端粗一端细，呈小蝌蚪状。

渣中出现玻璃丝与灰的黏温特性、实际操作温度、气流速度等有很大关系。

当气化炉温度偏高时，液态渣以 SiO_2 为主体的熔融玻璃体，在高速气流下被吹成丝状，经激冷水冷却后形成金亮色的针状和玻璃丝状。实际生产中，常将渣中出现针、丝状现象作为判断气化炉温度偏高的依据之一。

通过渣口的气流速度与气化炉负荷（产气量）、气化炉压力、渣口大小有关。出现玻璃丝是因气体流速突然加快引起，由于气体流速突然增大，在气流的剪切下，熔渣的状态发生改变而被拉长。因此渣口由于各种原因缩小时也会造成气体的流通面积缩小，使气体流速提高。玻璃丝的形态与熔渣的黏度有关：熔渣黏度＞25Pa•s时，容易出现蝌蚪状玻璃丝；熔渣黏度在 10～25Pa•s 时，易形成头发丝状玻璃丝；熔渣黏度＜10Pa•s 时，易形成牛毛状玻璃丝。

73. 如何通过捞渣机渣量的多少和渣形态来指导工艺操作？

答：正常生产情况下，可根据渣样判断气化炉的操作温度和煤质的变化，指导气化炉操作温度的调节。

（1）渣量合适、大颗粒灰渣量适中、颗粒大小均匀、无拉丝现象，说明炉温合适、且灰渣的流动性较好，可维持原操作条件。

（2）渣量合适、大颗粒灰渣量增多、颗粒大小不均匀、无拉丝现象，说明炉温略偏高，且灰渣的流动性较好，可适当降温操作，降低氧煤比。

（3）大颗粒灰渣量较多、伴有焊渣状颗粒、有拉丝现象，说明炉温偏高，且灰渣的流动性很好，应适当降温操作，降低氧煤比。

（4）大颗粒灰渣量很多、伴有焊渣状块或大结块、颜色呈黄绿色，灰渣分析结果 Cr_2O_3 含量较高，出现大量呈絮状甚至海绵体状玻璃丝，说明此时炉温较高，应逐步降低操作温度，缓慢降低氧煤比。

（5）渣量合适、大颗粒灰渣量减少、颗粒大小不均匀、出现蝌蚪状玻璃丝现象、灰渣流动性较好，说明炉温略偏低，可适当提高炉温，提高氧煤比。

（6）渣量适中、出现少量小块、形状不很规则、有拉丝现象、渣的流动性变差，说明炉温偏低，应适当升温，提高氧煤比。

（7）渣量减少、出现较大的渣块和挂渣且形状很不规则、有拉丝现象、渣的流动性变差、渣块出现堵塞而呈不规则状（控制室显示渣口压差大），说明炉温偏低，应适当升温，提高氧煤比；熔渣处理后，待渣口压差恢复后适当降低炉温再观察。

（8）渣量减少，无成形渣块或渣粒、细渣如岩棉且量偏多，说明渣口或下降管已堵塞且较严重，应降负荷、提温进行熔渣处理；若熔渣处理效果不好，需停车处理。渣量大且气化炉耗氧量增加，说明原料煤灰分含量高，应检查原料煤灰分含量，适当提高氧煤比。

（9）渣量明显增多、灰渣中夹带大量炭黑浆、玻璃体的灰渣比例减少、灰渣中可燃物含量大幅度增加、又小气体成分降低，说明烧嘴雾化效果差或存在偏喷现象，气化不完全，需停车更换烧嘴或检查烧嘴的环隙。

74. 画出水煤浆气化工艺烧嘴结构示意简图，指出工艺烧嘴的中心氧、外环氧、煤浆的设计流速为多少？

答：水煤浆气化工艺烧嘴由烧嘴头部的冷却水盘管、外喷头（外环氧喷头）、中喷头（煤浆喷头）、内喷头（中心氧喷头）组成，其结构示意图如下。

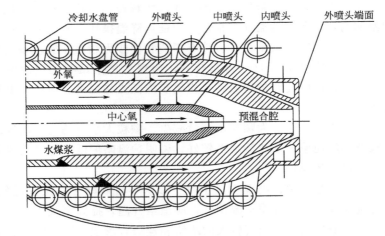

出烧嘴的流道介质的设计流速分别为：中心氧的出口流速一般为 150～180m/s，煤浆出口流速一般为 2～4m/s，预混合腔出口平均流速一般为 12～20m/s，外氧的出口流速一般为 160～200m/s。

75. 气化炉激冷室的工艺特点有哪些？

答：煤浆和氧气在燃烧室内进行部分氧化还原反应，燃烧产生的粗煤气和煤渣，由渣口经激冷环和下降管时，被激冷水降温、洗涤、除渣和增湿，最后经激冷室内水封由上升管与下降管之间的通道到达托砖锥体后出气化炉。

　　工艺流体的流动特点：热、质同时传递，两者相互影响相互制约，实现粗合成气的洗涤（除渣）、冷却（热量回收）和增湿过程。

　　高温的粗煤气和煤渣在经由激冷环和下降管时，通过辐射和对流方式将热量传递给下降管内壁的激冷水膜上，使水膜内的水部分气化后进入粗煤气主流，粗煤气的温度急剧降低并增湿，最终达到出口气体中的水气与激冷水之间的相平衡。为此要求进入激冷环内的激冷水量要保持足够量，这样水膜内虽然不断有水蒸发，但水膜依然存在，且均布在下降管的内壁面上，水膜的温度才能保持不变，以保护下降管免受高温热应力的破坏。激冷水在其中的作用有两点：①洗涤并冷却介质；②保护激冷环和下降管，使其免受高温损坏。

　　进入激冷室的粗煤气温度为约为 1400℃，激冷环处于高温工艺气与约 220℃ 的循环黑水（激冷水）之中，循环黑水经激冷水分布环分布后，沿下降管内壁膜状下行，强化管内的传热和传质。

　　一旦运行中出现激冷水量降低或断水，将会出现因激冷环内部的水不断受热气化和不断随机产生气泡甚至气膜，使激冷环的壁表面时而与气相接触，时而与水相接触，传热冷却情况时好时坏，出现壁面不断交变的热应力。如此长期且频繁地交变，不可避免造成激冷环的烧损，乃至下降管鼓包，鼓包后的下降管更容易破坏水膜的形成和出现管壁的挂渣，严重情况下会发生下降管全部被渣堵塞，造成粗煤气烧穿下降管等恶性事故的发生。

76. 激冷环的组成和工作原理是什么？

　　答：激冷环主要由方形环管、进水孔、激冷水室、清洗孔等组成（如下图）。洗涤塔上部清液通过激冷水泵加压后送往激冷水总管，在进入气化炉之前均分到 4 或 6 条供水管内，分别进入激冷水室 3 内，在该腔室形成相同的水压，然后通过在圆周均匀排列的 60 个径向成 20°夹角的进水孔 2 进入方形环管中，以达到减轻激冷水对方形环管壁的冲刷，同时也使得激冷水在方形环管内形成旋转流动，最后经过方形环管与下降管之间的环隙，在下降管内壁形成旋转向下的水膜，起到对整个下降筒体的保护。

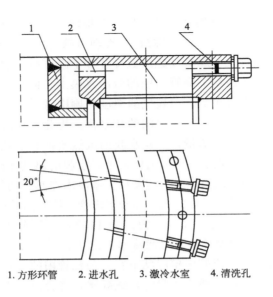

1. 方形环管　　2. 进水孔　　3. 激冷水室　　4. 清洗孔

77. 激冷环损坏（失效）原因是什么？

答：激冷环材质为 Incoloy825，为固熔奥氏体材料，属铁级超耐热合金锻件，与气化炉锥底用法兰连接，下部接下降管，激冷水由六组对称布置的激冷环弯管流入。在正常使用过程中，激冷环主要的损坏表现形式有三种：①六组对称布置的激冷环弯管道堵塞；②环缝变形直至堵塞；③激冷环迎火面出现裂纹。

六组对称布置的激冷环弯管道堵塞是比较常见的一种现象，主要是由于六个对称布置的激冷环弯管中激冷水很难达到均匀分布，加上激冷水中含有一定的固体颗粒，这就造成了六组对称布置的激冷水弯管中流量相对较小、流速相对较低的弯管内最容易发生堵塞。还有就是激冷水在进入气化炉之前，虽说由安装在管路上的激冷水过滤器进行过滤（过滤器的滤孔直径为 6 毫米，激冷环进水孔直径 16 毫米，激冷环环缝为 8 毫米），在正常情况下激冷水中的固体颗粒是不可能堵塞激冷环环缝的，但由于激冷水中本身含有微量的细小固体颗粒，这些细小固体颗粒会在管壁逐渐堆积结成较厚的垢片，在脱落的情况下就会堵塞出水孔。

环缝变形的主要原因就是在热应力长期作用下，金属材料会发生变形，当这种变形达到一定的程度时，就会使环缝堵塞。

激冷环迎火面出现裂纹主要是因为在正常运行中，激冷环迎火面承受着工艺气体的直接冲刷，同时由于合成气中存在 H_2S 等腐蚀性气体，激冷环还承受着介质的高温和激冷水的冷却，存在热循环、应力循环，长时间就会出现疲劳腐蚀与热腐蚀，从而产生裂纹。

78. 气化炉下降管损坏原因如何分析？

答：下降管材质为 Inconel600 合金是镍-铬-铁基固熔强化合金，具有良好的耐高温腐蚀和抗氧化性能、优良的冷热加工和焊接性能，在 700℃ 以下具有满意的热强性和高的塑性，与激冷环焊接连接，下降管主要的损坏表现形式主要有两种：①变形，出现鼓包和凹陷；②产生裂纹。激冷环出水孔部分堵塞，导致激冷水分布不均，使得下降管出现变形，而这种变形加剧了激冷水的分布不均，因此下降管的变形会逐渐加剧，最终出现鼓包和凹陷，同时产生裂纹，导致下降管的局部损坏。长期高温熔渣冲刷及震动使得下降管管壁减薄、强度降低、应力疲劳等情况，最终导致下降管出现变形，造成激冷水分布不均，从而加剧变形并最终损坏。

79. 真空带式过滤机自动纠偏装置工作原理是什么？

答：自动纠偏装置由电磁阀、纠偏气缸和感应开关等组成。它的作用是纠正滤布跑偏，其原理是通过改变纠偏辊的偏转角度来纠正滤布跑偏，工作原理图如下。

如图 1 所示，当滤布处于中间位置时，滤布没有触动拨杆使感应板与接近开关接触；感应开关无感应信号输出，此时三位直通阀无动作，纠偏辊与滤布垂直。

如图 2 所示，当滤布向接近开关 II 方向跑偏时，滤布触动拨杆使感应板接近开关 II，当到达感应距离时，接近开关 II 输出信号，

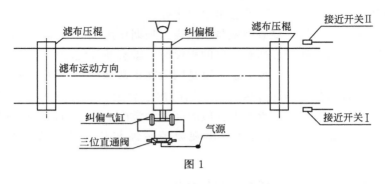

图 1

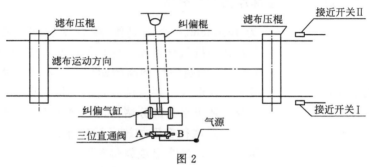

图 2

使三位直通阀通电换向，A 端输入压缩空气，B 端排空，气缸活塞杆向右移动，此时纠偏轮如图 2 所示偏转一定的角度；在纠偏轮的作用下，滤布跑偏迅速纠正，向接近开关Ⅰ方向移动；当达到中间位置时，接近开关Ⅱ感应信号消失，气缸重新回到图 1 所示状态。

如图 3 所示，当滤布向接近开关Ⅰ方向跑偏时，滤布触动拨杆使感应板接近开关Ⅰ，当达到感应距离时，接近开关Ⅰ输出信号，使三位直通阀通电换向，三位直通阀 B 端输入压缩空气，A 端排空，气缸活塞杆向左移动，此时纠偏轮如图 3 所示偏转一定的角度，在纠偏轮的作用下，滤布的跑偏迅速纠正，向接近开关Ⅱ方向移动；当达到中间位置时，接近开关Ⅰ感应信号消失，气缸又重新回到图 1 所示状态。

滤布跑偏在真空过滤机运行过程中是很难避免的，这是由于滤

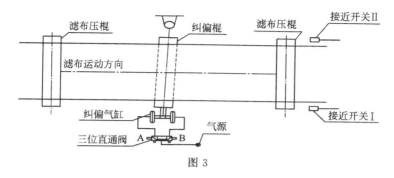

图 3

带难免有松紧、长短之时，各转向辊存在平行误差等因素的影响。虽然调节改向棍（范围有限）能纠正滤布向一侧跑偏，但对于发生在瞬间的不稳定因素（物料分布不均匀等）引起的跑偏则必须由纠偏装置纠正；因此自动纠偏装置是真空过滤机非常重要的部件。

80. 黑水和灰水是一个概念吗？黑水处理和闪蒸在概念上是什么关系？

答：黑水，字面理解就是黑色的水，实际上也是直接从气化炉、洗涤塔两部分底部直排含有气化残碳的水（固含量高）；灰水，字面理解就是灰色的水，实际上也是直接从气化炉、洗涤塔两部分底部直排含有气化残碳经闪蒸处理、沉淀澄清、去渣后的水；换句话说，以闪蒸为分界线，线前称黑水，线后称灰水。

以德士古工艺而言，黑水是从气化炉里排出黑水至闪蒸系统，然后进入沉降槽，经初步分离后，一部分灰浆去压滤机，余下的带灰水进入灰水槽便是灰水，这部分灰水与来自变换的冷凝液混合后，进除氧器，再与来自闪蒸罐的水混合后，进入洗涤塔。在TAXECO气化中，闪蒸、沉降除灰后的水就可以称作灰水。

81. 高压闪蒸的作用有哪些？

答：主要作用是闪蒸出灰水中溶解的气体，而低闪和真空闪就是主要回收热量和分离固体杂质的。水煤浆气化的灰水处理部分需要将灰水在较低温度和常压下通过絮凝、沉降和过滤等手段将高压黑水中的灰渣分离出来，这就要求有减压、降温和去除水中溶解的可燃有毒气体的过程；在脱气过程中带出的水应尽可能回收到工艺系统中，尽可能减少外界的补充水量；同时在常压下经过处理的灰水和外界补入的新鲜水中有可能溶解有氧气，在返回高压系统前需要有升温除氧的过程；除氧后的灰水在返回高压系统前需要尽可能地提高温度以减少粗合成气的热量损失，使粗合成气中的水气比尽可能高，利于下游变换。表面上看高压闪蒸只是减压、降温和脱气过程中的一个环节，但不难发现德士古的分级闪蒸流程是兼顾了上述多种工艺需求后的最佳解决方案。闪蒸的方式既可以完成减压、降温和脱气的过程，同时产生大量工艺蒸汽作为最后两种工况下要求的热源，而在加热工艺介质的同时气体中夹带的大量水被冷凝下来，分离后返回工艺系统，减少了系统的水损失。

再看一下后两个工况的温度和所需要的热源情况，就不难明白高压和低压闪蒸压力设置的作用了。先说除氧工况吧，除氧器工作温度在108℃左右，加热介质需要将澄清后的灰水及各工段返回的凝液等加热到该温度，实现除氧操作。这就要求工艺蒸汽的温度要高于此温度，且压力足以克服管路系统和设备的压降，由此确定了低压闪蒸压力；然后根据加热和除氧所需的热量来反推所需低压闪蒸工艺蒸汽的量，从而确定高压闪蒸的压力；而高压闪蒸产生的工艺蒸汽则全部用于加热返回高压系统的灰水，可谓是物尽其用。低压闪蒸工艺蒸汽中的水分在加热除氧过程中冷凝，直接返回到了除氧槽中的灰水系统；高压闪蒸工艺蒸汽在完成高压灰水加热后绝大部分冷凝下来，经分离后也可返回工艺系统。

真空闪蒸可以进一步实现降温和脱气的作用，但由于本身温度较低且可以加以回收利用的热量较少，才没有进一步设置热量回收的方案，而是直接用冷却水进行冷凝，将凝液返回系统使用。

这样一个功能复杂的灰水处理系统，完全是利用高压黑水自身所带热量，没有从外部引入其他蒸汽等热源，以分级闪蒸的方式，合理利用高位热能，满足了所有的工艺需求，同时又将系统所需的冷却水量尽可能降低，工艺水尽可能回收利用，做到了既节能又环保，堪称流程设计的经典之作。

82. 真空闪蒸罐的目的是什么？

答：应该从德士古工艺中，设置真空闪蒸罐的目的来看，为了进一步将黑水中的其他气体杂质去除（如 H_2S、CO_2、CO 等），降低黑水的温度只是其中的一个目的。真空度如果低，可能有许多原因，但导致的结果只有一个，黑水中的杂质气体被闪蒸出来的很少，夹带着较多的杂质气体的黑水进入沉降槽，影响黑水的进一步处理；真空度如果高了，对黑水闪蒸是有利的，但容易对真空闪蒸罐的液位控制有影响，这样容易夹带黑水，如果长时间处于这个工况下，真空闪蒸罐的除沫器容易结垢堵塞，影响闪蒸系统的长周期运行。

83. 变换触媒（即催化剂）硫化结束的标志是什么？变换催化剂反硫化现象、原因及处理办法是什么？

答：标志是出口气体中硫化物浓度升高。

现象　催化剂活性降低，变换气出口硫含量高于进口合成气中硫含量，催化剂出现放硫现象。

原因　①床层温度超温太高；②水气比过大；③合成气中 H_2S 含量过低。

处理　①控制较低的床层温度；②气化控制较低的水气比；③合成气中控制适量的 H_2S 浓度，一般根据操作经验，以不低于 1000×10^{-6} 为宜。

84. 变换炉床层阻力增大的现象及原因是什么？

答：现象　变换炉床层阻力增大使入炉合成气量减小，设备生产能力降低。

原因　①由于合成气中带水，使触媒粉化；②由于合成气中含灰量过大，使触媒结皮；③由于变换炉内触媒生产周期过长，触媒破碎或底部集气器堵塞。

85. 变换炉床层温度上升的原因及如何处理？

答：原因　①合成气中氧或 CO 含量突然增高；②合成气符合降低，空速降低；水气比突然降低。

处理　①气化注意调节合成气成分；②开大原料气预热器副线，若炉温仍然上涨，关小入原料气预热器的合成气手动阀；③将水气比调高到指标范围内。

86. 变换炉床层温度升不起来的原因及处理措施有哪些？

答：原因　①合成气水气比过大；②合成气带水；③触媒使用时间过长，已经衰老。

处理　①气化降低水气比；②检查气化洗涤塔是否带水；③若触媒已超过使用周期，将触媒温度控制在高限，若温度仍旧提不起来，出口 CO 难以控制，则需要更换触媒。

87. 变换催化剂为何要分段装填？

答：一方面为了避免气体偏流，防止气体走短路，造成炉温难于控制；另一方面是为了使气体充分与催化剂充分接触均衡反应。

88. CO 变换工序的生产任务是什么？

答：①改变合成气组分；②回收利用反应余热；③回收工艺冷凝液，送往气化洗涤塔作为洗涤水和送至高压闪蒸罐、除氧器进行处理回收利用。

89. 合成气过氧的现象、危害及处理措施如何？

答：现象　变换炉床层温度全面上升。

危害　因合成气中含有 O_2 会使整个触媒层温度飞升，同时 O_2 同 MoS_2、COS 及 H_2S 反应，生成硫酸盐物质，会对后继设备、管道发生腐蚀。

处理　一旦发现变换炉床层温度飞升，系统立即紧急停车，并适当打开放空，降低系统压力。

90. 富产蒸汽带水的现象及危害有哪些？

　　答：现象　废锅温度高限报警，废锅顶部安全阀可能冒水，蒸汽外管可能有水击声音。

　　危害　①因废锅水中的 Ca^{2+}、Mg^{2+}、Cl^- 等离子都会进入蒸汽系统，降低了自产蒸汽的品质；②外管的水击，可能导致外管及阀门的损坏；③0.5MPa 蒸汽带水时，影响变换炉温度。

　　处理方法　中控通知现场立即打开排污阀，降低温度至正常。

91. 变换触媒硫化前为什么要先加热？快速升温会造成什么后果？

　　答：触媒硫化前先加热主要是防止蒸汽冷凝，造成触媒粉化，床层带水，破坏触媒物理性能。

　　快速升温会造成触媒受热不均匀，触媒颗粒内外温差过大，使触媒粉化，床层阻力增加，若超温就会烧结触媒，破坏其物化特性，永久失活，影响正常生产。

92. 触媒为什么要硫化？什么时候才叫硫化完全？硫化不够完全能否导气？

　　答：触媒中 CoO、MoO_3 本身活性很低，只有硫化后的 COS，MoS_2 才具有活性，在变换反应中才能起催化作用，所以使用前必须硫化。

　　当进出口工艺气中硫含量相等时就判定硫化完全结束，此时就可停止硫化，导工艺气。但当硫化接近完全而没有完全硫化时，因大部分触媒已经硫化，已经具有活性，工艺气中的硫，触媒仍可吸收，继续硫化，所以硫化不够完全仍可导气。

93. 为何要测定变换炉压差？过高说明什么问题？

　　答：变换炉压差是正常操作和判断触媒情况的重要指标，正常生产时压差太大可能是以下几个方面的原因。

　　工艺气带水，工艺气中含灰量太大，阻力增大，触媒床层长时间超温，触媒烧结、粉化。

压差太大，造成气体偏流，局部热点温度过高，造成触媒烧结粉化，降低触煤活性，影响生产。

94. 变换炉正常运行时入口温度过高或过低会出现什么情况？

答：入口温度过高，必定造成床温上升，超过其高限就会破坏触媒物化特性而失活，过低则达不到活化温度，不能起催化作用。

95. 对触媒有害的物质有哪些？危害程度如何？哪些因素是可以控制的？如何控制？

答：对触媒有危害的物质有 H_2O、炭黑、芳烃。H_2O 影响触媒强度，使其粉化，炭黑覆盖在触媒表面，减小物质面积，降低活性，这两项可通过稳定气化操作压力，稳定液位，调节洗涤水量控制，另外，耐硫触媒应避免在低硫气中长期运行，否则会造成触媒失硫，出现暂时中毒现象，硫含量增加时又可恢复活性。

96. 变换反应为什么要选择适宜的水碳比？水碳比的大小对反应效果有何影响？

答：水碳比的大小直接影响变换反应的速度，因为水蒸气是变换反应中的反应物之一，反应物浓度的增加有利于反应速度加快，而且由于水蒸气的加入，还能缓和由于放热反应造成的反应床层温度增加，当然水碳比不能太大，蒸汽耗量是变换反应的主要经济指标之一，蒸汽太大，能量消耗必然增大，水碳比太小，变换率下降，同时易产生副反应。

第二节　岗位操作知识

1. 氧气、氮气管线投用前吹扫的目的、原理及方法是什么？

答：氧气管线、氮气管在投用之前必须用高压空气进行吹扫，以清除管道内的锈皮、焊渣、杂物，否则氧气管线、氮气管线投用后，杂物会随气体带到各处，造成阀门结合面损坏。更为严重的是一旦有杂物存在在氧气管线，在气流的带动下极易产生燃烧或爆炸，为管线投用造成极大的安全隐患。

利用管内流动的介质动能，冲刷管道内焊渣、锈皮、杂物。动能越大，效果越佳。

采用降压吹扫的方法，升压→吹扫→升压→吹扫。反复进行，当压力升到吹扫压力后，快速全开控制阀，以保证吹扫效果。当压力降低到一定值后，关闭控制阀，重新升压，准备再次吹扫。

2. 氧气、氮气管线吹扫应具备哪些条件？

答：（1）各氧气管线、氮气管线都已配管结束，并预留了临时接口，各临时短节准备就绪。

（2）所有吹扫管线上的节流孔板、流量计、温度计、压力变送器、节流阀均已拆下，用短节代替。

（3）现场已经清理干净，特别是易燃易爆物品不得留在现场。

（4）用于封闭所拆阀门、流量计的物品准备就绪，通讯器材工具准备就绪。

（5）靶板、靶架准备就绪。

（6）进入界区氧气管线、氮气管线吹扫合格，且低压氮气已引至界区总阀前。

（7）氮气压缩机调试合格，并能正常使用。

（8）确认各项工作准确无误，准备吹扫。

3. 氧气、氮气管线吹扫合格的标准是什么？

答：氧气、氮气管线靶点≤2 个/cm²，深度≤0.5 毫米。其他管线靶点≤3～4 个/cm²，深度≤0.5 毫米。

4. 吹扫靶板的制作标准是什么？

答：靶板用铝板制成，其宽度约为吹扫管线内径的 8%，长度纵贯管子内径，要求靶面平整光滑。

5. 氧气、氮气管线吹扫的注意事项是什么？

答：（1）吹扫区应挂牌，设有警戒线。

（2）临时排放口应引至室外并管口向上。

（3）临时管线架接牢固，并有专人监护，专人巡线。

（4）靶片与法兰口用螺栓连接牢固，防止打靶时伤人。

（5）吹扫人员听从统一指挥。

（6）吹扫用氮压机需专人负责。

6. 氧、氮管线化学清洗的目的及范围如何？

答：目的　化学清洗是采用化学药剂与设备表面的各种污垢进行反应、溶解等，从而达到清理去污的效果，由于新建装置氧气、氮气外管管道、设备、阀门等在制造、贮存、运输和安装过程中，会产生大量的污垢，这些污垢主要有：有机物、泥沙、大的颗粒杂质等，会严重影响装置的正常运行。油脂等有机物可能会使氧气管线发生燃烧或爆炸；大的颗粒杂质在氧气管线内摩擦、碰撞会产生火花引起爆炸，因此必须进行化学清洗，使氧气管线及装置清洁度达到生产运行的要求，消除安全隐患，为正常投运创造良好条件。

范围　气化装置内的氧气、氮气外管管道，空分外送氧气管线界区阀门至装置区的所有氧气及氮气管线、阀门、仪表。

7. 化学清洗步骤如何？

答：建立清洗临时系统→临时清洗系统→系统水冲洗及检漏→（第一次）碱洗（粗脱脂）→碱洗后水冲洗→（第二次）碱洗（精脱脂）→碱洗后水冲洗→（第三次）碱洗（精脱脂）→碱洗后水冲洗→人工清理检查→验收复位→蒸汽吹扫→氮气吹扫。

8. 氧气、氮气管线吹扫、清洗的注意事项有哪些？

答：（1）系统水压试验所使用的水源应做氯离子及油含量检

测。其氯离子含量应小于 25×10^{-6}，油含量小于 $30mg/L$ 方可使用。以防止水对系统造成二次污染及氯离子腐蚀。

（2）氧气管线上的球阀、止回阀、流量计、限流孔板、文丘里管等，为防止在运输、储存、安装过程中发生二次污染，应在安装前进行确认，如油含量超标，应进行二次脱脂。

（3）为防止氧气管线进行吹扫时对阀门、流量计、限流孔板、文丘里管等造成损害，氧气管线系统安装时，在阀门、流量计处接临时管线。

（4）在化学清洗前，氧气管线、氮气管线吹扫合格。

（5）清洗系统验收合格复位结束，应对氧气管线进行吹干。

（6）氧气管线化学清洗结束后，对阀门、流量计垫片等用四氯化碳或丙酮进行脱脂处理后安装。

（7）法兰面在安装前用四氯化碳或丙酮进行擦拭，脱脂后安装正式垫片前对法兰面及垫片用四氯化碳或丙酮进行擦拭后方可安装。

（8）复位人员应穿戴干净无油的手套、服装。复位阀门、孔板等零件应注意不要将外界的油带入系统。复位时应对设备法兰面使用四氯化碳或丙酮进行擦拭后安装。

（9）氧气放空管线的脱脂，如果使用碱液进行注满清洗，应检查放空管线的支撑，固定是否能够承受液体充满时的重量，如使用蒸汽吹扫，应检查氧气放空管线的设计温度是否能够耐蒸汽温度。

9. 化学清洗前后对管道进行水冲洗的目的是什么？化学清洗检验合格的标准是什么？

答： 化学清洗前水冲洗的目的是除去被清洗系统内的灰尘、焊渣、泥沙等杂物。水冲洗至目测进水与出水的澄清度相近时结束。

碱洗的目的是除去被清洗系统内的油脂、防锈漆等。碱洗的终点判定：在 1 小时内，当连续两次取样检测的碱度基本不变时（差值＜0.2%）可结束碱洗。

碱洗后水冲洗的目的是冲去清洗系统内的碱洗残液。用脱盐水反向顶出碱洗液，然后进行正反向交替水冲洗。当回液 pH 值接近中性时（pH6～9）时，即可结束水冲洗。

化学清洗的合格标准：油含量 $\leq 350\mathrm{mg/L}$ 或 $125\mathrm{mg/m}^2$ 为合格。

10. 原始开车前，气化装置工艺管道水冲洗的目的及范围如何？

答：设备、管道在安装过程中会带进各种杂质，如焊渣、铁锈、灰尘等。在设备试车前有必要将其冲洗出来，以防止在运行过程中堵塞阀门、管道和设备，造成意外安全事故。同时还可以使操作人员熟悉整个工段的流程。

气化装置水冲洗的范围包括：磨煤、气化、灰水处理、火炬及内管廊上的管线（进入界区阀前的管线除外）。

11. 工艺管道水冲洗的方式方法及注意事项如何？

答：（1）气化装置内水系统管道的冲洗，尽可能地借助本系统的泵进行冲洗。

（2）冲洗应按总管、主管、支管、仪表导压管的顺序进行，同时遵循由近到远依次冲洗的方式进行。

（3）调节阀组管线的冲洗，原则上需将管道上的调节阀、流量计等进行拆除更换为同管径的短节后再冲洗，但考虑到气化装置正常生产中管道黑水中固含量很高，故在冲洗黑/灰水管线时，可考虑不必拆除调节阀、流量计等，冲洗时只需通过先冲调节阀副线、再冲调节阀主线的方式进行逐步冲洗。

（4）机泵类进出口管线冲洗，将泵体法兰或泵体前短节断开，加水冲洗泵入口管线。然后在入口管线上安装临时过滤网（或借助原管线带的过滤器），将回流管线上的限流孔板拆除，断开回流入设备前法兰，开泵冲洗回流管线。出口管线通过启动泵进行冲洗。

（5）当冲洗介质要经过设备时，与设备连接的上游管线必须先冲洗干净，以防止杂物进入下游管线、设备。若入静止设备前的冲洗口难以留出，冲洗介质可进入设备。冲洗完成后，设备内部必须进入清理干净。

（6）公用工程管路用它输送的流体做冲洗介质进行冲洗。

（7）冲洗过程中所加盲板需做好台账，现场挂牌。

（8）冲洗管道上的截止阀、单向阀需更换为短节。闸阀、球阀可全开冲洗。

（9）管线冲洗完毕后应立即复原，为进行下一部冲洗创造条件。

（10）冲洗合格的标准，水冲洗以排出口水的颜色、透明度与入口水目测一致为合格。

12. 气密性试验的目的如何？

答：在系统进行过清洗、吹扫、水压试验后，需对整个装置进行气密性实验，以检查阀门、法兰及密封面等是否存在泄漏，通过气密性实验，最终消除系统中的泄漏点。

13. 装置气密性试验的原则、方法及注意事项如何？

答：（1）输送有毒及可燃性介质的管道在投用物料前必须进行气密性试验。

（2）气密性试验应在压力试验合格后进行，试验压力为设计压力。

（3）气密性试验的检查重点应在阀门填料函、法兰或螺纹连接处、放空阀、排气阀、排水阀等处。以肥皂水涂抹未见气泡为合格，泄漏处用粉笔作出记号，以便检修。

（4）真空系统应进行 24 小时的真空度试验，真空度通过设置的真空泵来提供。查漏方式通过蜡烛火焰检查，若蜡烛火焰被吸入，则表明负压泄漏。

（5）在试验过程中发现泄漏时，不得带压处理。在泄压消除漏点后重新试验。泄压速率为 0.1MPa/min。

（6）气密性试验中，按要求分压力段查漏。若无泄漏，继续升压至试验终压。

（7）气密性试验时，应划定禁区，无关人员不得进入。

（8）气密性试验的压力应以确定的现场临时压力表为准。

14. 气密性试验应具备的条件如何?

答：（1）界区内工程已按设计文件规定的内容安装完成，打压合格。

（2）系统内管道已吹扫、冲洗合格，静设备内部已清理干净。

（3）空分系统能送出合格的压缩空气、仪表空气。压缩空气配临时管接入 LN 用户单元阀前和仪表空气总管。

（4）氮压机系统试车完成，具备开车条件。

（5）试验用压力表已经校验，并在检验周期内，其精度不得低于 1.5 级。每个气密流程使用的压力表不得少于两块。

（6）保运队伍已按工种要求配备齐全，并经安全培训考试合格。

15. 气化装置联动试车的目的如何?

答：（1）检验装置的设计、安装质量，考核装置运行的可操作性及合理性。

（2）考核界区内各动、静设备的运行情况。

（3）考核 DCS 及系统联锁、报警、自控回路，检测系统及调节阀运行的可靠性、稳定性。

（4）通过联动试车进一步训练，提高操作人员的操作能力，为化工投料一次成功打好基础。

16. 气化装置联动试车应具备的条件如何?

答：（1）装置内所有设备、管道已按设计文件施工完毕并验收合格。

（2）装置内设备、管道已水压试验合格；管道清洗、吹扫干净；气密性试验已全部完成并合格。

（3）转动设备已单体试车全部合格。

（4）界区内的电气系统、DCS 系统、仪表装置的检测、自控系统、联锁及报警系统已全部安装完毕，调试合格。

（5）试车方案、操作法、操作规程和各种操作票已审批下发班组学习。

（6）岗位操作人员已定编定岗，并经考核取得安全作业证、岗位操作证，持证上岗。

（7）空分装置试车完成，能送出合格的高压空气。

（8）公用工程系统已运行正常，且已按要求送至气化界区内阀前。

（9）岗位正常操作的工艺指标、报警及联锁值均已确定并下发班组学习。

（10）试车现场杂物已清理干净，安全消防通道畅通，消防设施已配备齐全，具备试车条件。

（11）试车所需的工器具、通讯设备准备就绪。劳动保护用品、消防器材已准备就位。

（12）现场设备、阀门、仪表阀位等均已标注位号，工艺管线标注介质及流向。

（13）试车现场应划定区域，无关人员不得进入。

17. 气化装置联动试车的流程如何？

答：在联动试车过程中，装置内水系统按正常生产操作流程投用。高压氧管线接收空分装置外送来的高压空气，代替正常生产中的高压氧气，通过工艺烧嘴内外环管进入气化炉内，整个系统的压力由洗涤塔顶去火炬放空阀开度来控制实现。在整个联动试车过程中，工艺烧嘴煤浆管线与系统有效隔离，高压煤浆泵不参与整个装置联动试车。

闪蒸系统的联动试车流程为：工厂风（0.5MPa 压缩空气）通过临时管线并入低压氮气管网内，气化高压闪蒸罐、低压闪蒸罐内充入并入氮气管网内的工厂风，以模拟闪蒸系统正常生产运行状态。真空闪蒸系统通过真空泵抽负来模拟正常生产运行状态。

当气化装置内流程全部打通，充压连续稳定运行 72 小时后，停运高压空气，系统联动试车结束。

18. 气化炉预热烘炉的目的如何？

答：气化炉新砌耐火砖筑炉完成后，先自然风干 48 小时以上，以除去表面外在水分，再根据耐火砖厂家提供烘炉曲线，进行预热烘炉，以除去内水及结晶水，防止在高温条件下，因水气的突然蒸发及膨胀而引起耐火砖的碎裂。

另外，考虑到气化投煤过程中煤浆在气化炉内能瞬间点燃，必须将耐火砖温度升温至投料所需的 1200℃ 以上。

19. 气化炉耐火砖预热升温的速率表如何？

答：新砌耐火砖首次烘炉速率表如下。

温度范围	升温速率/(度/小时)	所需时间/小时	累计时间/小时
20～110℃	15	6	6
110℃保温	0	50	56
110～350℃	20	12	68
350℃保温	0	60	128
350～600℃	25	10	138
600℃保温	0	60	198
600～800℃	25	8	206
800℃保温	0	48	254
总计	—	—	约10.6天

新砌耐火砖开车烘炉速率表如下。

温度范围	升温速率/(度/小时)	所需时间/小时	累计时间/小时
室温～300℃	20	14	14
300℃保温	0	12	26
300～600℃	25	12	38
600℃保温	0	12	50

续表

温度范围	升温速率/(度/小时)	所需时间/小时	累计时间/小时
600～800℃	25	10	60
800℃保温	0	12	72
800～1150℃	30	12	84
总计	—	—	3.5 天

20. 气化炉预热烘炉的步骤如何?

答:(1) 烘炉预热水系统阀门确认到位。

(2) 烘炉柴油(或驰放气)、液化气联锁调试正常。

(3) 洗涤塔、捞渣机内建立 40%液位。

(4) 烘炉预热水系统建立　多元料浆水煤浆加压气化工艺,建立预热水系统循环流程为:①灰水槽建立 50%液位;②启动低压灰水泵,向气化炉内供水;③激冷水经溢流水封槽流入捞渣机渣池内;④启动渣池泵,将渣池内预热水送往沉降槽内,经沉降槽与灰水槽之间的溢流管线,溢流至灰水槽内,从而实现预热水系统的平衡。德士古水煤浆加压气化工艺,建立预热水系统循环流程为:①捞渣机渣池内建立 50%液位;②启动预热水泵,向气化炉内供水;③激冷水经溢流水封槽再次流入捞渣机渣池内,从而实现预热水系统的平衡。

(5) 启动蒸汽抽引器,炉内建立负压。

(6) 安装柴油(或驰放气)烘炉烧嘴。

(7) 安装烘炉液化气长明灯。

(8) 确认炉内负压稳定,点燃烘炉液化气长明灯,投用柴油(或驰放气)烘炉。

(9) 气化炉升温:按升温曲线升温至 1200～1250℃保温。

21. 气化炉预热烘炉的注意事项如何?

答:(1) 在烘炉预热过程中,激冷室液位严格控制在低于下降管锯齿面以下，以防形成水封，引起回火。

（2）在烘炉预热过程中，严禁激冷室与洗涤塔人孔开启作业。在洗涤塔内未建立液封情况下，严禁打开塔顶去火炬放空阀。

（3）在整个升温期间，粗煤气出口管线温度显示不允许超过 265℃。

（4）当炉温达 800℃时，应通知仪表将预热低温热电偶更换为高温热电偶。

（5）需要观察火焰时，必须在中控调节抽引器稳定 5 分钟后，确认激冷室液位及负压在指标内，佩戴防火面罩，在观火孔侧身观察，完后及时撤离，严禁长时间在炉头无故停留。

（6）一旦熄火，立即关闭燃料阀，炉内抽负压 5 分钟后，重新点火，以每小时 30℃的升温速率升至熄火前的温度，然后按升温曲线继续升温。

（7）烘炉过程中，若炉温低于或等于 500℃，不同部位温差应小于 40℃；若温度高于 500℃，不同部位温差应小于 70℃。

（8）当炉温达到烘炉最高温度保温后，若气化炉在短期内开车，维持在 1150～1200℃保温。

（9）当炉温升至 150℃时必须建立烘炉预热水循环，以保护激冷环及下降管不被损坏。

（10）在烘炉期间，激冷水小时流量必须一直保持大于等于 60m³，直到气化炉内温度低于 150℃方可停水。

（11）在烘炉过程中，炉壁温度应随炉内温度的升高相应增加，当发现偏差过大时，应立即采取措施，防止事态的扩大。

（12）如发现气化炉表面温度局部严重超温，应立即停止烘炉，联系仪表并查明原因后再次烘炉。

（13）烘炉期间中控与现场按点做好报表记录，并绘制实际烘炉曲线图。

（14）烘炉过程中需进行升降温操作时，必须严格遵循"升温先提高炉内负压，后增加燃料用量；降温先减少燃料量，后降低炉内负压"的原则进行操作。

（15）按厂家提供的烘炉曲线烘炉结束后，若不急于投料，则需降温至室温，降温小时速率不得超过 35℃。

22. 磨煤装置试车前应具备哪些条件？

答：（1）装置区内管道、设备已按要求全部安装就位。

（2）静止设备内部及试车现场杂物已清理干净。

（3）试车现场消防设施已正常投用，灭火器材已按设计规范要求摆放就位。

（4）试车现场消防通道畅通、通讯设施调试合格。

（5）装置区内仪表阀门已调试合格，具备投用条件。

（6）磨机自身设置的温度联锁、物料联锁等已按规定调试合格。

（7）润滑油站、高低压油站已加注好所规定的润滑，油泵单试正常。

（8）制浆水泵、添加剂泵、低压煤浆泵已按规定进行清水试泵合格。

（9）煤称重给料系统、助熔剂给料系统、制浆水系统、添加剂供给系统已调试合格。

（10）煤仓、助熔剂仓内已按规定存放试车用物料。

23. 磨煤装置主轴承高低压润滑油站的组成和作用有哪些？

答：高低压润滑油站用于磨煤机主轴承的润滑，一台磨煤机配备一套，它由高压供油系统和低压供油系统组成，高压供油系统分别向磨煤机两端的主轴承提供静压支撑，低压供油系统供油分为两路，分别向磨煤机的两端主轴承提供动压用润滑油。

（1）高压供油系统　磨煤机启动前或将要停止时向主轴承底部输送高压油，使磨煤机的主轴承浮起，在主轴与球面瓦之间形成油膜，降低磨煤机的启动力矩，或避免磨煤机停止时因它的转速太低形不成一定厚度的油膜，导致主轴和球面瓦的直接接触，造成烧瓦事故。

（2）低压供油系统　磨煤机正常运行时给主轴承和轴瓦面之间提供产生动压油膜所需的润滑油，降低磨损轴瓦，减少功率消耗，并能把此处产生的热量带走，冷却主轴承。

24. 磨煤机高低压油泵启动步骤有哪些?

答：（1）操作控制箱供总电源，按下 PLC 供电按钮，操作盘上各电源指示灯亮。

（2）将低压油泵运行控制开关置于一台运行、另一台备用状态；将循环冷却水控制开关置于自动状态；将电加热器控制开关置于自动状态，将低压油泵出口过滤器置于一台使用位置。

（3）按下设定为运行状态的低压油泵开车按钮，低压油泵投入运行。

（4）低压油泵运行稳定后，缓慢打开低压油泵出口压力表根部阀、低压油滤网后压力表根部阀、滤网压差表根部阀，观察各压力指示稳定后，调节低压油泵供油压力在 0.63MPa 且稳定，确认磨煤机主轴承油循环量在 125L/min（低压油泵额定流量）以上，设定好备用油泵自启动状态。

（5）按下高压油泵启动按钮，高压油泵投入运行。

（6）检查两台高压油泵运行稳定后，缓慢打开高压油泵出口压力表根部阀，观察高压油泵出口压力为 31.5MPa 且稳定。

说明：高压油泵运行 15 分钟后，将自动停止，此时如果磨机仍未启动，应重新启动高压油泵。

25. 高低压油泵停泵正常停车步骤有哪些?

答：（1）按下两台高压油泵停车按钮，停止高压油泵运行。

（2）按下低压油泵停车按钮，停止低压油泵运行。

（3）停供控制盘上 PLC 电源及总电源。

（4）关闭入油冷却器循环水进水、出水手动截止阀。

（5）记下设备运行过程中存在的缺陷并作好停车记录。

说明：润滑油站停车应在煤磨机停车后进行。

26. 低压润滑油泵倒泵步骤有哪些？

答：（1）将低压油泵运行选择开关置于油泵单开不备用位置。

（2）按备用泵开车按钮，备用泵投入运行，两泵同时运行。

（3）观察油泵出口压力正常时，停原运行泵。

（4）当供油压力稳定时，将低压油泵运行选择开关旋至备用泵位置。

（5）作好倒泵记录。

27. 减速机油泵（稀油站）的启动步骤有哪些？

答：（1）操作控制箱供总电源，按下 PLC 供电按钮，操作盘上各电源指示灯亮。

（2）将双筒网片式过滤器的换向阀手柄扳到一个过滤芯工作的位置上，检查列管式油冷器夹紧螺栓，如有松动则紧固。

（3）将低压油泵运行控制开关置于一台运行、另一台备用状态；将循环冷却水控制开关置于自动状态；将电加热器控制开关置于自动状态，将低压油泵出口过滤器置于一台使用位置。

（4）按下设定为运行状态的低压油泵开车按钮，低压油泵投入运行。

（5）低压油泵运行稳定后，缓慢打开低压油泵出口压力表根部阀、低压油滤网后压力表根部阀、滤网压差表根部阀，观察各压力指示稳定后，调节低压油泵供油压力在 0.45MPa 且稳定，通过回油管视镜确认有油返回油箱内，设定好备用油泵自启动状态。

说明：工作中如因油压、油温、油位、压差不正常时，则有相应的信号灯亮，同时有喇叭音响报警，先按喇叭按钮解除音响，再按信号灯显示部位采取相应的措施。

28. 稀油站操作注意事项有哪些？

答：（1）保持各操作指标的稳定，出现偏差时应及时调节。

（2）经常检查油箱内油质、油位，发现油质变化时及时更换，缺油时及时补充。

（3）各设定的联锁指标值不可随意更改，定期对其准确性进行校验。

（4）维持好设备卫生，油箱各盖板要密封好，防止异物、灰尘、水等进入润滑油系统。

（5）经常检查滤网压差表，当压差超过 0.15MPa 时，要对滤网进行切换清洗。

（6）各润滑油管线不得进行踩踏，防止润滑油泄漏。

（7）油冷却器应定期进行拆检、清理，防止其损坏后水串入润滑油中。

29. 磨煤机油站具备紧急停车的条件、原则及步骤有哪些？

答：（1）进行紧急停车条件　①机械设施发生重大损坏时；②电气设施发生重大损坏或冒烟、着火时；③润滑油大量泄漏时；④润滑油严重变质时；⑤出现其他危及设备及人身安全的紧急情况时。

（2）紧急停车原则　如果是一台油泵出现故障需紧急停车时，应尽量先启动备用油泵保持连续供油，然后再对故障泵进行紧急停车。若是供油系统出现故障致使两台油泵均不能正常供油时，应先对煤磨机进行紧急停车后再对润滑油泵进行紧急停车。

（3）紧急停车步骤　①如果能启动备用油泵继续供油，应尽可能先启动备用油泵供油，然后停止故障泵运行；②若是其他故障备用泵也不能投入正常运行时，应立即先停止煤磨机运行，再立即对润滑油站故障泵按停车按钮进行紧急停车；③紧急停车后及时联系有关人员进行检修，并作好记录。

30. 磨煤机启动前的慢驱盘车步骤有哪些？

答：（1）按照高低压油站启动步骤，启动高低压油泵。

（2）按照减速机油站（稀油站）低压油泵启动步骤，启动稀油站低压油泵。

（3）手动启动齿轮喷雾润滑油系统，给磨机大、小齿面喷油润滑。

（4）启动空压机给气动离合器供气的储气罐充压（气罐压力到1.1MPa时，空压机自动停，气储缺罐压力降到0.8MPa时，空压机自启动给气罐充压）。

（5）将磨机慢驱装置与联轴器连接。

（6）确认操作面板上"慢传电机连接""储气罐压力高""气囊压力释放"条件同时满足，现场按下"慢传电机启动"按钮，慢驱装置启动。

（7）现场按下"气动离合器启动"按钮，离合器内气囊充气，气囊刹车片抱死磨机主轴，带动磨机筒体运转。

（8）磨煤机盘车数圈后，检查确认各部件无异常响声及震动，现场按下"气动离合器停止"按钮，此时离合器内气囊压力快速释放，与磨机主轴脱开，磨机筒体停止运转。

（9）现场按下"慢传电机停止"按钮，慢传电机停止工作。

（10）现场将慢驱装置与联轴器脱开，"慢传电机连接"灯灭，慢驱盘车结束。

31. 磨煤装置开车步骤有哪些？

答：（1）润滑油系统启动　①启动高低压油泵；②启动稀油站（减速机油站）低压油泵。

（2）大齿轮油喷雾系统启动　手动启动齿轮喷雾润滑油系统，给磨机大、小齿面喷油润滑。

（3）气动离合器储气罐充压　启动空压机给气动离合器储气罐充压至1.1MPa备用。

（4）磨煤机慢驱盘车　将磨机慢驱装置与联轴器连接，按下慢驱盘车电机启动按钮，慢驱盘车电机运转。按下气动离合器启动按钮，离合器气囊充气，内外轮毂结合，带动磨机筒体运转。

（5）慢驱盘车装置与磨机分离　慢驱盘车数转，确认磨机运转正常，无异常响声后按下"气囊压力释放"按钮，离合器与磨机脱离。离合器与磨机完全脱离后，按下慢驱盘车电机停止按钮，慢驱盘车电机停运，现场脱开磨机慢驱装置。

（6）磨煤机投用　接调度指令，现场启动磨煤机主电机。确认主电机运转正常后，现场按下气动离合器启动按钮，离合器气囊充气，内外轮毂结合，带动磨机筒体运转。

（7）制浆水系统投用　制浆水槽建立液位，启动制浆水泵给磨煤机内供水。

（8）添加剂系统投用　提前配置15％浓度添加剂，送往添加槽备用，磨机启动后，现场启动添加剂泵，将添加剂送往磨煤机内。

（9）pH值调节剂系统投用　提前外购30％浓度氢氧化钠溶液送往储槽备用，磨机启动后，现场启动碱液泵，将碱液送往磨煤机内用于调节煤浆pH值。

（10）煤称重给料系统投用　提前通知调度给磨前煤仓内上煤，磨机启动后，现场空载启动煤称，确认运转正常，打开煤仓插板阀，煤称带负荷运转，现场将"就地"开关切换至"远控"位置。

（11）助熔剂系统投用　提前外购合格助熔剂（主要成分 $CaCO_3 \geq 96\%$，粒度 ≥ 100 目），利用压缩空气送往石灰石储槽内存放，磨机启动后，现场启动螺旋输送机，将石灰石送往磨煤机内。

（12）煤浆输送系统投用　磨煤机溢流口有煤浆溢流时，联系质检分析取样，若煤浆浓度不达标，将不合格煤浆通过磨机出料槽底部导淋排往废浆池内，待煤浆分析合格且出料槽内料位至30％时，启动低压煤浆泵，向煤浆槽内输送煤浆。

说明：先加水、添加剂和pH值调节剂，后加煤、加助溶剂石灰石，防止煤堵塞磨机入料管。

32. 磨煤装置正常停车操作步骤有哪些？

答：（1）中控向调度申请，磨煤装置准备停运。

（2）接调度允许停车指令后，中控切断进磨机所有物料，磨煤机空载下运行5～10分钟。

（3）中控将低压煤浆泵转速下调至最低负荷运行。

（4）现场确认磨煤机溢流口无煤浆溢出。

（5）现场将低压煤浆泵出口进煤浆槽手动阀关闭，去地沟手动阀打开，同时确认泵出口去地沟管线有煤浆流出。

（6）现场通知中控加大磨煤机给水量，对磨煤机筒体内部进行冲洗。

（7）中控将煤浆泵转速与磨煤机出料槽液位投自动。

（8）现场确认磨煤机溢流口出水清澈，煤浆泵出口导淋出水干净且无废煤渣颗粒后，联系中控停止向磨机内加水，磨煤机冲洗完毕。

（9）现场向中控申请，准备停磨煤机。

（10）接中控停车指令后，现场按下"空气离合器气囊压力释放"按钮，将离合器刹车片与磨机筒体分离。

（11）现场按下磨煤机主电机停止按钮，停运磨煤机主电机。

（12）现场按下低压煤浆泵停车按钮，停低压煤浆泵。

（13）现场停制浆水泵、添加剂泵、石灰石给料机、pH 值调节剂泵，煤称重给料机断电。

33. 什么情况下磨煤机需采取紧急停车？

答：（1）主轴承的轴瓦温度达到 65℃并继续上升时。

（2）衬板、连接螺栓发生松动或断裂时。

（3）润滑系统发生断油等故障时。

（4）减速机、主电动机有异常现象时。

（5）出现其他明显不正常的震动、声响和温升等现象时。

（6）电机电流、电压、温度严重超过指标时。

（7）其他机械部分发生严重损坏时。

（8）出现其他危及设备及人身安全的情况时。

34. 磨煤机紧急停车步骤有哪些？

答：（1）迅速按下磨煤机急停按钮，停止磨煤机运行（如条件允许应先开高压油泵再停止磨煤机运行)。

(2) 迅速停止向磨煤机内添加原料煤、助溶剂、添加剂、pH值调节剂、工艺水。

(3) 将低压煤浆泵转速调至最低,当磨机出料槽液位降至20%以下时,向磨机出料槽内加新鲜水对磨机出料槽和低压煤浆泵进行置换冲洗(此时应先将低压煤浆泵出口切至地沟)。

(4) 通知中控室,视煤浆槽液位情况控制好气化炉运行负荷。

(5) 如果磨煤机能够盘车,应向磨煤机内加新鲜水同时盘车对磨煤机内煤浆进行置换,以防止煤浆在筒体内结块。

(6) 及时联系有关人员进行检修。

35. 磨煤机操作注意事项有哪些?

答:(1) 磨煤机不能长时间空负荷运转,一般不超过 30 分钟,严禁无料、无水空负荷长时间运行。

(2) 定期检查磨煤机筒体内部衬板,进出料端衬套的磨损情况,及时更换磨损严重的衬板和进出料衬套等易损部件,以保护筒体和中空轴等重要部件。

(3) 经常检查和保证各润滑点有足够和清洁的润滑油(脂),对稀油站的回油过滤网应定期进行清洗或更换,定期检查润滑油的质量,及时更换新油。

(4) 检查大小齿轮的啮合情况和大齿轮对口螺栓是否松动,减速机在运转中不允许有异常的震动和声响,保证各部件润滑良好。

(5) 定期检查主轴承和各油站的冷却水供应是否正常。

(6) 转动部位按规定定期维护保养,经常打扫环境卫生,做到不漏水、不漏浆、无油污、螺栓无松动,设备周围无杂物等。

36. 煤称重给料机正常运转中巡回检查项目有哪些?

答:(1) 检查设备运转正常,无异常响声,各转动部位润滑良好。

(2) 检查皮带是否松动及跑偏。

（3）检查减速机内油位正常。

（4）检查刮板电机、主电机温度是否正常。

（5）检查清扫设备运转正常，链条及刮板正常完好。

（6）检查皮带上煤量是否正常，如煤料仓出口堵塞及时疏通。

37. 助熔剂（石灰石）给料机正常运转中巡回检查项目有哪些？

答：（1）检查设备运转正常，各转动部位润滑是否良好。

（2）检查设备基础螺栓有无松动。

（3）检查电机温度是否正常。

（4）检查螺旋输送机及石灰石圆盘喂料机是否有漏料现象。

（5）检查料仓下料口是否畅通，若发现架桥现象，及时打开空气炮进行疏通。

38. 磨煤机正常运转时巡回检查项目有哪些？

答：（1）检查磨煤机及磨煤机油系统设备运转正常。

（2）检查磨煤机基础螺栓有无松动，筒体连接部位螺栓有无松动，筒体有无漏浆，如出现筒体两端有漏浆现象应及时停磨机联系检修。

（3）检查低压油站油泵及减速机油泵是否运转正常。

（4）检查低压油站油泵及减速机油泵出口油压、流量、过滤器压差是否正常；油管有无漏油现象。

（5）检查低压油站及减速机油站油箱油位是否正常；油温是否正常；油质是否合格。

（6）检查磨煤机主电机前后轴承温度是否正常。

（7）检查磨煤机主电机线圈各温度是否正常。

（8）检查磨煤机离合器储气罐压力是否正常。

（9）检查磨煤机前后轴瓦温度是否正常。

（10）检查磨煤机小齿轮前后轴承温度是否正常。

（11）检查磨煤机前后轴瓦油冷却水供给压力、温度是否正常。

（12）检查磨煤机控制面板上有无异常报警信号。

（13）检查磨煤机出口滚筒筛挂浆情况；滚筒筛下料是否畅通，

有无破损情况。

（14）检查大齿圈油喷射系统是否正常。

39. 低压煤浆泵正常运转时巡回检查项目有哪些？

答：（1）检查低压煤浆泵运转正常，无异响；各转动部位润滑良好。

（2）检查动力端及驱动液端油箱油温是否正常；油质是否良好。

（3）检查设备基础螺栓有无松动。

（4）检查电机温度是否正常。

（5）检查煤浆泵控制面板上有无异常报警信号。

（6）检查煤浆泵进出口压力是否正常。

（7）检查煤浆泵三个缸打量是否正常；止回阀有无异常响声及震动。

（8）检查煤浆泵出口蓄能器压力是否满足要求。

40. 制浆水泵正常运转时巡回检查项目有哪些？

答：（1）检查设备运转正常，无异常响声及震动。

（2）检查油箱油位是否正常；油质是否良好。

（3）检查设备基础螺栓有无松动。

（4）检查电机温度是否正常。

（5）检查制浆水泵进出口压力是否正常。

（6）检查制浆水泵冷却水是否供给正常。

（7）检查制浆水槽液位是否正常。

41. 添加剂及 pH 值调节剂计量泵正常运转时巡回检查项目有哪些？

答：（1）检查设备运转正常，无异常响声及震动。

（2）检查油箱油位是否正常；油质是否良好。

（3）检查设备基础螺栓有无松动。

（4）检查电机温度是否正常。

（5）检查计量泵进出口压力是否正常。

（6）检查添加剂计量泵入口滤网是否畅通；如出现堵塞应打开副线阀保证供料同时对滤网进行清理。

（7）检查添加剂槽和 pH 值调节剂计槽液位是否正常。

（8）检查泵体是否有超压现象，和中控保持联系随时掌握添加剂及 pH 值调节剂计量用量大小。

42. 磨煤机出口槽搅拌器正常运转时巡回检查项目有哪些？

答：（1）检查搅拌器减速机运转正常，无异常响声及震动。

（2）检查减速箱内油箱油位是否正常；油质是否良好。

（3）检查设备基础螺栓有无松动。

（4）检查电机温度、电流是否正常。

说明：出口槽搅拌器启动条件为槽内液位≥15％；停机条件为槽内液位＜15％。

43. 费鲁瓦双软管煤浆泵启动泵前检查确认项目有哪些？

答：（1）检查设备各管路接头、法兰、地脚螺栓等连接部位紧固可靠。

（2）确认电机绝缘良好。

（3）检查泵出口缓冲罐蓄能器内氮气压力 0.96MPa。

（4）检查曲轴箱油位在 $1/2 \sim 2/3$，油质正常。

（5）检查液压油高位油箱油位 $1/2 \sim 2/3$，油质正常。

（6）确认电气、仪表正常，联系电工送电，控制柜操作面板、控制箱操作面板上"电源"指示灯亮。

（7）确认现场控制面板上无异常报警。

（8）确认现场无压力开关高报信号。

（9）中控确认 DCS 画面无异常报警。

（10）确认磨煤机出料槽料位在 30％以上。

44. 费鲁瓦双软管煤浆泵启动泵前的工艺操作步骤有哪些？

答：（1）将润滑油泵油路上双筒过滤器手柄切向一只过滤器，

实现一只过滤器使用,一只备用。

(2)按下"变频器启动"按钮,润滑油泵启动,"油泵运行"指示灯亮,油压、油流量正常。

(3)延时3分钟变频器启动,"变频器运行"指示灯亮。

(4)确认润滑油路管线无泄漏,且润滑油流量开关显示正常。

(5)确认泵入口取样阀关闭。

(6)打开泵出口导淋阀,打开泵入口原水手动阀,灌泵排气。

(7)确认泵出口导淋排气结束后,关闭泵入口原水手动阀,关闭泵出口导淋阀。

(8)打开泵体上三只高位油箱旁路阀(小红阀),高位油箱与外软管侧排气。

(9)打开煤浆槽底部放料阀,确认泵入口压力正常(200kPa)。

(10)将现场控制盘上"手动/自动"转换开关切向"手动"位置。

(11)旋动现场控制盘上"调速旋钮"调节电机转速在400转。

45. 费鲁瓦双软管煤浆泵开泵操作步骤有哪些?

答:(1)现场工艺处理完毕后,联系中控准备启动煤浆泵。

(2)确认控制箱"变频器运行"指示灯及"允许泵启动"指示灯亮。

(3)现场按下"泵启动"按钮启动主电机,"泵运行"指示灯亮。

(4)现场确认电机转动方向正确,泵无异常报警、响声和震动。

(5)现场控制泵转速在低于1000转下运行数分钟,对液压腔内进行排气处理。

(6)现场确认液压腔内无气泡冒出后,及时关闭高温油箱旁路阀(小红阀)三只。

(7)现场向中控汇报,煤浆泵液压缸排气结束。

(8)现场将控制盘上"手动/自动"转换开关切向"自动"

位置。

　　（9）中控根据磨机负荷及时调整煤浆泵转速。

46. 费鲁瓦双软管煤浆泵停泵步骤有哪些？

　　答：（1）向中控申请，准备现场停煤浆泵。

　　（2）接调度指令后，向现场下达停泵指令。

　　（3）中控调整系统负荷，维持煤浆槽内液位平稳。

　　（4）现场将操作柱上的转向开关打至"就地"位置。

　　（5）将煤浆泵转速调到 400 转。

　　（6）按下"泵停止"按钮，主电机停止，"泵运行"指示灯灭。

　　（7）现场关闭泵入口放料阀。

　　（8）现场配合保运倒通泵入口原水冲洗水盲板。

　　（9）现场确认泵出口管道已切换至地沟。

　　（10）向中控申请，准备冲洗煤浆泵。

　　（11）中控向调度申请使用原水冲洗进出口管道。

　　（12）接调度允许指令后，向现场下达冲洗指令。

　　（13）现场打开泵入口冲洗水阀。

　　（14）现场手动启动煤浆泵，控制泵转速在 1000 转，冲洗 30 分钟。

　　（15）现场确认泵出口导淋出水清澈无煤渣。

　　（16）现场向中控汇报，冲洗结束。

　　（17）中控向调度汇报泵冲洗结束，停用原水。

　　（18）现场将泵转速下调至最低。

　　（19）现场按下煤浆泵停止按钮。

　　（20）现场关闭泵入口冲洗水阀。

　　（21）现场打开泵进出口导淋阀，排空管道内积水。

　　说明：冬季冲洗完泵后，及时打开泵进出口导淋阀排尽管道内积水，拆除泵入口管道堵板排水。

47. 捞渣机启动前检查确认项目有哪些？

　　答：（1）确认设备检修完毕，各部位紧固可靠。

（2）确认电机绝缘良好。

（3）确认液压张紧装置油箱油位在正常位置，调试合格，压力在正常范围内。

（4）确认减速器油位 1/2～2/3，油质油位正常。

（5）确认设备已清理干净，内部和周围无杂物。

48. 捞渣机启动前的工艺操作步骤有哪些？

答：（1）打开四套内导轮密封水阀，通密封水。

（2）打开环链条冲洗水阀，向环链条通冲洗水。

（3）确认电器完好，联系电工送电。

（4）按下"搅拌器启动"确认搅拌器启动。

（5）联系中控操作员准备现场启动捞渣机。

49. 捞渣机启动步骤有哪些？

答：（1）按捞渣机启动前的确认项目逐项进行检查确认。

（2）确认控制柜送电。

（3）现场确认捞渣机下渣斗插板阀全开。

（4）将现场"就地/远程"控制转换开关旋至"就地"控制。

（5）将调节捞渣机调速旋钮旋至最低。

（6）按"变频启动"按钮，启动捞渣机。

（7）确认头轮电机运行平稳，没有异常现象。

（8）现场确认捞渣机链条松紧适中，刮板运行平稳，无异常卡塞现象。

（9）现场确认捞渣机所有链条内外导轮转动正常，内外导轮冲洗水管畅通。

（10）现场确认捞渣机液压张紧装置运行正常。

（11）现场将调速旋钮缓慢调整至最大。

50. 捞渣机停机步骤有哪些？

答：（1）确认捞渣机内渣已全部捞完。

（2）现场反方向旋转"就地调速"旋钮，将捞渣机转速调至最低。

（3）现场手动按下"停止"按钮，捞渣机停止运行。

（4）渣池液位低于20%时，按下"搅拌器停车"按钮确认搅拌器停止。

（5）关闭捞渣机链条冲洗水、内导轮密封水阀。

说明：冬季做好冲洗水管线防冻凝工作。

51. 破渣机启动前检查确认的项目有哪些?

答：（1）确认控制柜已送电。

（2）检查破渣机连接螺栓、垫片、管路的紧固程度及液压系统管路是否完好。

（3）检查液压油箱油位在视窗1/2～2/3，油质正常，具备启动条件。

（4）联系中控操作员准备启动。

52. 破渣机启动前的工艺操作步骤有哪些?

答：（1）合上液压系统供油泵吸油管线阀门开关。

（2）打开循环冷却水上水及回水手动阀。

（3）打开高压密封水手动阀，确认密封水压力不低于6.5MPa。

（4）将控制面板上"手动/停止/自动"开关置于"停止"位置，按下"灯测试"按钮，确认面板上所有指示灯亮。

（5）灯试正常后，将转换开关置于"手动"位置。

53. 破渣机启动步骤有哪些?

答：（1）按下"电机启动"按钮。

（2）确认电机启动指示灯亮。

（3）确认控制柜显示屏上显示"压力建立等待7秒"，7秒后显示"液压系统准备好"。

（4）确认液压系统供油泵压力在1.5～2.0MPa。

（5）按下"正向"按钮，确认破渣机正转；

（6）将控制面板上"手动/停止/自动"开关由"手动"转换到"自动"位置，确认"自动"方式指示灯亮。

（7）检查破渣机油路、水路有无跑冒滴漏现象。

（8）通知中控，破渣机已正常运行。

54. 破渣机停机步骤有哪些？

答：（1）将转换开关置于"手动"位置。

（2）按下"电机停止"按钮，确认"电机运行"指示灯熄灭。

（3）确认破渣机停运正常。

（4）确认破渣机的供油压力指针归零。

（5）确认破渣机的液压油油温、油位正常。

（6）确认破渣机无泄漏现象。

（7）将高压密封水手动阀门关闭。

55. 烧嘴冷却水泵启动前检查确认项目有哪些？

答：（1）确认电机是否送电，且接地完好。

（2）确认电机绝缘良好。

（3）检查泵的地脚螺栓、联接螺栓、垫片、管路的紧固程度及联轴器防护罩是否完好。

（4）检查油位在视窗 $1/2\sim2/3$，油质正常，具备启动条件。

（5）确认拟启泵出口手动阀关闭。

（6）确认烧嘴冷却水槽液位达 85％。

（7）联系中控操作员准备启泵。

56. 烧嘴冷却水泵启动泵前的工艺操作步骤有哪些？

答：（1）若备用泵处于自启动状态下时，按以下步骤执行①现场联系中控，解除备用泵自启动联锁；②现场将备用泵转向开关打至手动位置；③中控确认已解除备用泵自启动；④现场手动盘泵 $2\sim3$ 圈，确认没有卡阻现象和异常声音；⑤现场关闭拟启动泵出口手动阀；⑥现场确认拟启泵出口压力表根部手动阀打开。

（2）若为首次启动泵，投用烧嘴冷却水系统时，则按以下步骤执行　①现场确认拟启泵转向开关打至就地位置；②现场手动盘泵2～3圈，确认没有卡阻现象和异常声音；③现场打开拟启动泵入口手动阀；④现场打开拟启动泵出口导淋阀排气；⑤现场确认排气结束后，关闭出口导淋阀；⑥现场确认拟启泵出口压力表根部手动阀打开；⑦现场确认烧嘴冷却水软管与烧嘴连接牢固；⑧现场确认进出烧嘴冷却水盘管三通球阀打至软管位置；⑨现场确认烧嘴冷却水软管前后手动阀门全开；⑩现场确认进出烧嘴冷却水盘管仪表阀门全关。

57. 烧嘴冷却水泵启动步骤有哪些？

答：（1）启动泵，现场确认电机转动方向正确。

（2）检查泵运行正常无异响，震动不超标。

（3）缓慢打开出口手动阀，检查出口压力达标，电流不超额定电流。

（4）中控检查烧嘴冷却水出口总管压力、单系列压力、流量正常。

（5）检查泵是否有跑冒滴漏现象。

（6）现场做好记录，并报告班长，启动结束。

58. 烧嘴冷却水泵停泵步骤有哪些？

答：（1）关闭拟停泵的出口手动阀。

（2）按停泵按钮，停运拟停泵。

（3）确认泵停运是否正常。

（4）确认泵的电流表、压力表指针均归零。

（5）确认泵的油位正常。

（6）确认泵无漏水现象。

（7）将泵的压力表根部阀关闭。

59. 烧嘴冷却水泵并泵操作步骤有哪些?

答: (1) 按下拟启泵启动按钮启动泵,确认电机转动方向正确。

(2) 检查泵运行正常无异响,震动不超标。

(3) 缓慢打开启动泵出口手动阀门,检查出口压力达标,电流不超额定电流。

(4) 双泵运行 5 分钟后,缓慢关闭拟停泵出口手动阀,并检查运行泵电流稳定。

(5) 中控确认泵出口管道压力、流量无明显变化。

(6) 现场全关拟停泵出口手动阀。

(7) 中控再次确认运行泵出口管道压力、流量无明显变化。

(8) 按停止按钮停拟停泵,检查拟停泵压力表和电流表是否归零。

(9) 调节拟启泵出口手动阀门开度将电流、压力控制在额定范围之间,以防电流过低或过高导致电机损坏。

(10) 检查已启泵和已停泵是否有跑冒滴漏。

60. 灰水循环泵 (激冷水泵) 启动前检查确认项目有哪些?

答: (1) 现场确认电机已送电,且接地完好。

(2) 电气确认电机绝缘良好。

(3) 现场检查泵地脚螺栓、联接螺栓、垫片紧固及联轴器防护罩是否完好。

(4) 检查油位在视窗 1/2~2/3,油质正常,具备启动条件。

(5) 确认洗涤塔 (碳洗塔) 液位在 40%~60%。

(6) 联系中控操作员准备启泵。

61. 灰水循环泵 (激冷水泵) 启动泵前的工艺操作步骤有哪些?

答: (1) 若是在系统停车期间启动泵时,按以下步骤进行 ① 手动盘泵 2~3 圈,确认没有卡阻现象和异常声音;②确认拟启出口手动阀门关闭；③打开拟启泵的入口手动阀门；④打开拟启泵出口高点导淋排气，排完气后关闭排气阀；⑤打开拟启泵出口压力表根部手动阀；⑥打开泵循环冷却水上回水手动阀；⑦打开泵密封水手动阀，控制流量在 $1.5\sim2.0m^3/h$。

（2）若在系统正常生产中，拟启泵处于自启动状态时，按以下步骤进行 ①将拟启泵现场转换开关旋至"就地"位置；②中控操作员将拟启泵自启动联锁解除；③手动盘泵 2～3 圈，确认没有卡阻现象和异常声音；④确认泵循环冷却水手动阀及密封水手动阀打开；⑤关闭拟启泵出口手动阀门。

62. 灰水循环泵（激冷水泵）启泵步骤有哪些？

答：（1）中控联系机电仪中心电气、仪表专业到现场检查确认。

（2）中控向调度申请，准备启动。

（3）接调度允许指令后，向现场下达启动指令。

（4）现场启动泵。

（5）现场确认电机转动方向正确。

（6）检查泵运行正常无异响，震动不超标。

（7）缓慢打开出口手动阀，检查出口压力达标，电流不超额定电流。

（8）检查泵是否有跑冒滴漏现象。

（9）现场做好记录，并报告班长，启动结束。

63. 灰水循环泵（激冷水泵）停泵步骤有哪些？

答：（1）关闭拟停泵的出口手动阀。

（2）按停泵按钮，停运拟停泵。

（3）确认泵停运是否正常。

（4）确认泵的电流表、压力表指针均归零。

（5）确认泵的油位在视窗 1/2～2/3，油质正常。

（6）确认泵无漏水现象。

（7）将泵的压力表根部阀关闭。

64. 灰水循环泵（激冷水泵）最终备用状态如何？

答：（1）若要将停运泵投自启动状态，按以下步骤进行确认①现场确认电机已送电；②确认泵入口手动阀打开；③确认泵出口手动阀打开；④打开泵出口压力表根部阀；⑤确认泵体润滑油在视窗 1/2～2/3，油质正常；⑥确认循环冷却水上回水手动阀全开；⑦确认泵密封水手动阀打开，流量在 $1.5～2.0m^3/h$；⑧现场将操作柱上按钮置于"远程"位置；⑨中控操作员投用自启动联锁。

（2）若不需要将停运泵备为自启动状态，按以下步骤进行确认①现场确认电机已送电；②确认泵入口手动阀打开；③确认泵出口手动阀关闭；④打开泵出口压力表根部阀；⑤确认泵体润滑油在视窗 1/2～2/3，油质正常；⑥确认循环冷却水上回水手动阀全开；⑦确认泵密封水手动阀打开，流量在 $1.5～2.0m^3/h$。

65. 停运灰水循环泵（激冷水泵）最终交付检修状态如何？

答：（1）中控办理断电手续。
（2）现场确认操作柱上电源指示灯熄灭。
（3）泵入口手动阀关闭。
（4）泵出口手动阀关闭。
（5）确认循环冷却水上回水手动阀关闭。
（6）确认密封水手动阀关闭。
（7）打开泵出口管线导淋阀排气泄压。
（8）确认泵体内压力泄至常压。

66. 灰水循环泵（激冷水泵）倒泵操作步骤有哪些？

答：（1）若拟启泵处于自启动状态时，按以下步骤进行操作①将现场转换开关旋至"就地"位置；②中控将拟启泵自启动联锁解除；③现场手动盘泵 2～3 圈，确认没有卡阻现象和异常声音；④确认泵循环冷却水手动阀及密封水手动阀打开；⑤现场关闭拟启泵出口手动阀门；⑥检查工艺条件具备启动条件后，联系中控操作员现场准备启泵；⑦现场按下泵启动按钮；确认电机转动方向正确；检查泵运行正常无异响，震动不超标；⑧缓慢打开启动泵出口手动阀，检查出口压力达标，电流不超额定电流；双泵运行 5 分钟后，缓慢关闭拟停泵出口手动阀，并检查运行泵电流稳定；⑨中控确认泵出口流量无明显变化后，通知现场停拟停泵；⑩现场按停止按钮停拟停泵，检查拟停泵压力表和电流表是否归零。

（2）若拟启泵不处于自启动状态时，按以下步骤进行操作　①现场手动盘泵 2～3 圈，确认没有卡阻现象和异常声音；②确认泵入口手动阀门全开；确认泵出口手动阀门关闭；③确认泵循环冷却水手动阀及密封水手动阀打开；④联系中控操作员准备现场启泵；⑤检查工艺条件具备启动条件后，联系中控操作员现场准备启泵；⑥现场按下泵启动按钮；现场确认电机转动方向正确；检查泵运行正常无异响，震动不超标；⑦缓慢打开启动泵出口手动阀，检查出口压力达标，电流不超额定电流；⑧双泵运行 5 分钟后，缓慢关闭拟停泵出口手动阀，并检查运行泵电流稳定；⑨中控确认泵出口流量无明显变化后，通知现场停拟停泵；⑩现场按停止按钮停拟停泵，检查拟停泵压力表和电流表是否归零。

67. 除氧水泵（高压灰水泵）启动前的检查确认项目有哪些？

答：（1）现场检查泵的地脚螺栓、联接螺栓、垫片、管路等连接紧固。

（2）现场确认电机联轴器防护罩完好。

（3）电气确认电机绝缘良好，接地完好。

（4）确认高压端和低压端润滑油的油杯油位均在 $1/2～2/3$，油质正常，具备启动条件。

（5）确认泵入口过滤网清洗干净，回装完毕。

（6）确认泵进出口管道导淋阀关闭，出口手动阀门关闭。

（7）确认除氧器内液位达 $60\%～70\%$。

（8）确认机泵各温度点显示正常、联锁投用。

(9) 联系中控，除氧水泵（高压灰水泵）送电。

68. 除氧水泵（高压灰水泵）启动前的工艺操作步骤有哪些？

答：（1）现场手动盘泵 2～3 圈，确认没有卡阻现象和异常声音。

（2）现场打开拟启泵的入口一组过滤器前后手动阀灌泵，另一组过滤器前后手动阀保持关闭，并打开泵出口排气阀排气，排完气后关闭排气阀。

（3）现场稍开拟启泵回流手动阀。

（4）现场打开拟起泵出口压力表根部手动阀。

（5）现场打开泵高压端（驱动端）、低压端（非驱动端）密封水，控制流量 $1.5～2m^3/h$；将高、低压端的油箱循环冷却水手动阀全部打开。

（6）中控联系当班电气、仪表人员现场确认。

（7）联系中控操作员准备现场启泵。

69. 除氧水泵（高压灰水泵）启动泵操作步骤有哪些？

答：（1）按下泵启动按钮启动泵，确认电机转动方向正确。

（2）检查泵运行正常无异响，震动不超标。

（3）确认泵各温度点正常。

（4）依据实际情况稍开泵出口回流阀。

（5）缓慢打开泵出口手动阀，检查泵出口压力达标，电流不超额定电流；

（6）联系中控检查确认泵出口流量稳定、电流稳定。

（7）检查泵是否有跑冒滴漏现象。

70. 除氧水泵（高压灰水泵）停泵步骤有哪些？

答：（1）现场关闭拟停泵的出口手动阀。

（2）按停泵按钮，停运拟停泵。

（3）确认泵停运是否正常。

（4）确认泵的电流表、压力表指针均归零。

（5）确认泵的油位正常。

（6）确认泵无跑冒滴漏现象。

（7）将泵的压力表根部阀关闭。

（8）将泵高、低压端密封水、机封冷却水关闭。

71. 除氧水泵（高压灰水泵）切泵操作步骤有哪些?

答：（1）现场对拟启泵手动盘泵 2～3 圈，确认没有卡阻现象和异常声音。

（2）打开拟启泵的入口一组过滤器前后手动阀灌泵，另一组过滤器前后手动阀保持关闭，并打开泵出口排气阀排气，排完气后关闭排气阀。

（3）稍开拟启泵回流手动阀。

（4）打开拟起泵出口压力表根部手动阀。

（5）打开高、低压端的密封水，控制流量 1.5～2m³/h；将高、低压端的油箱循环冷却水手动阀全部打开；将高、低压端的机封冷却水打开。

（6）联系中控操作员准备启泵。

（7）按下泵启动按钮启动泵，确认电机转动方向正确。

（8）检查泵运行正常无异响，震动不超标。

（9）确认泵各温度点正常。

（10）依据实际情况稍开泵出口回流阀。

（11）缓慢打开出口手动阀，检查出口压力达标，电流不超额定电流。

（12）检查出口流量稳定、电流稳定。

（13）双泵运行 5 分钟后，确认启动泵运行正常。

（14）现场缓慢关闭拟停泵出口手动阀，并检查运行泵电流压力、流量、稳定。

（15）联系当班调度准备停拟停泵。

（16）按停止按钮停拟停泵，检查拟停泵压力表和电流表是否归零。

（17）调节运行泵出口手动阀，将电流、压力、流量控制在额定范围之间，以防电流过低或过高导致电机损坏。

72. 水环式真空泵启泵前检查确认项目有哪些？

答：（1）确认电机是否送电，且接地完好。

（2）检查泵的地脚螺栓、联接螺栓、垫片、管路等连接紧固。

（3）检查电机联轴器防护罩是否完好。

（4）确认轴承润滑脂正常。

（5）确认导淋阀关闭，入口手动阀门关闭。

73. 水环式真空泵启动泵前的工艺操作步骤有哪些？

答：（1）现场手动盘泵 2～3 圈，确认没有卡阻现象和异常声音。

（2）打开拟启泵的出口手动阀门。

（3）打开密封水阀，使泵内充满液体，控制流量 $2\sim2.5\mathrm{m}^3/\mathrm{h}$。

（4）联系中控操作员准备启泵。

74. 水环式真空泵启动操作步骤有哪些？

答：（1）按下泵启动按钮启动泵，确认电机转动方向正确。

（2）检查泵运行正常无异响，震动不超标。

（3）缓慢打入口手动阀，联系中控操作人员观察入口压力变化。

（4）检查泵是否有跑冒滴漏现象。

75. 水环式真空泵停泵步骤有哪些？

答：（1）关闭拟停泵的入口手动阀。

（2）按停泵按钮，停运拟停泵。

（3）确认泵停运是否正常。

（4）关闭密封水阀。

（5）确认泵无漏水现象。

76. 水环式真空泵切换操作步骤有哪些？

答：（1）现场对拟启动泵进行手动盘泵 2～3 圈，确认没有卡阻现象和异常声音。

（2）打开拟启动泵密封水阀，使泵内充满液体，控制流量 2～2.5m^3/h。

（3）联系中控操作员准备启泵。

（4）现场按下泵启动按钮启泵，确认电机转动方向正确。

（5）现场检查泵运行正常无异响，震动不超标。

（6）缓慢打开启动泵入口手动阀，检查入口压力正常。

（7）双泵运行 5 分钟后，确认启动泵运行正常。

（8）缓慢关闭拟停泵入口手动阀，并检查运行泵入口压力稳定。

（9）按停止按钮停拟停泵。

（10）关闭拟停泵密封水阀。

（11）调节运行泵入口手动阀将压力控制在正常范围，以防电流过低或过高导致电机损坏。

（12）检查已启泵和已停泵是否有跑冒滴漏。

77. 黑水过滤器（激冷水过滤器）投用前检查确认项目有哪些？

答：（1）确认过滤器各连接螺栓紧固、齐全、完好。

（2）确认灰水循环泵（激冷水泵）已具备启动条件。

（3）确认拟投用过滤器出口手动阀关闭。

（4）确认拟投用过滤器底部排污双道阀关闭。

（5）确认过滤器顶部双道冲洗水阀关闭。

（6）确认过滤器出口管道顶部高点排气阀关闭。

78. 黑水过滤器（激冷水过滤器）投用前的工艺操作步骤有哪些？

答：（1）建立预热水系统前投用过滤器的工艺操作 ①联系中

控操作员准备投用过滤器；②现场打开过滤器入口球阀；③现场打开过滤器出口球阀。

（2）系统正常生产过程中投用过滤器的工艺操作　①联系中控操作员准备投用备用过滤器；②现场缓慢打开拟投用过滤器出口球阀，直至全开；③现场缓慢打开拟投用过滤器入口球阀，直至全开。

79. 黑水过滤器（激冷水过滤器）投用操作步骤有哪些？

答：（1）建立预热水系统前投用过滤器步骤　①联系中控操作员准备投用过滤器；②确认过滤器底部双道排污阀关闭；③确认过滤器顶部双道冲洗水阀关闭；④确认过滤器出口管道顶部高点排气阀关闭；⑤现场打开过滤器入口球阀；⑥现场打开过滤器出口球阀；⑦现场向中控申请，准备建立系统水循环；⑧中控向调度申请，准备启动灰水循环泵（激冷水泵）；⑨中控操作员通知现场启动灰水循环泵（激冷水泵）。

（2）系统正常生产过程中投用过滤器步骤　①联系中控操作员准备投用备用过滤器；②确认备用过滤器底部双道排污阀关闭；③确认备用过滤器顶部双道冲洗水阀关闭；④确认备用过滤器出口管道顶部高点排气阀关闭；⑤现场缓慢打开拟投用过滤器出口球阀，直至全开；⑥现场缓慢打开拟投用过滤器入口球阀，直至全开；⑦中控确认激冷水量上涨；⑧中控确认灰水循环泵（激冷水泵）电流上升；⑨检查投用过滤器是否有跑冒滴漏现象；⑩做好记录，报告中控及班长，过滤器投用结束。

80. 黑水过滤器（激冷水过滤器）切换操作步骤有哪些？

答：（1）拟投用过滤器备用状态确认　①确认备用过滤器各连接法兰螺栓垫片连接紧固、齐全，具备投用条件；②确认拟投用过滤器出口手动阀关闭；③确认拟投用过滤器底部排污双道阀关闭；④确认拟投用过滤器顶部双道冲洗水阀关闭；⑤确认拟投用过滤器出口管道顶部高点排气阀关闭。

（2）拟投用过滤器投用步骤　①联系中控操作员准备投用备用过滤器；②现场缓慢打开拟投用过滤器出口球阀，直至全开；③现场缓慢打开拟投用过滤器入口球阀，直至全开；④中控确认激冷水量上涨；⑤中控确认灰水循环泵（激冷水泵）电流上升；⑥中控确认气化炉液位开始上涨；⑦现场检查投用过滤器是否有跑冒滴漏现象；⑧做好记录，报告中控及班长，过滤器投用结束。

81. 黑水过滤器（激冷水过滤器）切出检修工艺处理步骤有哪些？

答：（1）现场确认备用过滤器已正常投用。

（2）联系中控操作员准备切出故障过滤器。

（3）现场缓慢关闭故障过滤器入口球阀，直至全关。

（4）现场缓慢关闭故障过滤器出口球阀，直至全关。

（5）中控确认激冷水量无明显变化。

（6）中控确认灰水循环泵（激冷水泵）电流无明显变化。

（7）现场缓慢打开故障过滤器出口管道高点排气球阀，进行排气泄压。

（8）做好记录，并报告中控及班长，切换结束。

82. 故障过滤器检修操作步骤有哪些？

答：（1）现场确认故障过滤器泄压完毕。

（2）现场配合保运拆检故障过滤器大盖及底部导淋管线。

（3）配合清洗人员对过滤器滤网及排污管线进行清洗疏通。

（4）确认过滤网眼及过滤器内积渣全部清理干净。

（5）配合保运回装过滤器大盖及底部导淋管线。

（6）确认过滤器大盖及导淋管线螺栓全部紧固。

（7）确认过滤器顶部高点排气阀关闭。

（8）打开过滤器顶部冲洗水双道阀，过滤器充压试漏。

（9）确认过滤器无泄漏点。

（10）做好检修记录。

83. 换热器投用前检查确认项目有哪些？

答：（1）确认各法兰连接螺栓紧固、齐全，具备投用条件。

（2）确认换热器排污阀、排气阀关闭。

（3）确认换热器管程、壳程进出口管线导淋阀关闭。

（4）确认拟投用换热器管程入口、出口手动阀关闭。

（5）确认拟投用换热器壳程入口、出口手动阀关闭。

（6）确认换热器管程、壳程进出口管道盲板为"通"。

84. 投用换热器前的工艺操作步骤有哪些？

答：（1）现场稍开换热器低温介质（或循环水）入口手动阀。

（2）现场打开换热器低温介质（或循环水）高点排气阀。

（3）现场确认换热器低温介质（或循环水）管路气排完。

（4）现场关闭换热器低温介质（或循环水）高点排气阀。

（5）现场缓慢全开换热器低温介质（或循环水）入口手动阀，直至全开。

（6）现场与中控保持联系，密切注意低温介质流量变化。

（7）现场缓慢打开换热器低温介质（或循环水）出口手动阀，直至全开。

（8）现场缓慢关闭换热器低温介质（或循环水）副线阀，直至全关。

（9）中控确认低温介质流量无明显变化。

（10）现场稍开换热器高温介质入口手动阀。

（11）现场与中控联系，密切注意高温介质流量变化。

（12）现场打开换热器高温介质高点排气阀（出口温度高于90℃的介质不排气）。

（13）现场确认换热器高温介质管路气排完。

（14）现场关闭换热器高温介质高点排气阀。

（15）现场缓慢打开换热器高温介质入口手动阀，直至全开。

（16）现场与中控联系，密切注意高温介质流量变化。

（17）现场缓慢打开换热器高温介质出口手动阀，直至全开。

（18）中控确认高温介质流量无明显变化。

（19）检查换热器是否有跑冒滴漏现象。

（20）做好记录，并报告班长，投用结束。

85. 换热器切出操作步骤有哪些？

答：（1）联系中控操作员准备切出换热器。

（2）现场缓慢打开高温介质副线阀。

（3）联系中控关注流量变化，无明显变化时，现场缓慢全开高温介质副线阀。

（4）现场缓慢关闭换热器高温介质出口手动阀。

（5）中控密切注意换热器高温介质流量变化情况。

（6）当流量无明显变化时，现场缓慢全关换热器高温介质出口手动阀。

（7）现场缓慢关闭换热器高温介质入口手动阀。

（8）现场缓慢打开低温介质（或循环水）副线阀。

（9）现场联系中控关注流量变化，无明显变化时，现场缓慢全开低温介质（或循环水）副线阀。

（10）现场缓慢关闭换热器低温介质（或循环水）出口手动阀。

（11）中控密切注意换热器低温介质（或循环水）流量变化情况。

（12）当流量无明显变化时，现场缓慢全关换热器低温介质（或循环水）出口手动阀。

（13）现场缓慢关闭换热器低温介质（或循环水）入口手动阀。

（14）中控确认低温介质（或循环水）流量无明显变化。

（15）检查换热器是否有跑冒滴漏现象。

（16）做好记录，并报告班长，切出结束。

86. 换热器交付检修前的工艺处理方法有哪些？

答：（1）缓慢打开换热器壳程、管程高点排气阀进行排气泄压。

（2）确认换热器管程、壳程压力卸至常压。

（3）打开换热器壳程、管程导淋阀，排空管壳程内积存介质。

（4）联系保运将换热器管程、壳程进出口管道盲板倒"盲"。

说明：若壳程介质为有毒气体，应对壳程进行氮气置换。

87. 煤浆槽搅拌器启动前的检查确认项目有哪些？

答：（1）确认电机已送电，且接地完好。

（2）检查搅拌器及减速机的地脚螺栓、联接螺栓、垫片齐全、完好，连接部位紧固牢靠。

（3）电气测试电机绝缘正常，接地良好。

（4）检查联轴器护罩、电机护罩齐全且固定牢靠。

（5）确认各连接轴承润滑正常，减速机油位在 $1/2\sim2/3$，油质正常。

（6）确认煤浆槽液位在 20% 以上。

88. 煤浆槽搅拌器启动前的工艺操作步骤有哪些？

答：（1）现场手动盘车，使搅拌器转动 $4\sim5$ 转，确认无卡阻现象。

（2）现场确认检查联轴器护罩、电机护罩齐全且固定牢靠。

（3）联系中控操作员准备启搅拌器。

89. 煤浆槽搅拌器启动步骤有哪些？

答：（1）按下搅拌器启动按钮启动搅拌器，确认电机转动方向正确。

（2）检查搅拌器运行正常无异响，震动不超标。

（3）检查搅拌器运行电流正常，运转平稳。

（4）确认电机温度正常。

（5）检查搅拌器是否有漏油现象。

（6）现场做好记录，并报告班长，启动结束。

90. 煤浆槽搅拌器停运前的检查确认项目有哪些？

答：（1）确认拟停搅拌器处于运行状态。

（2）确认搅拌器周围没有影响操作的障碍物。

（3）确认搅拌器无异常响声及震动。

（4）确认搅拌器无漏油现象。

（5）确认各测温点、油箱油位、电流正常。

（6）确认煤浆槽液位降至20％以下。

（7）确认已接到停止煤浆槽搅拌器指令。

91. 煤浆槽搅拌器停运步骤有哪些？

答：（1）按停止按钮，停运拟停搅拌器。

（2）确认搅拌器停运正常。

92. 真空带式过滤机启动前的检查确认项目有哪些？

答：（1）确认电机绝缘良好。

（2）检查驱动轮表面清洁，无杂物沾染。

（3）检查胶带、滤布张紧情况，符合要求。

（4）检查主驱动减速机润滑油质量合格，油位正常。

（5）检查卸料口刮刀与滤布是否接触良好。

（6）检查真空排液管胶管齐全，完后。

（7）检查滤液收集罐挡板完好。

（8）检查纠偏辊滑道润滑良好，无积灰。

（9）检查纠偏装置动气囊动作灵活，功能正常。

（10）检查纠偏装置电磁阀动作正常，排气畅通。

（11）检查滤布限位开关动作灵活。

（12）检查真空箱密封水压力正常，无泄漏。

（13）手动打开压缩空气气路上手动阀，确认压力表指示在0.45～0.5MPa，且管路无泄漏。

（14）打开滤布冲洗水阀，检查冲洗喷头出水畅通。

（15）检查刷辊电机皮带已安装，刷辊清洗毛刷完整，启动刷辊电机，确认电机运转良好。

（16）检查自动纠偏装置气源压力在 0.15～0.25MPa。

（17）检查过滤机的地脚螺栓、联接螺栓、垫片、管路的紧固、齐全、灵活好用及联轴器是否完好。

93. 真空带式过滤机启动操作步骤有哪些？

答：（1）启动过滤机主电机　①联系电气，现场电控柜送电，检查电源指示灯亮；②现场将"就地/远程"转换开关切向"就地"控制；③打开滑台密封水，滤布冲洗水，观察真空盒上是否有水流出；④打开胶带和滤布冲洗水阀，确认冲洗喷嘴工作正常；⑤打开工厂空气（压缩空气）手动阀，确认管路压力表指示正常；⑥手动调节纠偏感应支架，观察纠偏气囊是否正常工作，观察排液罐上的大气切换阀及真空切换阀是否正常工作；⑦按"主机启动"按钮，启动驱动电机，主机运行指示灯亮，调节变频调速旋钮。

（2）启动刷辊（清扫）电机　①联系电气，过滤机刷辊电机送电；②确认刷辊电机绝缘良好，刷辊皮带安装正确；③确认滤布冲洗水喷嘴出水正常；④现场按下刷辊电机启动按钮，启动刷辊电机。

（3）启动过滤机真空泵　①联系电气，真空泵送电；②电气确认真空泵电机绝缘良好；③现场确认真空泵进出口手动阀全开；④现场打开真空泵密封水手动阀，确认有水从真空泵侧面水孔流出；⑤确认真空带式过滤机已正常启动；⑥现场按下真空泵启动按钮，启动真空泵。

（4）启动过滤机给料泵　①联系电气，过滤机给料泵送电；②电气确认过滤机给料泵电机绝缘良好；③现场确认过滤机给料泵入口球阀全开，出口球阀全关；④现场打开过滤机给料泵机封冲洗水手动阀；⑤确认真空带式过滤机已正常启动；⑥确认真空泵已正常启动；⑦现场按下启动按钮，启动过滤机给料泵；⑧根据滤布受料大小，通过调整手动旋钮调节转速，使滤饼脱水率满足工艺要求。

（5）中控将过滤机给料泵出口流量与泵转速投自调，确保过滤机进料量稳定。

94. 真空带式过滤机停机步骤有哪些？

答：（1）停止过滤机给料泵运行　①中控将过滤机给料泵转速调至最低；②现场打开过滤机给料泵入口冲洗水阀，关闭沉降槽进过滤机给料泵入口手动阀；③中控将过滤机给料泵转速调高，对泵进出口管道进行彻底冲洗；④现场确认过滤机布料器出水干净，清澈，无积渣；⑤中控将过滤机给料泵转速降至最低；⑥现场按下泵停止按钮，停泵；⑦现场关闭泵机封冲洗水手动阀；⑧现场打开泵进出口管道低点导淋，排空管道内积水。

（2）停止过滤机真空泵　①现场按下真空泵停止按钮，停运真空泵；②关闭真空泵密封水手动阀；③冬季或长时间不启动时，需打开泵低点导淋排空泵体内积液。

（3）停止滤布刷辊电机　①确认滤布卸料完，继续空载运行数周；②确认滤布洗刷干净；③现场按下刷辊电机停止按钮，停运刷辊电机；④现场关闭滤布及胶带冲洗水手动阀。

（4）停止过滤机驱动电机　①现场缓慢将主电机变频调速旋钮旋至零位；②现场按下"主机停止"按钮，停止驱动电机，主机运行指示灯熄灭；③现场关闭滑台密封水；④现场关闭气控柜工厂空气手动球阀，切断空气供应；⑤若长时间不启动滤机，还需将松开滤布张紧装置，使滤布保持松弛状态。

95. 沉降槽顶部耙料机启动前的检查确认项目有哪些？

答：（1）测试电机绝缘正常，接地良好。

（2）确认升降电机、耙料电机是否送电，且接地完好。

（3）检查耙料机及减速机的地脚螺栓、联接螺栓紧固、齐全、完好。

（4）确认各连接轴承润滑正常，减速机油位在 $1/2 \sim 2/3$，油质正常，具备启动条件。

（5）确认沉降槽内水面淹没刮泥耙。

（6）确认主电源箱开关处在"合"的位置。

96. 耙料机启动操作步骤有哪些？

答：（1）联系中控操作员准备启耙料机。

（2）将控制柜上"自动/手动"旋至"手动"。

（3）按下"升耙"按钮启动升耙电机，确认电机转动方向正确。

（4）检查升/降耙限位向上运动。

（5）检查升/降耙装置运行正常后停止升耙。

（6）按下"降耙"按钮进行降耙，确认升/降耙限位向下运动。

（7）升/降耙限位下降至略高于初始未升耙位置时，停止降耙。

（8）按下耙料机启动按钮启动耙料机，确认电机转动方向正确。

（9）确认耙料机扭矩低于 85%。

（10）将控制柜上"自动/手动"旋至"自动"。

（11）检查耙料机运行正常无异响，震动不超标。

（12）检查耙料机升/降限位处在低限位。

（13）检查耙料机运行电流、电机温度正常，设备运转平稳。

（14）检查耙料机是否有漏油现象。

（15）现场做好记录，并报告班长，启动结束。

97. 耙料机停运操作步骤有哪些？

答：（1）确认过滤机给料泵出口料浆变稀。

（2）确认耙料机升/降限位处在低限位。

（3）将控制柜上"自动/手动"旋至"手动"。

（4）按停止按钮，停运耙料机。

98. 气化炉开工操作由哪几大步骤组成？

答：（1）气化炉烘炉至 1250℃ 保温 4 小时以上。

（2）预热水循环切换至系统开工大水循环。

（3）开工 ESD 联锁空试。

（4）安装工艺烧嘴。

（5）烧嘴冷却水软管切硬管。

（6）开工系统氮气置换。

（7）建立开工煤浆循环。

（8）激冷室提液位。

（9）投料前现场检查确认。

（10）氧管线充压。

（11）接收氧气，建立开工氧气放空。

（12）投料前的中控检查确认。

（13）气化炉投料。

（14）投料后倒盲板，煤浆循环管线冲洗。

（15）启动锁斗系统。

（16）气化炉升压、查漏及黑水切水。

（17）向变换系统导气。

（18）开工系统联锁投用。

99. 气化炉 ESD 系统联锁空试步骤有哪些？

答：（1）ESD 系统联锁空试前的检查确认项目　①确认洗涤塔顶压力＜0.4MPa；确认气化炉与高压氮气压差≥3.0MPa；确认仪表空气压力≥0.4MPa；②确认煤浆切断阀关，煤浆循环阀关；③确认氧气上游切断阀、氧气下游切断阀、单系列氧气放空阀、氧气流量调节阀、单系列氧气总阀关；④确认煤浆管线高压氮气吹扫阀、氧管线高压氮吹扫阀、氧管线充压阀关；⑤确认氧气放空阀阀后手动阀关闭；⑥确认洗涤塔顶粗煤气出口去变换工段手动调节阀关；⑦确认烧嘴冷却水系统正常；确认煤浆、氧气炉头手动阀关；⑧确认氧气管线吹扫阀、煤浆管线吹扫阀前手动阀关；⑨确认氧管上下游间高压氮充压阀前后手动阀关；⑩确认单系列高压氮气总阀关。

（2）联系仪表人员旁路以下联锁　①氧气流量低低三选二联锁旁路；②煤浆流量低低三选二联锁旁路；③激冷室液位低低三选二联锁旁路；④烧嘴压差低低一选一联锁旁路；⑤激冷水流量低低三

选二联锁旁路；⑥仪表人员给高压煤浆泵仿真运行信号。

（3）中控按下高压氮复位按钮 ①确认氧气上下游间高压氮气充压阀由开到关；②确认氧管线中心氧流量调节阀关闭。

（4）中控按下气化炉初始化按钮 ①确认煤浆循环阀由关到开；②确认氧气支管放空阀由关到开。

（5）中控按下气化炉复位按钮 ①确认氧气上下游间高压氮气充压阀由关到开；②确认支管线氧气流量调节阀电磁阀得电；③氧气支管线总阀电磁阀得电（若高压煤浆泵无运行信号，则此阀不可控）。

（6）中控按下气化炉投料按钮，确认以下阀门动作正常到位 ①煤浆切断阀打开；②煤浆循环阀关闭（条件：煤浆切断阀开50%）；③氧气管线高压氮气吹扫阀打开（吹扫10秒后关闭）；④氧气管线高压氮气吹扫阀关闭；⑤氧气下游切断阀打开；⑥氧气上下游间高压氮气密封阀关闭（在高压氮吹扫阀关闭后延时2秒动作）；⑦氧气支管放空阀关闭（条件：氧气下游切断阀开、煤浆切断阀开、煤浆循环阀关、氧气上下游间高压氮气密封阀关，氧管线高压氮吹扫阀关，煤浆管线高压氮气吹扫阀关）；⑧氧气上游切断阀打开（条件：氧气支管放空阀关至90%、煤浆循环阀关到位，煤浆切断阀开到位，氧气下游切断阀全开）。

（7）中控按下气化炉紧急停车按钮，确认以下阀门动作正常到位 ①洗涤塔顶粗煤气去变换工段手动控制阀由可控到关；②氧气上游切断阀由开到关；③氧气流量调节阀电磁阀失电；④支管氧气总阀电磁阀失电；⑤煤浆切断阀由开到关；⑥氧气下游切断阀由开到关；⑦氧气管线高压氮气吹扫阀延时5秒开，吹扫15秒后关；⑧煤浆管线高压氮气吹扫阀延时10秒开，吹扫8秒后关；⑨氧气上下游切断阀间高压氮气密封阀由关到开。

100.气化炉工艺烧嘴安装操作步骤有哪些？

答：（1）确认气化炉已烘炉至1250℃保温4小时以上。

（2）确认开工抽引器前8字盲板倒"通"。

（3）对氧气炉头法兰、烧嘴法兰面进行脱脂处理。

（4）确认烧嘴冷却水软管法兰紧固。

（5）联系中控，现场打开烧嘴冷却水软管进出口手动阀，投用烧嘴冷却水系统。

（6）确认气化炉内负压稳定。

（7）联系中控，停止烘炉。

（8）现场佩戴防火面罩从观火孔观察烘炉预热烧嘴火已熄灭。

（9）安排保运拔出烘炉预热烧嘴。

（10）对炉口法兰密封面凹槽内积灰进行清理。

（11）安排起重起吊工艺烧嘴至炉口，对中后插入气化炉内。

（12）联系保运开始紧固烧嘴法兰、煤浆法兰、氧气法兰。

（13）联系保运紧固烧嘴冷却水硬管进出口法兰。

101. 烧嘴冷却水软管切硬管操作步骤有哪些？

答：（1）确认烧嘴冷却水硬管前后三通球阀法兰连接紧固。

（2）联系中控，打开烧嘴冷却水进出口切断阀。

（3）全开烧嘴冷却水出口切断阀前手动球阀，稍开后手动阀。

（4）将烧嘴冷却水出口三通球阀切换至硬管。

（5）确认烧嘴冷却水流量在 $20\sim25$ m^3/h。

（6）全开烧嘴冷却水进口切断阀后手动球阀，稍开前手动球阀。

（7）将烧嘴冷却水进口三通球阀切换至硬管。

（8）两人配合，一人关小烧嘴冷却水进水软管手动球阀，一人缓慢开大烧嘴冷却水进口切断阀前手动球阀，控制烧嘴冷却水流量在 $20\sim25$ m^3/h。

（9）确认烧嘴冷却水进水软管手动球阀全关。

（10）调整烧嘴冷却水流量在 $28\sim30$ m^3/h，压力在 $1.60\sim1.7$ MPa。

（11）联系保运倒"盲"进出口软管 8 字盲板。

102. 开工系统氮气置换流程及步骤有哪些？

答：（1）气化炉、洗涤塔氮气置换　①打开低压氮气去气化炉燃烧室手动阀，对气化炉燃烧室进行氮气置换；②打开低压氮气去气化炉激冷室手动阀，对气化炉激冷室进行氮气置换；③中控关闭洗涤塔顶粗煤气去火炬放空阀，对系统进行憋压式置换；④憋压式置换 3 次后，安排质检在洗涤塔出口取样分析，确认氧含量小于0.2%为合格；⑤确认置换合格后，联系现场关闭置换低压氮气手动阀，安排保运倒盲置换 8 字盲板。

（2）闪蒸系统氮气置换 ①打开高压闪蒸罐低压氮气置换双道阀，关闭阀间导淋，对高压闪蒸系统进行氮气置换；②打开低压闪蒸罐低压氮气置换双道阀，关闭阀间导淋，对低压闪蒸系统进行氮气置换；③打开真空闪蒸罐低压氮气置换双道阀，关闭阀间导淋，对真空闪蒸系统进行氮气置换；④高、低、真空闪蒸系统连续置换30 分钟后，联系质检分别取样分析；⑤确认置换样中氧含量＜0.2%；⑥确认置换合格后，联系现场关闭高压闪蒸罐低压氮气双道手动阀，打开阀间导淋；⑦关闭低压闪蒸罐低压氮气双道手动阀，打开阀间导淋；⑧关闭真空闪蒸罐低压氮气双道手动阀，打开阀间导淋。

（3）开工火炬系统氮气置换 ①调度通知各装置内火炬管网沿线低压氮气置换手动阀，对火炬管网进行氮气置换；②气化装置稍开洗涤塔顶安全阀后低压氮气手动阀，对安全阀后管线进行置换；③气化装置稍开洗涤塔顶去火炬放空管线阀后氮气手动阀，对放空阀后管线进行置换；④质检在开工火炬管线末端进行取样分析，确认管网内氧含量小于 0.2%为合格；⑤通知调度，火炬管网置换合格。

（4）常亮火炬系统氮气置换 ①调度通知各装置内火炬管网沿线低压氮气置换手动阀，对火炬管网进行氮气置换；②变换岗位打开汽提塔底低压氮气置换手动阀，对常亮火炬管网进行氮气置换；③质检在常亮火炬管线末端进行取样分析，确认管网内氧含量小于0.2%为合格；④通知调度，常亮火炬管网置换合格。

103. 建立开工煤浆循环步骤有哪些？

答：（1）中控按下气化炉初始化按钮，确认煤浆循环阀、单系列氧气支管放空阀打开。

（2）现场确认煤浆循环阀阀后盲板为"通"。

（3）现场确认煤浆循环管线至煤浆槽手动阀开，至地沟手动阀关。

（4）现场确认高压煤浆泵已清水灌泵排气完毕。

（5）现场确认高压煤浆泵入口原水盲板为"盲"。

（6）现场确认高压煤浆泵出口导淋盲板为"盲"。

（7）现场手动打开高压煤浆泵入口柱塞阀。

（8）中控确认高压煤浆泵进口压力大于 180kPa。

（9）现场人员将高压煤浆泵转速旋钮调至最低后启动煤浆泵。

（10）现场确认煤浆泵运行正常平稳后，及时将"就地/远控"旋钮打至远控位置。

（11）中控观察煤浆泵出口有流量显示后，及时通过调整煤浆泵转速将流量控制在 40m^3/h 左右。

（12）中控确认煤浆泵出口管线压力在 0.8～1.0MPa。

104. 气化投料前现场检查确认项目有哪些？

答：（1）确认洗涤塔顶粗煤气去变换控制阀关。

（2）确认洗涤塔顶粗煤气去变换手动阀关。

（3）确认洗涤塔顶粗煤气去火炬放空背压阀及前后手动阀开。

（4）确认氧气管线炉头手动阀开。

（5）确认煤浆管线炉头手动阀开。

（6）确认氧气放空阀后手动阀开。

（7）确认氧气上下游间高压氮密封阀及前后手动阀开。

（8）确认氧气管线高压氮气吹扫阀后手动阀开。

（9）确认煤浆管线高压氮气吹扫阀后手动阀开。

（10）确认氧气管线低压氮气置换手动阀关。

（11）确认燃烧室低压氮气置换手动阀间 8 字盲板倒盲。

（12）确认炉头煤浆管线双道球阀关。

（13）确认炉头煤浆管线双道阀间 8 字盲板倒盲。

（14）确认激冷室低压氮气置换手动阀关。

（15）确认激冷室低压氮气置换手动阀间 8 字盲板倒盲。

（16）确认单系列高压氮气总阀开。

（17）确认气化炉取压管线高压氮气手动阀后 8 字盲板倒通。

（18）确认气化炉取压管线高压氮气手动阀门稍开。

（19）确认抽引大阀及阀前导淋关。

（20）确认抽引大阀后 8 字盲板已倒盲。

（21）确认文丘里流量调节阀后手动阀关，前手动阀开。

（22）确认洗涤塔顶高压热密封水流量调节阀前后手动阀开。

（23）确认洗涤塔变换冷凝液流量调节阀前后手动阀开。

（24）确认低压氮气进高压闪蒸罐手动阀关。

（25）确认低压氮气进低压闪蒸罐手动阀关。

（26）确认低压氮气进真空闪蒸罐手动阀关。

（27）现场确认火炬长明灯燃烧正常。

105. 氧管线手动充压步骤有哪些？

答：（1）现场打开高压氮气单系列总阀。

（2）中控设置高压氮气压力调节阀后压力至 8.8MPa。

（3）现场打开氧气切断阀与氧气流量调节阀间高压氮气充压手动阀，给氧管线进行充压。

（4）当氧气支管充压 8.5～9.0MPa 时，及时关闭氧管线高压氮气充压手动阀。

（5）中控关闭高压氮气压力调节阀。

106. 如何建立开工氧气放空？

答：（1）现场确认单系列氧气支管放空阀后手动阀全开。

（2）现场确认框架上人员已全部撤离至安全区域。

（3）中控确认氧气切断阀与氧气流量调节阀间已用高压氮气充压至 8.5～9.0MPa。

（4）中控确认高压煤浆泵已启动。

（5）中控确认空分操作正常。

（6）中控确认氧气总管压力 8.3MPa。

（7）通知调度气化装置准备接收氧气。

（8）中控按下气化炉复位按钮，此时氧气切断阀电磁阀得电可控，氧气流量调节阀电磁阀得电可控，氧气上下游间高压氮气密封阀打开。

（9）中控打开氧气切断阀，通过缓慢调整氧气流量调节阀阀门开度，控制放空氧气标态流量在 $19500\sim20000\,\mathrm{m}^3/\mathrm{h}$。

107. 投料前的中控检查确认项目有哪些？

答：（1）确认高压煤浆转速流量、煤浆管线电磁流量分别在 $40\sim41\,\mathrm{m}^3/\mathrm{h}$。

（2）确认开工氧气管线标态流量在 $19500\sim20000\,\mathrm{m}^3/\mathrm{h}$。

（3）确认氧气支管压力在 $8.25\sim8.3\mathrm{MPa}$。

（4）确认开工激冷室液位在 $55\%\sim60\%$。

（5）确认开工洗涤塔液位在 $40\%\sim50\%$。

（6）确认激冷水流量在 $250\sim300\,\mathrm{m}^3/\mathrm{h}$。

（7）确认洗涤塔顶去火炬放空阀全开。

（8）确认煤浆循环阀阀位≥95%。

（9）确认煤浆切断阀阀位≤5%。

（10）确认氧气上游切断阀阀位≤5%。

（11）确认氧气下游切断阀阀位≤5%。

（12）确认氧气支管放空阀阀位≥95%。

（13）确认洗涤塔冷凝液流量控制阀全关。

（14）确认中心氧流量调节阀阀位开度20%。

（15）确认氧气入工段两位全开。

（16）确认烧嘴冷却水系统正常。

（17）确认煤浆管线压力 $0.8\sim1.0\mathrm{MPa}$。

（18）确认高压氮罐压力在 $11.5\sim11.8\mathrm{MPa}$。

（19）确认气液分离器液位正常（多元料浆工艺）。

（20）确认氧气流量低低联锁旁路。

（21）确认煤浆流量低低连锁旁路。

（22）确认激冷室液位低低连锁旁路。

（23）确认激冷水流量低低连锁旁路。

（24）确认烧嘴压差高高联锁旁路。

（25）确认烧嘴压差低低联锁旁路。

（26）确认渣口压差高高联锁旁路。

（27）确认运行气化炉的氧煤比已下调至470～480。

108. 锁斗顺控分哪几步？具体步骤是什么？

答：锁斗程控分5个过程，共15步。

（1）泄压过程　锁斗程控第15步，集渣过程结束，程序开始，到泄过程，程序循环计时器启动。

第一步：锁斗循环泵循环阀打开，锁斗循环泵入口阀关闭，收渣过程结束；锁斗循环泵循环阀打开，触发排渣循环周期计时器 t_1 开始计时，此时气化炉与锁斗之间的上锁渣阀关闭，确保气化炉与锁斗间的有效隔离。

第二步：上锁渣阀关闭后，锁斗泄压阀打开，泄压计时器 t_3 开始计时，通过泄压阀将锁斗压力泄压至≤0.18MPa。

第三步：确认上锁渣阀关闭且锁斗已泄压至≤0.18MPa 时，触发渣池溢流阀由开到关，将捞渣机与渣池隔离开，此时泄压过程结束，进入吹扫过程。

（2）吹扫过程。

第四步：渣池溢流阀关闭后，吹扫计时器 t_2 开始计时，此时泄压管线冲洗水阀打开，用低压灰水对锁斗泄压管线进行冲洗。

第五步：吹扫计时器 t_2 时间到，触发泄压管线冲洗水阀关闭，冲洗结束；泄压管线冲洗水阀关闭、锁斗压力≤0.18MPa 同时满足时，触发锁斗泄压阀关闭，泄压管线吹扫过程结束。

（3）排渣过程。

第六步：检测锁斗压力≤0.18MPa、锁斗泄压阀关闭、冲洗水罐液位高报时，触发锁斗冲水阀打开，锁斗进入排渣过程。

第七步：检查锁斗上锁渣阀仍为关闭状态、锁斗压力 $\leqslant$ 0.18MPa 时，锁斗下锁渣阀打开，此时触发排渣计时器 t_4 开始计时，冲洗水由锁斗冲洗水罐进入锁斗，将灰渣冲入渣池。

第八步：检测到下锁渣阀打开，排渣计时器 t_4 开始计时后，泄压管线吹扫水阀打开，对锁斗泄压管线进行吹扫冲洗。

第九部：锁斗冲洗水罐液位低报，触发排渣计时器 t_4 停止，同时触发锁斗下锁渣阀关闭；下锁渣阀关闭后，触发泄压管线吹扫水阀关闭。

第十步：锁斗下锁渣阀关闭，泄压管线吹扫水阀关闭，激发渣池溢流阀计时器 t_5 开始计时，5分钟后渣池溢流打开，将捞渣机内顶部澄清液溢流至渣池中。

第十一步：锁斗液位高报后，触发锁斗冲洗水阀关闭。

（4）升压过程。

第十二步：锁斗冲洗水阀关闭后，触发锁斗充压阀打开，充压计时器开始 t_6 开始计时，（充压用水来自高压灰水泵出口高压灰水），对锁斗进行加压。

第十三步：当锁斗与气化炉压差 $\leqslant$ 0.18MPa 时，锁斗充压阀关闭，升压过程结束。

（5）收渣过程。

第十四步：当锁斗充压阀关闭时，触发锁斗上锁渣阀打开。

第十五步：上锁渣阀打开后，触发锁斗入口阀打开。锁斗入口阀打开后，触发锁斗循环阀关闭，集渣计时器 t_7 开始计时。

此处可选择自动运行、保持、排渣方式。选择排渣，可不经集渣计时器而直接进入第一步。自动运行方式，计时器时间到，进入第一步。

以上程序控制由计时器完成，计时器自动使程序再次循环，周而复始。

109. 闪蒸系统开车步骤有哪些？

答：（1）倒通置换用低压氮气盲板，用氮气分别对高、低、真空闪蒸系统进行置换，分析取样，确认氧含量＜0.2％为合格。

（2）气化炉投料成功，系统升压至 1.0MPa。

（3）将气化炉、洗涤塔底部黑水从真空闪蒸系统切换至高压闪蒸系统。

（4）气化炉底部黑水切换完毕后，及时打开冲洗水阀，对开工管线进行彻底冲洗约 20 分钟，完后关闭冲洗水阀。

（5）确认高压闪蒸罐有液位后，设定高压闪蒸系统压力在 0.8MPa 投自动，将高压闪蒸罐液位设定在 30％～40％，与底部液位调节阀投自动。

（6）确认低压闪蒸罐有液位后，设定除氧器压力在 0.04MPa 投自动，将低压闪蒸罐液位设定在 30％～40％，与底部液位调节阀投自动。

（7）确认真空闪蒸罐有液位后，设定真空闪蒸系统压力在 50kPa 投自动，将闪蒸罐液位设定在 30％～40％，与底部液位调节阀投自动。

（8）确认真空闪蒸罐有液位后，启动真空闪蒸罐底部渣浆泵，将浓缩闪蒸后的黑水加压送往沉降槽内进行絮凝沉淀。

（9）启动絮凝剂泵，按黑水流量的 $(2\sim3)10^{-6}$ 添加量向沉降槽中加入絮凝剂。

（10）启动分散剂泵，按灰水流量的 $(80\sim100)10^{-6}$ 添加量向沉降槽溢流口灰水中加入分散剂。

（11）启动沉降槽底部渣浆泵，控制泵出口流量在 $15\sim20\text{m}^3/\text{h}$，将沉淀的黑泥送往真空过滤机中进行抽真空过滤，细渣经渣车外送，滤液收集回用。

110. 如何判断气化炉投料成功？

答：（1）气化炉头 ESD 阀门动作正常到位。

（2）气化炉高温热偶指示先降后涨。

（3）气化炉压力及洗涤塔压力上涨。

（4）气化炉液位先降后升。

（5）事故火炬被常明灯引燃。

若投料失败，应立即按下"紧急停车"按钮，停车后按正常停车步骤处理，查明原因，条件成熟后，重新开车。

111. 气化炉负荷调整时应注意哪些事项？

答：（1）气化系统加减负荷时，要遵循少量多次原则。加负荷时，先增煤浆量，后增氧气量；减负荷时，先减氧气量，后减煤浆量。

（2）气化炉加减负荷过程中，操作人员应密切关注渣口压差变化趋势，防止因氧煤比调节不及时造成下渣口堵塞。

（3）在加负荷过程中，严格控制气化炉压力、温度，防止系统压力波动过大，造成气化炉带水带灰。在增加负荷的同时，缓慢增加气化炉激冷水量，缓慢加大气化炉及洗涤塔排黑量；缓慢增大洗涤塔塔盘冲洗水流量。

（4）在增加气化炉激冷水量及增加除氧水（高压灰水）进洗涤塔量时，为确保安全，安排现场人员密切关注灰水循环泵（激冷水泵）及除氧水泵（高压灰水泵）电流，防止泵出口流量突然升高，造成泵超电流跳车，酿成事故。

（5）正常生产中密切关注烧嘴压差、气化炉表面温度、粗煤气有效气体成分变换趋势，当发现有效气体中甲烷含量升高时，应适当增加氧煤比，提高气化炉操作温度；当发现有效气体中二氧化碳含量升高时，应适当减少氧煤比，降低气化炉操作温度。

（6）在增加氧煤比操作过程中，一般会发生因炉温的升高，致使气化炉燃烧室内壁大量挂渣流向渣口，导致下渣口排渣不畅，严重时还会造成气化炉被迫停炉，因此在增加氧气流量过程中要遵循量少次多的原则，即每增加 0.1% 观察 10 分钟，总加氧量不要超过 1%。在此过程中需注意两点：一是注意观察气化炉表面壁温，防止出现一心提温不顾壁温；二是注意燃烧室与激冷室压差。提温初期，2～4 小时内会逐渐上升（但不能影响生产），4 个小时后压差才会慢慢降下去，约 8 小时，渣口正常，压差也恢复正常。

112. 气化炉停工步骤有哪些?

答:(1)停工前的准备工作 ①停车前30分钟,适当加大氧煤比,将炉温提高50~100℃,对炉壁挂渣进行熔渣;②联系仪表,解除灰水循环泵(激冷水泵)自启动联锁;③联系空分装置,解除氧气放空联锁;④通知下游装置调整运行负荷;⑤中控降低另一台运行气化炉氧煤比值。

(2)启动停车程序 ①接调度停车指令后,中控按下停车按钮,启动气化炉停车程序,同时确认以下阀门动作正常到位;②氧气上游切断阀关闭;煤浆切断阀关闭;③氧气流量调节阀电磁阀失电,由可控到关;氧气入工段两位阀电磁阀失电,由可控到关;④氧气下游切断阀关闭;氧气管线高压氮气吹扫阀打开;⑤氧气管线高压氮气吹扫阀打开后延时5秒,触发煤浆管线高压氮气吹扫阀打开;⑥煤浆管线高压氮吹扫8秒时间到后,触发煤浆管线高压氮气吹扫阀关闭;⑦煤浆管线高压氮气吹阀关闭后,延时2秒钟,氧气管线高压氮气吹扫阀关闭;⑧氧气管线上下游间高压氮气密封阀打开;⑨洗涤塔顶去变换工段手动调节阀电磁阀失电,由可控到关。

(3)停车后的现场操作 ①关闭氧气管线炉头手动阀;关闭煤浆管线炉头手动阀;关闭洗涤塔顶粗煤气去变换工段手动阀;②系统压力降至1.0MPa后,及时进行黑水切换;系统压力降至0.4MPa后,及时配合保运人员进行停工盲板抽堵作业;③系统泄压结束后,将激冷水切换成烘炉预热水循环(若停工气化炉准备检修时,执行此步骤);④系统泄压结束后,配合中控对氧气管线进行泄压操作;氧管线泄压结束后,配合中控对煤浆管线进行泄压操作;系统泄压结束后,配合中控对气化系统进行氮气置换;煤浆管线泄压结束后,配合中控冲洗煤浆泵;⑤工艺烧嘴拔出前,将烧嘴冷却水由硬管切换至软管状态;⑥系统氮气置换合格后,投用抽引系统,拔出工艺烧嘴;⑦工艺烧嘴拔出后,视情况用柴油或驰放气烘炉。

（4）停车后的中控操作　①手动关闭中心氧流量调节阀；关闭氧气流量调节阀；②确认洗涤塔去火炬放空阀关闭，系统保压循环30分钟；③加大气化炉、洗涤塔底部排黑量，对设备内进行清水置换；加大闪蒸系统排黑量，对闪蒸罐内积灰进行冲洗置换；④停运锁斗系统，手动收排渣次数不少于四次，以达到排空锁斗内积渣；⑤保压循环时间到，对气化系统进行泄压；系统压力降至1.0MPa后，及时通知现场进行黑水切换；⑥系统泄压结束后，对氧气管线进行泄压；氧气管线泄压结束后，对煤浆管线进行泄压；煤浆管线泄压结束后，及时安排现场冲洗煤浆泵；系统泄压结束后，及时通知现场将激冷水切换成烘炉预热水循环；系统泄压结束后，安排现场氮气置换；⑦停运炉烧嘴冷却水硬管切换软管前，确认运行炉烧嘴冷却水联锁已旁路；⑧通知现场烧嘴冷却水硬管切软管；⑨系统氮气置换合格后，安排现场投用蒸汽抽引，拔出工艺烧嘴；⑩工艺烧嘴拔出后，视情况用柴油或驰放气烘炉。

113. 磨煤机内部撞击声大的原因及处理方法有哪些？

答：原因　①磨煤机负荷低，造成进料量太少；②磨煤机内钢衬板脱落；③乱棒。

处理方法　①加大进料量，提高磨煤机运行负荷；②停机检查并固定衬板；③磨煤机停机，检查更换整理乱棒。

114. 磨煤机主轴承温度高的原因及处理方法有哪些？

答：原因　①循环油供油量少或油质变坏；②循环冷却水温度高或循环水量小；③轴及轴瓦配合不协调；④磨机长时间空负荷运转。

处理方法　①加大供油量或更换新油；②联系调度降低循环水温度或增大循环量；③停机查找原因并检修；④及时投加物料，减少空转时间。

115. 磨煤机正常运转中出现包棒的原因及处理方法有哪些？

答：原因　磨煤机给煤量过多给水量过少。

处理方法 调整煤水比例。

116. 磨煤机进煤量低的原因及处理方法有哪些？

答：原因 ①煤仓下料斗堵；②煤称量给料机故障；③磨机入口溜槽堵；④煤仓内无煤。

处理方法 ①启动煤仓振打器，敲打煤斗锥部，必要时停机拆开下料口处手孔进行疏通；②停机检查煤称量给料机；③煤称量给料机停，溜槽处加水人工疏通；④立即联系调度上煤。

117. 助熔剂给量偏低的原因及处理方法有哪些？

答：原因 ①石灰石料斗出口堵；②螺旋给料机故障；③料仓内无石灰石。

处理方法 ①敲打石灰石料斗锥部，打开料仓底部压缩空气疏通，必要时停车拆下料口；②停机检查螺旋给料机；③及时联系供货商送石灰石。

118. 磨煤机给水量低的原因及处理方法有哪些？

答：原因 ①制浆水调节阀故障；②制浆水泵打量下降；③制浆水管线存在泄漏点；④制浆水管线管壁结垢严重。

处理方法 ①联系仪表检修调节阀；②开启备用泵，停运行泵检修；③对制浆水管线泄漏点进行消漏；④及时切换备用管线，高压清洗故障管线。

119. 磨煤机电流偏低的原因及处理方法有哪些？

答：原因 ①磨煤机给料量偏少；②磨煤机内钢棒数量减少或加棒量不足。

处理方法 ①适当增加煤给料量；②按比例添加钢棒。

120. 磨机出料槽液位高的原因及处理方法有哪些？

答：原因 ①煤浆泵转速与磨煤机负荷不匹配；②低压煤浆泵

单缸不打量；③低压煤浆泵入口堵塞，造成泵吸入量不足；④磨煤机负荷过大。

　　处理方法　①根据磨机负荷，及时提高泵转速，磨机运行稳定后，及时投用液位联锁；②提高泵转速或用大锤敲击泵进出口单向阀，使其回座，必要时停泵检修；③检查煤浆稳定性，及时清理堵塞管道；④根据煤浆泵转速，适当调整磨机负荷。

121. 煤浆黏度大的原因及处理方法有哪些？

　　答：原因　①添加剂量与磨机负荷不匹配；②煤浆粒度变细；③煤浆浓度过高；④添加剂与煤种不匹配。

　　处理方法　①根据磨机负荷变化，及时调整添加剂量；②及时加大磨机负荷或改变钢棒级配；③适当降低煤浆浓度。根据煤种情况，及时联系厂家调整添加剂配方。

122. 煤浆管道堵塞的原因及处理方法有哪些？

　　答：原因　①管道内煤浆停留时间过长；②煤种变化，造成煤浆稳定性变差；③泵入口管道内进入较大杂物。

　　处理方法　①停泵，加冲洗水疏通管道或拆检；②及时调整添加剂量或更换添加剂配方；③停泵拆检疏通管道，检查滚筒筛网。

123. 制浆水槽液位不正常的原因及处理方法有哪些？

　　答：原因　①液位计故障；②制浆水槽流量调节阀故障；③灰水进制浆水槽管线堵塞。

　　处理方法　①联系仪表检查液位计；②上水管线切至旁路，联系仪表检修；③改用原水磨煤，切出灰水管线，安排高压清洗。

124. 煤浆粒度变粗的原因及处理方法有哪些？

　　答：原因　①磨机负荷过大；②钢棒级配不合理；③煤质发生变化；④滚筒筛筛网破。

　　处理方法　①适当降低磨煤机负荷，调整进料量；②调整钢棒级配；③及时向调度汇报，更换筒仓；④停磨机，检查修补筛网。

125. 煤浆粒度变细的原因及处理方法有哪些？

答：原因　①磨机负荷过小，造成给煤量太少；②钢棒级配不合理；③煤质发生变化。

处理方法　①适当增大磨机负荷，调整给煤量，缩短煤粒在磨机内停留时间；②调整钢棒级配；③及时向调度汇报，更换筒仓。

126. 磨煤机滚筒筛甩浆的原因及处理方法有哪些？

答：原因　①煤浆黏度升高；②滚筒筛筛网堵塞；③煤浆浓度高；④煤浆粒度增多。

处理方法　①增加添加剂用量，降低煤浆黏度；②加水冲洗筛网；③适当降低煤浆浓度；④调节钢棒级配及进料量。

127. 煤浆泵打量不正常的原因及处理方法有哪些？

答：原因　①泵入口管堵塞；②泵入口手动阀门未全开；③高位油箱油位过低，补油阀外漏；④泵进出口单向阀故障（如卡塞、单向阀体噪声检测报警、泵体有异常震动或响声）；⑤泵软管破裂（软管间压力开关高报、高位油箱油位下降）。

处理方法　①停泵加清水疏通入口管道；②全开入口手动阀门；③向高位油箱内及时补充液压油；④停泵拆检进出口单向阀；⑤打开压力开关丝堵，若流出液为煤浆，则为内软管破裂；若流出液为润滑油，则为外软管破裂，视情况进行停泵检修。

128. 煤浆泵泵出口压力波动大的原因及处理方法有哪些？

答：原因　①泵出口缓冲罐气囊压力低；②出口缓冲罐气囊损坏；③单缸不打量（软管破裂、单向阀卡塞、隔膜腔堵塞）。

处理方法　①出口缓冲罐气囊内充高压氮气；②停泵检修更换气囊；③停泵检修。

129. 煤浆泵油箱内液位下降的原因及处理方法有哪些?

答：原因 ①内外软管破裂，造成油箱内油位快速下降；②活塞密封处有泄漏，造成油位缓慢下降。

处理方法 ①及时停泵，拆检更换内外软管，彻底清洗液压腔、油箱及补油阀；②及时补油，择机停泵，拆检更换活塞密封圈。

130. 煤浆泵软管间压力开关报警的原因及处理方法有哪些?

答：原因 ①内软管或外软管破损；②软管间防冻液添加过多。

处理方法 ①打开压力开关丝堵，若流出液为煤浆，则为内软管破裂；若流出液为润滑油，则为外软管破裂，视情况进行停泵检修；②打开压力开关丝堵，将多余防冻液排出。

131. 煤浆泵高位油箱内液压油变色（变混浊）的原因及处理方法有哪些?

答：原因 ①内外软管故障；②液压油使用周期过长。

处理方法 ①打开压力开关丝堵，判断破损软管，停泵检修。清洗软管外壳及液压油内腔、活塞、活塞密封件及漏泄补油阀和过压安全阀；②停泵更换新油。

132. 润滑油泵震动大的原因及处理方法有哪些?

答：原因 ①泵体内有空气；②出口压力超过额定值；③泵内零部件磨损；④泵轴与电机轴同心度不好。

处理方法 ①排除泵体内空气；②调低出口压力；③更换磨损零件；④调整同心度。

133. 润滑油泵出口压力太低的原因及处理方法有哪些?

答：原因 ①过滤器堵塞；②调压阀故障；③吸入管堵塞；④油路管线吸入空气；⑤油滑油温太高；⑥润滑油黏度太低；

⑦油泵故障。

处理方法　①切换过滤器，清洗或更换过滤元件；②修理或更换调压阀；③疏通吸入管线；④检查吸入管，消除泄漏；⑤增加外置风机，强制降温；⑥检查润滑油黏度，必要时换油；⑦检查油泵，切换备用油泵。

134. 润滑油流量不足的原因及处理方法有哪些?

答：原因　①泵内零件间隙大；②溢流阀回油口打开；③回流阀未关死；④压力开关下限调定过低；⑤出口油过滤器堵塞。⑥油的黏度过高。

处理方法　①调整间隙或更换零件；②调整溢流阀出口压力；③关死回流阀；④重新调定下限值；⑤清洗或更换过滤器；⑥提高油温或更换黏度适中的油。

135. 润滑油油温过高的原因及处理方法有哪些?

答：原因　①冷却器冷却水量不够；②系统压力过高溢流阀长期溢流；③油箱内油量不足；④电加热器失控长期处于加热状态；⑤设备摩擦热过大。

处理方法　①开大冷却水进出口阀，必要时增加外置风机强制降温；②调大油泵出口间隙，降低泵出口压力；③及时向油箱内添加同牌号润滑油至正常液位；④联系电仪人员，及时检查修复电加热器；⑤停机检查转动部位，适当调大摩擦部位间隙值。

136. 煤浆泵正常运行中出现异常响声的原因及处理方法有哪些?

答：原因　①单缸不打量，造成曲轴受力不均匀；②电机与底盘连接螺栓松动；③电机轴承受损；④减速箱问题；⑤曲轴箱问题；⑥出口缓冲罐压力低。

处理方法　①用听棒检测单向阀动作是否正常，必要时停机检修；②紧固松动螺栓；③停机更换轴承；④检测减速箱；⑤检查曲轴箱；⑥出口缓冲罐气囊内充高压氮气。

137. 计量泵不排液或排液压力不足或流量不足的原因及处理方法有哪些？

答：原因 ①吸入管线堵塞或入口手动阀未开或入口滤网脏；②缸头内吸入阀或排出阀损坏，或被异物卡住；单向阀密封面太脏或磨损；③安全阀动作不正常；④吸入液面过低或泵抽空。

处理方法 ①疏通管线或开大入口手动阀或清理滤网；②停车检修单向阀或清理异物；③调校安全阀；④提高物料液位。

138. 计量泵泵体内发出冲击声的原因及处理方法有哪些？

答：原因 ①各运动部件间隙磨损严重；②泵行程太大。
处理方法 ①停车检查修理；②适当调小泵行程。

139. 计量泵计量精度降低的原因及处理方法有哪些？

答：原因 柱塞零点偏移。
处理方法 重新校正柱塞零点。

140. 计量泵泵体零件过热的原因及处理方法有哪些？

答：原因 ①传动机构中润滑油量过多或不足或油中有杂质；②各运动件润滑情况不好；③填料压得过紧。

处理方法 ①调整油量或更换新油；②检查清洗各油孔；③调整填料压盖。

141. 制浆水泵打量低或出口压力低的原因及处理方法有哪些？

答：原因 ①水泵转动方向错误；②叶轮或进水管道堵塞；③进水管路及填料漏气；④叶轮磨损过大或脱落；⑤泵入口管道或叶轮结垢严重；⑥入口手动阀未开或水位太低。

处理方法 ①停泵，联系电工处理；②停泵清理杂物；③检查并消除漏气现象；④停泵检修或更换；⑤停泵检查，清理垢片；⑥打开入口手动阀或补足水位。

142. 离心式低压煤浆泵封液回油温度高的原因及处理方法有哪些?

答：原因　①封液压力过高；②冷却水量减小或断流；③机械密封损坏。

处理方法　①减小液封压力至规定值；②检查冷却水水源及其管路系统；③更换损坏零件。

143. 离心式低压煤浆泵封液压力异常的原因及处理方法有哪些?

答：原因　①封液回路有漏气、漏油现象；②机械密封油有泄漏现象。

处理方法　①检查封液回路各接点；②检查机械密封。

144. 离心式低压煤浆泵虹吸罐封液液位低的原因及处理方法有哪些?

答：原因　①长期运行封液的正常泄漏；②机械密封油泄漏现象。

处理方法　①检查封液回路各接点；②检查更换机械密封。

145. 离心式低压煤浆泵有故障而未报警的原因及处理方法有哪些?

答：原因　①接点式仪表未接好；②接点式仪表设置问题；③接点式仪表故障；④PLC程序出现故障。

处理方法　①检查相应接点；②重新设置；③维修仪表；④修正程序。

146. 离心式低压煤浆泵主泵输出压力低（或流量小）的原因及处理方法有哪些?

答：原因　①主泵转速低；②泵体内过流部件有堵塞；③泵叶轮磨损严重；④泵进出口管路有堵塞；⑤旋转方向错误。

处理方法　①检查远程反馈信号和电气控制回路；②重新冲洗

泵体，必要时拆泵排除；③更换叶轮；④检查相关管路并排除堵塞；⑤纠正电机的旋转方向。

147. 离心式低压煤浆泵轴承体温度高的原因及处理方法有哪些？

答：原因 ①冷却水量小或断流；②联轴器不对中；③轴承损坏；④轴承润滑油少；⑤轴承润滑油不清洁；⑥轴承部位有气体。

处理方法 ①检查冷却水水源及其管路系统；②联轴器校中；③更换轴承；④补充轴承润滑油；⑤更换轴承润滑油；⑥将气体排尽。

148. 离心式低压煤浆泵震动大的原因及处理方法有哪些？

答：原因 ①转子过流有部分堵塞；②流量过大出现气蚀；③泵轴与电动机轴不同心；④轴承损坏；⑤进口处有空气吸入；⑥在临界转速运转；⑦地脚螺栓松动。

处理方法 ①冲洗泵过流部件，必要时拆泵排除；②调节流量；③校正泵轴与电动机轴的同心度；④更换轴承；⑤检查并堵塞漏气处；⑥避开临界转速；⑦拧紧地脚螺栓。

149. 离心式低压煤浆泵泵内声音异常的原因及处理方法有哪些？

答：原因 ①泵有气蚀现象；②泵内可能有异物；③泵转子零件可能部分损坏。

处理方法 ①检查进口管路；②必要时拆泵排除；③拆泵更换受损零件。

150. 离心式低压煤浆泵泵消耗功率过大的原因及处理方法有哪些？

答：原因 ①流量过大；②转速过快；③泵内零件摩擦；④零件磨损严重；⑤电机缺相。

处理方法 ①减少流量；②降低转速；③调整间隙并消除摩擦；④更换受损零件；⑤检查控制回路。

151. 离心式低压煤浆泵过载报警的原因及处理方法有哪些？

答：原因　过负荷、电机故障。

处理方法　检查流量和泵电机。

152. 离心式低压煤浆泵电机不转（由变频器检测和保护）的原因及处理方法有哪些？

答：原因　①泵体内碰；②泵过流部位严重堵塞。

处理方法　①拆泵检查；②拆泵检查。

153. 离心式低压煤浆泵接地故障（由变频器检测和保护）的原因及处理方法有哪些？

答：原因　电气接地有问题。

处理方法　检查接地回路。

154. 离心式低压煤浆泵缺相（由变频器检测和保护）的原因及处理方法有哪些？

答：原因　①相关电源接头松动；②相关电气元件损坏。

处理方法　①检查并紧固；②更换相关电气元件。

155. 离心式低压煤浆泵短路（由变频器检测和保护）的原因及处理方法有哪些？

答：原因　相关电气元件损坏。

处理方法　更换相关电气元件。

156. 简述捞渣机常见故障及排除办法

答：（1）张紧轮与轴分体转动故障；处理办法是重新更换张紧轮。

（2）链条断，脱落故障；处理办法是更换新的接链环。

（3）张紧轮到位，无法再进行张紧工作故障；处理办法是张紧系统卸压，重新截链，截链数量为 3 个，截链环安装为垂直位置。

（4）液压张紧系统润滑油报警故障；处理办法是清理润滑油站滤网。

（5）刮板脱落故障；处理办法是更换刮板，并检查相邻刮板磨损情况。

（6）内导轮卡塞，不转故障；处理办法是清理内导轮内渣子或更换内导轮。

（7）刮板捞渣机由于处理缺陷超出 12 个小时，无法启动故障；处理办法是清理积渣，并空负荷启动。

157. 过滤机滤液变浑浊的原因及处理方法有哪些？

答：原因　①滤布宽度不够；②滤布有破损；③滤布不够密；④进料量太大，溢出滤布；⑤卸料不净或滤布没洗净；⑥料浆变化，造成透滤。

处理方法　①更换合适滤布；②修补或更换；③更换合适的滤布；④减小进料量；⑤调整卸料刮板，检查冲洗装置；⑥减小进料量，检查沉降槽沉降效果。

158. 过滤机滤饼洗涤不净的原因及处理方法有哪些？

答：原因　①洗涤区段太短；②洗涤水槽流水不均匀；③洗涤水太少。

处理方法　①增加洗涤槽；②调节洗涤水槽水平度；③加大冲洗水量。

159. 过滤机滤布跑偏的原因及处理方法有哪些？

答：原因　①滤布宽度发生变化；②纠偏气缸推力不足；③气路接错；④电磁换向阀失灵；⑤纠偏气管路堵塞或泄漏；⑥布料不均引起滤饼不均；⑦滤带没有清洗干净。

处理方法　①调整传感器位置；②提高气源压力；③重新接；④检修或更换；⑤检修气管路；⑥改进布料方法；⑦加大滤布冲洗

水量。

160. 过滤机滤布出现折皱的原因及处理方法有哪些?

答：原因 ①滤布跑偏；②橡胶滤带跑偏；③纠偏装置工作不正常；④张紧装置失灵。

处理方法 ①停机，人工排除故障；②调整主、从动轮与机架轴线垂直；③检修纠偏装置；④检修调整张紧装置。

161. 过滤机滤布清理不净的原因及处理方法有哪些?

答：原因 ①滤饼含湿量太高；②刮刀和滤布间间隙过大；③滤布选择不合适；④喷水管或喷头堵塞；⑤刷辊毛刷磨损失效；⑥清洗水压力不足。

处理方法 ①检查调整真空度；②调节间隙及刮刀压紧力；③更换滤布；④清理疏通喷水管及喷嘴；⑤更换刷辊毛刷；⑥开大冲洗水阀，检查冲洗水压力。

162. 过滤机滤布自动纠偏装置失灵的原因及处理方法有哪些?

答：原因 ①感应板卡住（无法感应）；②气路管道堵塞或泄漏；③接近开关损坏；④二位五通阀线圈烧坏；⑤汽缸漏气；⑥纠偏辊磨损后，滤布无法移动；⑦纠偏轨滑道有杂质。

处理方法 ①调整安装位置；②检修气路管道；③更换接近开关；④更换二位五通阀；⑤检修或更换密封圈；⑥更换损坏纠偏棍，重新调校；⑦清洗，加润滑剂。

163. 过滤机滤布不能连续移动甚至倒回的原因及处理方法有哪些?

答：原因 ①张紧力不够，造成滤布与头轮打滑；②滤布过长；③头轮表面有异物；④真空阀的切换时间不对；⑤滤布搭接处被刮刀卡住；⑥滚筒卡住不转；⑦头轮表面橡胶太光滑。

处理方法 ①加大张紧缸的操作压力；②裁短后重新缝接；

③清除异物；④校正接近开关位置；⑤调小刮刀间隙或者检修滤布的缝接；⑥检修滚筒，添加润滑油；⑦使之粗糙。

164. 过滤机返回时滤室处于真空状态的原因及处理方法有哪些？

答：原因　①切换阀工作失常；②切换阀切换时间太迟；③切换阀真空口切换不严密。

处理方法　①汽缸检修；②行程开关向后调节；③检修阀后密封座平面。

165. 过滤机滤布上真空度不足的原因及处理方法有哪些？

答：原因　①切换阀失常；②真空泵抽负压不好；③滤布布料不均匀；④滤机真空系统存在泄漏；⑤滤布破损；⑥滤布严重跑偏。

处理方法　①检查切换阀；②检修真空泵及管路，消除堵塞和泄漏；③改进布料器进料方式；④消除胶带各连接处泄漏点；⑤修补或更换滤布；⑥停机，纠正跑偏滤布。

166. 除氧水泵（高压灰水泵）启动后无流量、无压力的原因及处理方法有哪些？

答：原因　①泵内没有充满液体；②吸入管路过滤器堵塞，造成了过滤器前后压差变大，吸入量减小。

处理方法　①启泵前开泵出口高点排气；②投用备用过滤器，清理故障过滤器。

167. 除氧水泵（高压灰水泵）震动异常的原因及处理方法有哪些？

答：原因　①流量过小或过大、发生气蚀；②地脚螺栓或联轴器松动；③联轴器未对正；④电机转子不平衡；⑤机械原因不明、轴弯曲。

处理方法　①调节出口阀门使其达到泵规定值；②停泵紧固松

动螺栓；③停泵，重新连接联轴器；④重新做动平衡；⑤停泵拆检。

168. 除氧水泵（高压灰水泵）流量不足或扬程偏低的原因及处理方法有哪些？

答：原因　①装置总扬程超过泵的设定值；②电机转速不足或反转；③泵内件磨损严重。

处理方法　①降低管路阻力；②查明转速低原因并检修，电气检修电机；③停泵检修，更换磨损部件。

169. 除氧水泵（高压灰水泵）泵体内水外溅严重的原因及处理方法有哪些？

答：原因　①泵密封水开度过大；②轴机封磨损泄漏。

处理方法　①关小轴密封水，不能关死，确保流量在正常值；②停泵更换机封。

170. 除氧水泵（高压灰水泵）噪声大的原因及处理方法有哪些？

答：原因　①气蚀；②部件松动；③电机噪声大。

处理方法　①降低入口温度，增加净压头，检查入口管路是否堵塞；②拧紧或更换部件；③用听棒检查电机。

171. 除氧水泵（高压灰水泵）前后轴承温度过高的原因及处理方法有哪些？

答：原因　①轴承与轴承盖间隙过小，造成相互摩擦；②油量不足，油污染；③循环冷却水量不足；④泵体轴向窜量大；⑤机封激冷水量低。

处理方法　①停泵重新调整间隙；②加油或排净被污染油，清洗油箱后加注新油；③加大循环水量；④停泵检修；⑤适当加大机封激冷水量。

172. 除氧水泵（高压灰水泵）电机过载的原因及处理方法有哪些？

答：原因　①泵体内部异物卡死；②泵出口流量过大；③电机选型错误。

处理方法　①停泵拆检；②降低泵出口流量；③根据生产需要，重新选型。

173. 破渣机液压动力装置不能起动的原因及处理方法有哪些？

答：原因　①电动机主电压不足；②控制电压不足；③启动条件不足。

处理方法　①检查供电系统；②检查动力装置的控制系统，排除控制系统故障；③观察文本显示器报警故障信息，及时排除。

174. 破渣机马达不转的原因及处理方法有哪些？

答：原因　①旋转伺服控制系统失效；②系统压力过高；③无控制信号。

处理方法　①检测伺服压力是否正确无误；②检查系统压力是否超过压力补偿器的设定值；③检查控制功能。

175. 破渣机液压动力装置噪声异常的原因及处理方法有哪些？

答：原因　①吸油管不畅；②供油压力过低；③泵连续吸气；④油箱上的空气滤清器堵塞；⑤联轴器中的弹性件磨损；⑥泵磨损。

处理方法　①检查吸油管球阀是否全开；②检查供油压力是否正确；③检查通向供油泵的吸油管是否漏气，方法是检查管接头上是否漏油并倾听泵内噪声的变化；④更换滤芯；⑤更换弹性件；⑥更换泵或维修泵。

176. 破渣机液压动力装置内无压力的原因及处理方法有哪些？

答：原因　①油泵转向错误；②高压先导控制装置没有闭合。

处理方法 ①更换电机的相线，改变旋向；②清洗并修理高压先导控制装置。

177. 破渣机液压动力装置磨损过量的原因及处理方法有哪些？

答：原因 ①液压油黏度太低；②磨蚀材料在泵的作用下和液压流体一起循环流动；③油泵入口进入空气，产生气蚀。

处理方法 ①更换液压油；②检查清洗油过滤器，必要时直接更换过滤器；③查出漏气点并维修好，排尽油路系统中的空气。

178. 破渣机液压动力装置油温过高原因及处理方法有哪些？

答：原因 ①油冷器堵塞，换热效率下降；②油冷器冷却水量偏小；③液压油油质变差。

处理方法 ①定期清洗油冷器；②加大冷却水量；③及时更换液压油。

179. 激冷水流量偏低的原因及处理方法有哪些？

答：气化炉运行中，引起激冷水流量变低的原因很多，主要原因如下。

（1）系统内得不到有效新鲜水的补给，造成灰水中总溶固、总碱度、总硬度等超标，灰水水质变差，在管道内部结垢，堵塞管道和激冷水过滤器。

（2）除氧水泵（高压灰水泵）频繁故障，导致系统灰水循环量达不到设计要求，为保证气化炉、洗涤塔液位，不得不通过大幅度减少排黑量来维持整个系统水平衡，如此从洗涤塔返回气化炉内灰水中固含量升高，最终堵塞激冷水过滤器、激冷环等，造成激冷水量大幅度下降。

（3）频繁的开停工，使得管道内部附着的垢片在冷热交替变化中不断脱落，最终堵塞过滤器、激冷环等。

（4）灰水分散剂、絮凝剂等添加量不足或选型错误等，也是造成激冷水管道内壁结垢的重要原因。

（5）灰水循环泵（激冷水泵）故障。

为有效确保激冷水量的稳定，主要处理方法如下。

（1）尽可能多向系统内增加新鲜水的补给，同时增大外排废水量，使系统水得到有效的置换，确保灰水中各项指标的稳定。

（2）加强除氧水泵（高压灰水泵）的日常维护保养工作，确保其运转正常，为气化系统提供足量的工艺水。

（3）尽可能地避免频繁开停工，以减少管道内部垢片脱落堵塞管道。

（4）针对煤种变化的情况，适时增大分散剂、絮凝剂添加比例或更换配方，以达到药品与灰水水质的完美匹配。

（5）若因灰水循环泵（激冷水泵）故障造成的激冷水量的下降，可通过立即启动备用泵来消除激冷水量的下降。

另外，在每次停车检修中，需加大对激冷水管线、排黑管线、激冷水过滤器及静设备内部的高压清洗工作，确保将管道内部残渣或垢片及时清洗干净，满足正常开工需要。

180. 气化炉排黑流量偏低的原因及处理措施有哪些？

答：原因如下。

（1）气化炉激冷水管线结垢，造成激冷水量偏低，为确保气化炉液位，通过降低排黑量来维持系统运行。

（2）除氧水泵（高压灰水泵）故障，造成洗涤塔液位波动，为确保洗涤塔液位，通过减少激冷水量来维持水系统平衡。

（3）气化炉内水质变差，造成粗煤气带水，激冷室液位快速下降，为了保证激冷室液位，错误关小或关闭了气化炉排黑阀。

（4）频繁开停工，造成设备内壁及排黑管线垢片脱落，堵塞排黑管线或阀门。

处理措施如下。

（1）正常生产中，稳定系统加药量，确保灰水各项指标在指标范围内运行，一旦发生激冷水量偏低无法维持系统正常生产运行时，可适当降低系统负荷，避免系统长时间在激冷水流量偏低情况下运行。

（2）除氧水泵（高压灰水泵）出现故障时，需根据水系统平衡状况，及时减负荷运行，杜绝长时间在激冷水流量偏低情况下运行。

（3）发生气化炉带水时，及时调整系统负荷，同时按照大排大补原则，加大系统灰水使用量，同时加大气化炉排黑量，对整个系统水质进行有效置换，不提倡一味追求提高气化炉液位而关小甚至关死气化炉排黑量的方式操作。

（4）气化系统运行中，需精心操作，避免不必要开停工次数，充分利用系统停车检修间隙，安排人员对设备内壁积灰、激冷水管线、排黑管线进行彻底清洗，为系统的长周期稳定运行创造良好基础。

181. 气化炉渣口堵塞的原因、现象及处理方法有哪些？

答：主要原因如下。

在操作过程中，对气化炉的温度控制不好造成的，长时间的低温操作，或长时间的低温操作后又小幅度提温，导致燃烧室下渣口的熔渣积累过多，造成下渣口尺寸过小，渣口压差严重超标；还有在正常生产中，煤种突然发生变化，造成气化炉的操作温度低于黏温特性临界温度时，灰渣流动性变差，甚至不能流动，炉壁挂渣厚度增加，在流经渣口时大量熔渣固化，造成玻璃体灰渣难以排出，最终在渣口堆积而导致渣口堵塞，即发生气化炉渣堵现象。

气化炉正常运行时渣口堵塞的现象主要表现：①渣口压差升高；②捞渣机渣量减小；③捞渣机电流偏小；④锁斗温度异常；⑤气体成分发生变化。

处理方法如下。

出现渣口不畅的情况时，应及时调整氧煤比，提高炉膛温度，缓慢熔渣。这个过程不能太急，且加氧要严格遵守少量多次的原则，避免造成渣口再次缩小，在提温熔渣过程中，渣口压差会出现快速上涨，维持一定时间后又会大幅度下降，这种现象属于正常，操作人员可不必紧张，在此过程中，只要密切关注炉壁表面热偶温度、气体成分、气化炉液位、捞渣机电流等关键参数变化情况，一般熔渣过程需持续 8 小时左右，当渣口恢复正常，气体成分相对稳定后，可适当减小氧煤比，再观察几个小时，确认无反复迹象，恢复到正常操作温度运行。如果在熔渣过程中发现渣口堵塞比较严重时，则需适当降低系统运行负荷，再通过提高操作温度的方法进行熔渣处理。

还有一种情况，渣口压差指示偏高，但锁斗出渣量、气体成分等均未有异常变化，这主要是因出气化炉粗煤气管道内部结垢所致，此时不论采取任何方法，均无法使其恢复正常，只有等系统停车后对结垢管线进行高压清洗。

182. 文丘里洗涤器堵塞的现象有哪些？如何避免文丘里洗涤器堵塞？

答：对文丘里的操作主要是维持进出灰水流量的稳定，防止气体通道积灰和结垢。文丘里洗涤器出现堵塞的现象主要如下。

（1）文丘里进出口压差变大。

（2）进入文丘里的灰水流量明显减少。

（3）出洗涤后粗煤气中微尘含量超标。

正常生产中，需按以下要求对文丘里洗涤器进行操作。

（1）密切关注进入文丘里的灰水流量，防止灰水流量长时间偏低。

（2）防止气化炉在激冷水流量较小、液位较低时长时间运行。

（3）做好絮凝剂和分散剂的配制、添加工作，降低灰水含固量。

183. 如何确保洗涤塔出口粗煤气中含灰量在指标范围内？

答：（1）正常生产中，严格控制气化炉、洗涤塔液位在工艺指标范围内。

（2）加强对气化炉、洗涤塔底部排黑流量的监控，在维持气化炉、洗涤塔液位的情况下，应尽可能加大排黑流量。

（3）尽可能维持激冷水流量的稳定，避免在激冷水流量偏低情况下长时间运行，保证文丘里洗涤器内灰水流量的稳定。

（4）根据气化炉运行负荷，及时调整洗涤塔塔盘喷淋水流量。

（5）加强絮凝剂的配制和添加工作，确保黑水在沉降槽内有效絮凝沉降。

（6）加强过滤机日常维护保养工作，确保过滤机正常运转。

（7）严格控制操作温度，避免因气化炉内热负荷突然增大造成气化炉带灰、带水。

（8）停车检修期间，加强对文丘里洗涤器、洗涤塔塔盘、塔顶除沫器等内件的检查清洗工作，确保洗涤塔运行正常。

184. 如何防止锁斗系统堵塞？

答：（1）正常生产中气化炉操作温度在灰熔点温度上 50～100℃操作，避免降低炉温操作。

（2）严格控制锁斗循环泵出口流量在指标范围内运行，避免长时间低流量下运行。

（3）加强破渣机的日常巡检和维护工作，保持破渣机运行状态良好。

（4）锁斗手动排渣时，须严格按照操作步骤执行，杜绝在冲洗水阀未打开情况先打开锁斗下锁渣阀，造成锁斗干排渣，堵塞排渣管线。

185. 气化炉预热升温时，回火、熄火的原因及处理方法有哪些？

答：原因 ①真空度低；②柴油雾化不好；③激冷室液位高；④蒸汽压力波动；⑤抽引管线有漏点；⑥蒸汽管网带水；⑦渣口堵塞。

处理方法 ①提高真空度；②减少柴油量或加大雾化用压缩空气量；③降低激冷室液位；④联系调度，稳定蒸气压力，若真空度较低，可适当提高真空度，加燃气量；⑤消除漏点；⑥增加蒸汽沿途排凝阀开关频次；⑦及时熄火，观察渣口大小，安排疏通渣口。

186. 闪蒸罐超温，超压的原因及处理方法有哪些？

答：原因　①闪蒸罐液位偏高；②换热器管程，壳程，结垢严重，换热效率低；③管线堵塞；④进入闪蒸罐黑水量过大。

处理方法　①降低闪蒸罐液位；②利用停车检修时间，对换热器进行高压清洗；③对管线进行在线疏通；④根据前系统液位，使得控制进入闪蒸罐内黑水流量。

187. 洗涤塔粗煤气带水的原因及处理方法有哪些？

答：原因　①系统负荷大；②系统（压力、温度、液位波动）波动大；③系统水质差；④气化炉带水；⑤洗涤塔液位高；⑥洗涤塔塔板、除沫器坏；⑦洗涤塔塔板给水量大。

处理方法　①适当降低系统操作负荷；②通知后系统，稳定系统压力；加大洗涤塔进排水量，降低进洗涤塔灰水温度，稳定塔内液位；③加大气化炉、洗涤塔进排水量，对系统水质进行置换；④加大气化炉激冷水量和排黑量，必要时可降低操作负荷；⑤加大洗涤塔底部排黑量，稳定洗涤塔内液位；⑥停车检查塔盘，更换损坏除沫器；⑦适当降低塔盘喷淋水量。

188. 哪些因素可以引起气化炉拱顶温度高，如果拱顶温度高时应采取哪些处理方法？

答：原因　①炉口法兰密封面泄漏，造成粗煤气外窜；②气化炉操作温度高，导致拱顶温度高；③炉砖受损或使用寿命到期，造成砖缝间窜气或传热增大；④烧嘴磨蚀偏喷，导致炉壁拱顶温度高；⑤中心氧比例不合适，导致拱顶温度高。

采取措施　①安排人员用液压扳手紧固，必要时可泄压处理；②根据煤灰熔点，及时调整操作温度；③利用停车机会，安排更换拱顶砖；④择机停车更换烧嘴；⑤及时调整中心氧比例，确保烧嘴雾化效果。

189. 气化炉壁温度高的原因有哪些？

答：①耐火砖脱落；②耐火砖长期冲刷变薄；③气化炉操作温度高或超温。④烧嘴损坏或安装不当偏喷；⑤耐火砖有裂缝，形成窜气；⑥炉头法兰有泄漏。

190. 气化炉液位低的原因有哪些？

答：①激冷水量小；②排出黑水量大；③激冷室粗煤气带水；④炉温高；⑤负荷增加，未及时调整激冷水量；⑥仪表假指示。

191. 氧气管线、阀门着火的原因是什么？

答：①氧气管线吹扫、脱脂不干净，含有焊渣、铁屑、油脂、石子、沙子等；②在开车引氧时，氧气流速过大；③氧气管线接地线未连接，管线上积累的静电量较大，产生电火花；④氧气管线连接法兰口有泄漏，遇明火燃烧。

192. 捞渣机出口渣量增多的可能原因是什么？

答：①操作温度低，粗渣中残炭含量高；②煤种突变，煤灰分增高；③烧嘴磨蚀严重，雾化不好；④锁斗长时间未排渣；⑤系统负荷大。

193. 捞渣机粗渣中残炭含量高的原因是什么？

答：①气化炉操作温度低；②烧嘴磨蚀严重，出现偏喷或雾化效果下降；③气化炉负荷过大，雾化效果下降；④渣口变大，造成煤粉在炉内停留时间减少。

194. 粗煤气温度不稳，水气比增大的可能原因是什么？

答：①洗涤塔液位高；②洗涤塔塔板损坏；③旋流板堵塞或损

坏；④塔板喷淋水分布不均或有拦液现象；⑤洗涤塔水质差，出现带水。

195. 锁斗系统故障，某个阀门动作不到位的可能原因是什么？

答：①阀门轴承折断；②仪表逻辑系统掉电；③现场电磁阀失灵；④有大块渣或异物卡住；⑤阀门执行机构坏；⑥阀门反馈故障；⑦阀体气缸漏气；⑧锁斗温度高，造成阀门卡塞。

196. 锁斗充压速度慢的可能原因是什么？

答：①锁斗未灌满水，造成锁斗上方有气体；②下锁渣阀或泄压阀内漏；③充压阀有故障；④充压管线上手动阀未开或充压管线堵塞。

197. 正常生产中高温热偶全部损坏后，中控通过哪些参数变化情况来判断炉温高低？

答：（1）粗煤气中甲烷含量 一般来说，甲烷上涨，说明炉温偏低；甲烷含量降低，说明炉温偏高。

（2）CO_2、CO、H_2 的含量 CO_2 含量升高，CO 含量降低，H_2 含量升高时，说明炉温偏高；反之说明炉温偏低。

（3）粗煤气出口温度 出口温度上涨，炉温偏高；反之炉温偏低。

（4）氧煤比 氧煤比值增大，炉温上涨；氧煤比值减小，炉温下降。

（5）渣口压差 渣口压差持续上涨，CO 含量波动频繁，说明操作温度偏低；若渣口压差上涨，而 CO 含量未发送明显变化时，则不能说明炉温偏低，也有可能是因为粗煤气出口管道内积灰严重时，造成的渣口压差上涨。

198. 烧嘴冷却水盘管烧漏后有哪些异常现象？

答：（1）出烧嘴冷却水盘管的水温偏高。

（2）出烧嘴冷却水盘管的水流量增大且波动。

（3）入烧嘴冷却水盘管的冷却水流量减小。

（4）进出烧嘴的冷却水流量差出现较大波动。

（5）冷却水气液分离罐顶气相出口 CO 检测仪报警。

199. 哪些因素会降低耐火砖的使用寿命？

答：（1）炉砖砌砖质量不合格。

（2）原始烘炉中升降温速率过快。

（3）开停工过程中升压、降压速率过快。

（4）操作炉温过高，造成炉壁挂渣少或未挂渣。

（5）烧嘴偏喷，造成筒体砖冲刷严重。

（6）低于正常投料温度下投料或连投，易造成耐火砖发生热震荡，造成炉砖损坏脱落。

200. 气化炉内过氧爆炸的可能原因有哪些？

答：（1）投料时炉膛置换不合格。

（2）煤浆未先入炉，氧气先入炉。

（3）ESD 投料系统阀门动作时间有误差。

（4）煤浆浓度发生异常。

（5）进入炉内氧量突然大幅增加。

（6）进入炉内煤浆量突然大幅降低。

201. 气化炉激冷室液位低低的原因及处理措施有哪些？

答：原因　①灰水循环泵（激冷水泵）输送量下降；②激冷水过滤器堵塞；③气化炉排黑量过大；④气化炉带水。

处理措施　①及时启动备用泵，对运行泵进行检修；②及时切换过滤器，对原过滤器用水反冲洗或拆检；③适当关小气化炉排黑量，确保进出水系统的平衡；④若出现气化炉带水造成激冷水液位降低，应通过加大排黑和激冷水流量的方法，降低气化炉黑水的热负荷，使其达到水平衡。

202. 气化炉温度高的原因及处理方法有哪些？

答：原因　①氧气流量偏高；②煤浆流量减少；③煤浆浓度下降。

处理方法　①检查 CH_4 含量及其他气体成分的变化；逐渐减少氧气流量；检查氧气压力；②检查 CH_4 含量及其他气体成分的变化；逐渐增加煤浆量；检查煤浆泵运行是否正常；③调节氧气流量；分析煤浆槽中煤浆浓度；调整磨机水煤比。

203. 气化炉出口粗煤气温度高的原因及处理方法有哪些？

答：原因　①激冷水流量低于正常值；②激冷室液位低；③激冷室下降管脱落或烧穿，造成粗煤气未经冷却直接出气化炉。

处理方法　①增加激冷水量，并检查激冷水泵运行是否正常；②检查激冷水量及激冷室排黑水流量，减小黑水排放量，加大激冷水流量，待液位上升后，恢复正常流量；③立即停车。

204. 哪些原因会造成氧煤比高报，出现高报信号时中控应如何处理？

答：原因　①在双炉正常运行中，一套系统突然故障跳车，造成另外一台系统氧气流量瞬间升高；②煤浆泵运行中出现故障，造成煤浆流量大幅度下降。

处理方法　①若因一套系统突然跳车造成的氧气流量瞬间升高，中控应迅速将运行炉氧气流量调节阀关小 1%～3% 个阀位，使氧煤比在最短时间内降至正常操作值内，待系统稳定后再缓慢调整氧煤比至指标范围内；②若因高压煤浆泵单缸不打量造成的煤浆流量下降，则应迅速提高泵转速，以此恢复煤浆泵正常工作；若为煤浆泵隔膜破裂造成的打量下降，则按正常停车程序组织停车处理。

205. 氧气流量低低的原因及处理措施有哪些？

答：原因　正常生产中，因空分系统故障或氧泵跳车造成氧压突降或氧气中断。

处理措施　若双系统正常生产中出现以上故障，气化中控主操应立即拍停一套系统，确保另外一套气化系统用氧量。停运系统按正常停车程序做好工艺处理。

206. 煤浆流量低低的原因及处理措施有哪些？

答：原因　①正常生产中，因煤浆泵故障造成煤浆流量大幅度下降；②煤浆稳定性下降，造成煤浆在泵入口管道分层沉淀，流动性变差；③煤浆出口管道有泄漏；④电磁流量计故障。

处理措施　①若因高压煤浆泵单缸不打量造成的煤浆流量下降，则应迅速提高泵转速，以恢复煤浆泵正常工作，若为煤浆泵隔膜破裂造成的打量下降，则按正常停车程序组织停车处理；②若判断为煤浆稳定性差，造成的泵入口堵塞，气化炉紧急减负荷操作，同时及时调整添加剂量，以达到最短时间内恢复煤浆的稳定性；③若泵出口管道有泄漏，应在保证气化炉安全稳定运行的前提下组织人员带压堵漏，短时间内无法修复时，应申请紧急停车处理；④联系仪表，对电磁流量计进行排除故障处理，处理前必须按要求办理相应票证。

207. 烧嘴冷却水系统故障的原因及处理措施有哪些？

答：原因　①烧嘴冷却水泵打量下降；②进入烧嘴冷却水盘管前后管道有泄漏；③烧嘴冷却水盘管烧穿泄漏。

处理措施　①及时倒泵，将故障泵切出检修；②对泵进出口管道及工艺烧嘴进出口管道进行检查，及时消除漏点；③若为冷却水盘管被烧坏，应立即按下紧急停车按钮，同时将进出冷却水盘管前后紧急切断阀关闭，现场人员将两切断阀前后手动阀关闭，防止粗煤气通过冷却水盘管向大气中倒窜，并按正常停车程序处理。

208. 高压煤浆泵跳车的原因及处理措施有哪些？

答：原因　①油泵故障；②变频器故障；③泵允许启动信号丢

失；④主电机故障；⑤全厂停电或系统晃点。

处理措施　①若因"油泵故障"导致煤浆泵跳车，气化系统停车，此时联系机电仪人员对油泵进行检查，确认故障原因，排除故障，气化炉按连投准备；②若因"变频器故障"造成的煤浆泵跳车，应迅速联系机电仪人员查明原因，及时处理，气化炉按连投准备；③若因"泵允许启动信号丢失"造成的煤浆泵故障停机，则需立即联系仪表人员查明原因并处置，气化炉按连投准备；④若因煤浆泵主电机故障导致停机，则需立即联系电气人员查明原因并处理，气化炉按连投准备；⑤若因停电或晃点造成的煤浆泵跳车，应根据公司整个系统开车进度，决定气化炉按连投准备或是烘炉。

209. 仪表空气压力低低的原因及处理措施有哪些？

答：原因　①空分系统故障，造成仪表空气无法正常供给；②仪表空气管网出现大量泄漏。

处理措施　①若因空分系统问题造成仪表空气管网压力下降，则视情况或根据调度指令确定是否停车；②若仪表空气管网有大的泄漏点，在能保证整个管网压力的前提下，及时组织人员进行处理，若无法保证管网压力，则应汇报调度，手动停车。

210. 烧嘴压差高高/低低的原因及处理措施有哪些？

答：原因　①烧嘴运行中煤浆喷头堵塞或烧嘴头部损坏；②煤浆流量突然增大或减少；③煤浆流动性差；④系统压力波动大。

处理措施　①系统减负荷运行，如无明显好转迹象，应立即停车更换工艺烧嘴；②加减负荷时，应遵循少量多次的原则，杜绝大幅度加减负荷；③严格控制煤浆各项指标，判断确因煤浆流动性差造成的烧嘴压差故障，应立即申请系统降负荷运行，同时及时调整添加剂量或煤种，使其在最短时间内恢复正常；④系统正常生产中，避免大幅度调整系统负荷，维持系统压力在正常波动范围内操作。

211. 渣口压差高的原因及处理措施有哪些？

答：原因　①气化炉操作温度偏低；②烧嘴火焰偏短；③煤种发生变化，造成灰黏温特性变差；④气化炉粗煤气出口管道结垢，导致节流作用增大。

处理措施　①根据煤灰熔点变化，及时调整氧煤比；②调整中心氧比例，拉长火焰；③根据煤种变化情况，及时增减石灰水的添加比例；④根据压差情况停车检修。

212. 原料煤中断时的紧急处理措施有哪些？

答：当正常生产运行中因煤称下料口堵塞造成磨机断煤时，当班人员应立即组织班组人员进行紧急疏通，同时汇报调度及车间值班人员，若半小时内能够恢复生产，则无需停磨煤机，若超过半小时则应按正常停车程序停磨煤系统，气化装置操作人员根据煤浆槽料位的下降趋势，及时向调度申请减负荷生产。

若因储运装置煤输送系统出现故障长时间无法恢复时，当班人员应在第一时间向调度和车间值班领导汇报，同时向调度申请系统停车。

213. 添加剂、石灰石中断时的紧急处理措施有哪些？

答：在正常生产运行过程中，突然发生添加剂、石灰石给料系统设备故障，无法正常供给时，当班人员应立即组织维修人员进行抢修；同时立即向调度和车间值班领导汇报，磨煤装置降负荷运行。

若因生产的波动，造成添加剂、石灰石料仓被拉空时，应立即向调度及车间逐级汇报，由供应部通知供货商紧急送货，生产系统可根据煤浆槽料位的下降趋势对生产负荷做相应调整。

214. 气化装置内循环水短时间中断时的紧急处理措施有哪些？

答：（1）加大烧嘴冷却水槽补充脱盐水的流量，对烧嘴冷却水槽内的水进行置换，以此降低烧嘴冷却水泵进出口水温，确保流出烧嘴盘管的水温在正常指标范围内。

（2）激冷水泵、锁斗循环泵、破渣机、高压灰水泵、离心式低压煤浆泵等需要循环水进行冷却油箱的转动设备，可立即用胶管引一路原水作为机泵油箱冷却用水。

（3）密切注意闪蒸系统压力，防止闪蒸超压，必要时可采取打开安全阀副线的方式将压力释放至安全区域或密闭系统内。

（4）立即向调度申请将气化炉负荷减至半负荷运行，必要时可立即停运气化炉。

（5）立即停运废水汽提装置，防止高温净化水直接送至污水处理。

215. 全厂停电及晃电后的中控、现场紧急处理措施有哪些？

答：（1）中控处置步骤　①全厂停电后，气化系统跳车，中控UPS供电系统自动启动，给DCS操作系统紧急供电（约20～30分钟）；②值班长第一时间电话通知调度，气化炉联锁跳车；③值班长立即联系电气人员，确认事故发电机已启动；④中控主操要在第一时间观察烧嘴冷却水泵运转是否正常，同时确认烧嘴冷却水流量、温度、压力正常；⑤停车后运行的烧嘴冷却水泵停泵，备用泵未来得及或未自启，将会造成烧嘴冷却水系统故障，此时联锁触发烧嘴冷却水进出盘管自调阀关闭，中控确认进出冷却水盘管自调阀处于关闭状态；⑥中控通过观察开车画面上阀门反馈信号，确认停车ESD系统阀门动作是否到位，若发现有阀门动作异常时，应迅速进行故障排除，同时立即联系仪表处理；⑦安全停车后，中控通知现场关闭气化炉氧气管线及煤浆管线炉头手动阀；⑧中控人员利用系统剩余的仪表空气余压，第一时间内迅速关闭洗涤塔顶粗煤气去变换装置、去火炬放空调节阀；关闭气化炉、洗涤塔排黑管线调节阀；关闭气化炉与锁斗之间上锁渣阀；关闭激冷水管线流量调节阀及事故激冷水管线调节阀，防止高温气体流动，损坏激冷环和下降管；⑨停车后，中控需密切关注气化炉、洗涤塔、闪蒸系统压力变化，防止出现超压事故。

（2）现场处置步骤　①现场确认烧嘴冷却水泵运行是否正常，若确认因烧嘴冷却水系统故障，导致烧嘴冷却水系统自调阀关闭，此时需现场手动停止运行的烧嘴冷却水泵，同时关闭自调阀前后手动阀；②现场关闭炉头氧气管线、煤浆管线手动阀；③关闭事故激冷水流量调节阀前后手动阀，防止煤气倒窜；④关闭现场机泵密封水阀，防止高压窜低压；⑤关闭锁斗循环泵、激冷水泵、高压灰水泵进出口手动阀，防止高压窜低压；⑥关闭氮气压缩机入口阀门；关闭洗涤塔顶部两安全阀后低压氮气去火炬手动阀；⑦关闭洗涤塔粗煤气出口手动大阀，关闭在线分析仪根部阀，系统保压，防止高温气体流动损坏激冷环和下降管；⑧现场人员密切关注各闪蒸系统现场压力表指示在正常范围内，若出现闪蒸系统超压，且安全阀无法正常开启状态时，手动打开各闪蒸系统安全阀副线阀进行紧急泄压；⑨关闭高低压煤浆泵入口放料阀，沉降槽放料阀，滤液泵入口放料阀，防止煤浆或黑水堵塞泵入口管线；⑩ 现场缓慢打开低压煤浆泵进出口导淋泄压，排尽管道内煤浆，防止堵塞泵进出口管线。

216. 供电系统恢复后的处理步骤有哪些？

答：（1）中控确认仪表空气、循环水已恢复正常。

（2）联系现场，建立系统大水循环。

（3）启动破渣机。

（4）启动捞渣机渣池搅拌器。

（5）系统保压循环。

（6）投用锁斗系统。

（7）投用闪蒸系统循环水冷却器，降低闪蒸系统压力。

（8）煤浆管线泄压，冲洗煤浆泵。

（9）改用液化气点燃火炬。

（10）系统按泄压速率泄压至常压。

（11）启动沉降槽耙料机，投用真空过滤系统。

（12）合格低压氮气送出后，对气化装置进行氮气置换。

（13）倒抽引盲板，更换损坏工艺烧嘴。

（14）根据炉温及后系统恢复情况，决定是否烘炉或安装烧嘴连投。

第三节　岗位安全与防护知识

1. 气化紧急事故的处理原理、原则及要求是什么？

答：（1）各岗位出现故障，一般应先行联系（包括与调度室及各有关岗位），然后根据班长决定，进行事故处理，在十分紧急情况下，应一面处理一面找人代为联系，必要时操作人员就先行处理。然后立即联系。

（2）发现异常，必须首先判明原因，然后决定采取相应措施，要尽量避免误判，尽量避免事故处理扩大化。

（3）当现场发生大量烟雾，巨大的异常声响等无法做出准确判断时，可以先做停车处理，然后再查明原因。

（4）各种事故处理应做到：在事故处理过程中各项工艺参数不超过设计指标，做到安全停车。

2. 气化装置压力容器和压力管道安全管理规定是什么？

答：必须及时准确掌握压力容器、压力管道安全数据和现状，建立反映实际状况的档案和台账。化工行业是易燃易爆危险性较大的行业，压力容器数量大，规格多，介质种类多，必须高度重视，严格管理，保证处于安全可靠的状态。

3. 气化安全运行有哪些安全附件？

答：安全阀、爆破片（板）、压力表、液面计和测温仪表、紧急停车联锁、水封、安全盲板、防爆墙。

4. 气化装置现场操作人员配发的职业危害防护用品有什么？

答：配备有防毒面具、空气呼吸器、劳保服装、安全帽、耳罩或者耳塞、防静电防砸鞋，有腐蚀危害的作业配备有防护服、胶鞋、橡皮手套等保护用品。

5. 在接触氮气时应注意哪些安全问题？

答：（1）不得将氮气排放于室内。

（2）在有大量氮气存在时，应带空气呼吸器进行作业。

（3）检修充氮设备、容器和管道时，需先要用空气进行置换，分析氧含量合格后方可进行作业。

（4）在检修时，应有专人进行监护，对氮气管线法兰进行8字盲板隔离，以防发生人身事故。

6. 备用机泵盘车有哪些危害因素，其防范措施是什么？

答：危害因素　转子突然转动，危害是影响人体健康。

防范措施　严格执行先断电后盘车的规定。

7. 氧气经压缩后，在输送过程中有哪些异物存在可导致发生燃烧爆炸？

答：氧气经压缩后，在输送过程中，如有油脂、氧化铁屑或小颗粒燃烧物存在，随着气流运行与管壁与机体发生摩擦、撞击，会产生大量摩擦热，导致管道，机器燃烧。或者由于管道中阀门急速打开，阀后气体产生接近于绝热压缩的温度，使管道或阀门燃烧爆炸。

8. 氮气窒息人员运送的正确方法是什么？

答：对于氮气窒息的伤员，运送应注意方法，不能用人背，只能用担架或汽车运送。在运送的途中，必须要有医生和带有氧气呼吸器护送。

9. 在对氧气管道动火作业前，应进行置换、吹扫，吹出气体中氧含量在多少时为合格？

答：在对氧气管道动火作业前，应进行置换，吹扫，吹出中气体中氧含量在 $18\%\sim23\%$ 为合格。

10. 最安全最可靠的设备检修安全隔离方法是什么？

答：（1）对设备连接管线进行盲板隔离。

（2）对设备连接管线进行拆除断开。

11. 压力容器的安全三大附件是什么？

答：压力表、安全阀、液位计。

12. 气瓶的安全装置有哪些？

答：安全泄压装置、防撞圈、瓶帽。

13. 空分装置停车后安全处理主要包括哪些？

答：包括隔绝、置换、吹扫与清洗，切断待检修设备的电源，清理检修现场周围环境。

14. 应急救援预案的总目标是什么？

答：（1）将紧急事故局部化。

（2）尽可能消除事故。

（3）尽量缩小事故对人和财产的影响。

15. 在易燃易爆介质设备、管道上动火或进入容器内作业时，为什么必须进行置换，置换分析合格的标准是什么？

答：（1）动火前置换，是为了防止可燃性气体浓度超标，与空气混合遇明火发生火灾或爆炸事故，造成人、机损失，分析可燃气合格值 $<0.5\%$。

（2）进入容器需置换，是为了防止中毒和窒息事故，分析合格的标准是空气中的氧含量应在 18％～21％，有毒气体含量符合国家安全卫生标准。

16. 检修作业中常见的几种事故有哪些？

答：高处坠落；物体打击；机械伤害；着火爆炸；触电事故。

17. 现场干粉灭火器的适用扑救范围是什么？

答：干粉灭火器适用扑救石油、可燃液体、可燃气体、可燃固体物质的初期火灾。这种灭火器由于灭火速度快、灭火效力高，广泛应用于石油化工企业。

18. 二氧化碳灭火剂适用扑救范围是什么？

答：适宜扑救 600V 以下的带电电器、贵重设备、图书资料、仪器仪表等场所的初起火灾，以及一般可燃液体的火灾。

19. 盲板的主要作用？

答：盲板主要是用于将生产物料、介质在设备出入口与管道之间或管道与管道之间完全隔离，防止因阀门内漏等造成物料、介质互窜，引发各类事故。

20. 缺氧、富氧、受限空间作业指什么？

答：（1）缺氧　指空气中的氧气浓度低于 19.5％的状态。

（2）富氧　指空气中的氧气浓度高于 23.5％的状态。

（3）受限空间作业　指进入或探入（指头部入内）受限空间进行作业。包括具有潜在和明显缺氧危险的或同时存在其他可燃易燃气体、液体，有毒有害气体、液体，易燃易爆粉尘缺氧危险的受限空间内进行的各种作业。在进入受限空间作业前，必须办理"进入受限空间作业证"。

21. 氧气管线发生泄漏后如何处理？

答：氧气管线发生氧气泄漏后，应迅速堵漏或切断气源，保持通风，切断一切火源，严防静电产生，远离可燃物，人员进入现场须穿戴防护用具。着火时必须紧急停车并同时切断氧气来源，发出报警信号。紧急处理时要求必须使用铜制禁油工具，操作人员要求穿戴防静电工作服装，操作过程中要求动作稳重缓慢，处理现场应有防护站人员检测周围氧气浓度达到 19.5%～22.5%。

22. 煤制油化工公司的主要有毒气体有哪些？

答：有硫化氢、氰化氢、氯气、一氧化碳、丙烯腈、氯乙烯、芳香烃蒸气、氨等。

23. 安全阀的作用是什么？

答：安全阀是一种自动阀门，其作用是不借助任何外力而利用介质本身的力来排除一定数量的流体，防止压力超过额定的安全值，当压力恢复正常后，阀门自行关闭并阻止介质继续流出。

24. 化工检修使用的安全作业票证有哪些？

答：有动火作业证、检修许可证、登高作业证、进塔入罐作业证、抽堵盲板作业证、动土作业证、断路联络票，电气作业票等。

25. 报告事故应包括哪些内容？

答：（1）事故发生单位概况。

（2）事故发生的时间、地点以及事故现场情况。

（3）事故发生的简要经过。

（4）事故已经造成或者可能造成的伤亡人数（包括下落不明的人数）和初步估计的直接经济损失。

（5）已经采取的措施。

（6）其他应当报告的情况。

26. 氧气管道发生爆炸有哪些原因，要注意哪些安全事项？

答：氧管线发生爆炸、燃烧事故多数是在阀门开启时。如果管道内有铁锈、焊渣、油脂等杂物，则会被高速气流带动，与管壁产生摩擦，或与阀门内件、弯头等产生撞击，产生热量使温度升高，如果管道未能良好接地，气流与管壁摩擦产生静电，当电位积聚到一定的数值时，就可能产生电火花，引起钢管在氧气中燃烧，为了防止氧气管道的爆炸事故，对氧气管道施工、设计作了以下规定：限制氧气在管线中的流速；应尽量减少氧气管线的弯头与分岔头；管道应有良好的接地；管道及附件应进行严格脱脂，并用无油干空气或氮气吹净。

第三章

气体净化

第一节　岗位理论知识补充

1. 低温甲醇洗的生任务务是什么？

答：（1）净化工艺气　将工艺气中 H_2O、CO_2、H_2S 及 COS 等脱除，使净化气中各杂质组分含量降低到 CO_2 <20mL/m^3、CH_3OH <10mL/m^3、总硫<0.1mg/kg 的水平，满足后续系统的生产要求。

（2）回收副产品　CO_2 ≥98.5%、标态 H_2S＋COS≤5mL/m^3、CH_3OH <5mL/m^3、摩尔分数 H_2＋CO≤1.2% 的 CO_2 产品气，供液体装置使用。

（3）回收工艺气中 H_2S 等硫化物，富产 H_2S≥32.5% 的酸性气体，相应的处理装置满足环保要求。

2. 相同条件下，变换气中各种气体组分在甲醇中的溶解度大小顺序是怎样的？随温度降低如何变化？

答：在相同的条件下，变换气中各组分在甲醇中的溶解度大小顺序如下：NH_3＞H_2S＞COS＞CO_2＞CH_4＞CO＞N_2＞H_2。

随温度降低各组分的溶解度的变化情况如下：NH_3、H_2S、COS、CO_2 的溶解度显著增大；CH_4、CO、N_2 的溶解度增大很小；H_2 的溶解度反而减小。

3. 水对 CO_2 在甲醇中的溶解度有何影响？

答：甲醇中含水时，CO_2 在甲醇中的溶解度下降，有经验表明：含水 5％ 时，CO_2 溶解度比在无水甲醇中约下降 12％ 左右。

CO_2 溶解度与甲醇中水含量的关系为

$$lg(x_0 CO_2 / x CO_2) = 1.07 x H_2O$$

式中　$x CO_2$——CO_2 在含水甲醇中的溶解度，摩尔分数；

$x_0 CO_2$——相同条件下纯甲醇中 CO_2 的溶解度，摩尔分数；

$x H_2O$——甲醇的含水量，摩尔分数。

4. 正常生产期间，循环甲醇中水含量的控制指标是多少？水含量超标对系统有何危害？怎样保证循环甲醇中的水含量？

答：正常生产期间，循环甲醇中含水量应控制在 0.5％ 以内。

水含量超标的危害　①甲醇吸收能力下降，系统负荷加不上去；②会加剧 H_2S、CO_2 等对设备管道的腐蚀，产生固体杂质，使甲醇变脏，堵塞设备和管线，使系统工艺恶化。

控制循环甲醇含水量的措施　①尽量降低入 T1601、T1621 原料气的温度，降低其含水量；②保证 V1601、V1621 的分离效果，防止漫溢，减少水分的夹带；③甲醇水分离塔 T1605 操作良好，甲醇水分离效率高；④循环甲醇中水含量偏高时，适当增加至 T1605 进行脱水的甲醇量；⑤生产中注意控制甲醇水混合物 V1611 液位，不得漫溢；⑥系统停车时，要及时关闭 T1605 直补蒸汽和冷却水；⑦系统大修水洗后要确保干燥彻底；⑧根据补充甲醇水含量确定补充位置。

5. 低温甲醇洗系统中"冷区"泵设置的限流孔板与"热区"泵出口的限流孔板作用有何异同？

答："冷区"泵的限流孔板起冷却备用泵的作用，同时还可起控制最小回流作用；"热区"泵的限流孔板只起控制最小回流的作用。

6. 简述低温甲醇洗工艺的主要特点？

答：低温甲醇洗作为一种低温气体净化工艺，具有以下特点。

（1）低温甲醇洗脱除 CO_2 和 H_2S 等硫化物的过程是物理吸收过程。

（2）气体净化度高。

（3）可同时脱除多种物质。

（4）可选择性脱除 CO_2 和 H_2S，并分别加以回收。

（5） CO_2 和 H_2S 等杂质气体在甲醇中的溶解度很大，作为吸收剂的甲醇循环量比较小，动力消耗及运行费用低。

（6） H_2、CO 等有效气体在甲醇中的溶解度很小，且低温甲醇洗的蒸气压很低，有用气体及溶剂的损失保持在较低水平。

（7）甲醇具有很好的热化学稳定性，无腐蚀、不起泡、黏度小、比热容大且价廉易得等优点。

（8）与后序液氮装置联合使用，可实现能量的联合使用，经济性好：①低温甲醇洗具有干燥工艺气的作用；②低温甲醇洗可作为液氮洗的预冷阶段，节省冷冻动力；③可将液氮洗分子筛再生氮气作为再生的气提气。

7. 低温甲醇洗装置中溶液的再生有几种方法？

答：低温甲醇洗中溶液的再生方式主要有三种：减压再生（V1602、V1603、T1602、T1603）；气提再生（T1603）；加热再生（T1604）。

8. 为什么甲醇水混合物经 E1615 加热后要进行闪蒸处理？

答：此闪蒸处理主要考虑下述两点：①考虑原料煤改变后，进甲醇系统工艺气中 CO_2 量增多与原设计有较大的增加，更容易出现 CO_2 冷凝现象；②甲醇水混合物在经过加热后进行闪蒸处理，可将其中冷凝溶解的大量 CO_2 解析出来，减少对 T1605 运行的影响。

9. 洗涤塔为什么分上塔、下塔？各起什么作用？其理论依据是什么？

答：T1601、T1621 分成上塔、下塔，上塔主要用于脱除 CO_2，下塔主要脱除 H_2S 和 COS 等硫化物。分成上塔下塔，用上塔吸收了 CO_2 的部分甲醇溶液来脱除 H_2S 和 COS 等硫化物，可以：①减少下塔内 CO_2 的吸收量，使下塔因溶解热造成的溶液温升减小；②使含 H_2S 的甲醇溶液中 H_2S 的浓度高一些，且有一股甲醇溶液不含 H_2S 等硫化物，有利于 CO_2 的回收，保证 CO_2 的纯度。

其理论依据是溶剂吸收的选择性，因为 H_2S 和 COS 等硫化物在甲醇中的溶解度比 CO_2 大得多，且原料气中 H_2S 和 COS 等硫化物的含量比 CO_2 低得多。

10. 吸收塔上塔为什么要分段，并将甲醇溶液取出进行冷却？

答：这与 CO_2 在甲醇中溶解度随温度升高而降低的特性有关。甲醇吸收 CO_2 后因为有溶解热放出，溶液温度升高，气吸收能力下降，分段取出进行冷却后再进入塔内进行吸收，可充分发挥甲醇的吸收能力，减少循环甲醇量，降低系统能耗，保证出塔净化气的纯度。

11. 低温甲醇洗系统的冷量损失有哪些？

答：低温甲醇洗系统的冷量损失主要包括以下几个方面：①换热器的换热损失，即换热不完全；②保冷运行的损失，即系统低温下，无论保冷措施如何好，总有一部分冷量散失于环境中；③去液氮洗的工艺气带走一部分冷量；④吸收 CO_2、H_2S 等产生溶解热造成冷量损失。

12. 低温甲醇洗的缺点有哪些？

答：（1）甲醇毒性大，易燃、易爆、易中毒。误饮甲醇轻者损伤视觉系统和神经系统，重者可致死人命。甲醇在空气中的允许浓度为 $50mL/m^3$。

（2）由于甲醇洗在低温高压下进行，对设备材质的要求较高。

（3）由于甲醇的特性和工艺特点决定，对动静密封点的要求高，不得泄漏。

13. 甲醇洗根据压力等级如何分类？

答： 分为高中低三个等级：高压部分包括甲醇洗涤塔及附属设备；中压部分包括中压闪蒸系统、闪蒸气循环压缩机及其附属设备；低压区包括低压闪蒸系统、甲醇再生系统的甲醇水分离系统。

14. 分子筛吸附器为什么要加行程开关？

答： 为防止阀门乱动作加行程开关后，阀门的开关情况就会反馈到程控器中，程控器根据反馈来的信号就可以进行步骤的判断及控制。

15. 液氮洗系统的生产任务是什么？

答：（1）净化原料气　利用分子筛吸附器来脱除来自低温甲醇洗系统工艺气体中的微量 CO_2、CH_3OH 等高沸点物质；利用液氮洗脱除工艺气中对氨合成触媒有毒害作用的微量 CO 及 CH_4、Ar 等惰性气，制取 CO<4mg/kg 的纯净氢氮气。

（2）配氮　根据氨合成系统的需要，对出系统的合成气中配入高压氮气，调节合成气的氢氮比（理论值 3:1）作为生产合成氨的原料。

（3）回收 CO、CH_4 等可燃性气体，供燃料气系统作为燃料气。

（4）回收氮洗塔底尾液中 H_2，送往 C1601 压缩回收利用。

（5）调整冷量平衡，为低温甲醇洗工序提供冷量。

16. 简述 5A 分子筛的物化特性？

答： 分子筛的化学式　$Ca_{45}Na_3[(AlO_2)12(SiO_2)_{12}]\cdot xH_2O$

活性组分　Al_2O_3 和 SiO_2

孔径　约 $5Å(1Å=0.1nm)$

分子筛是内部具有很多直径均匀的微孔的多孔性固体，表面积很大，具有很强的吸附能力，尤其是在低温下，常温时其吸附能力仍很强。可吸附有效直径 $5Å$ 的分子。

17. 简述液氮洗分子筛吸附脱除工艺气中 CO_2、CH_3OH 的机理？

　　答：液氮洗吸附器中填装的是 $5A$ 分子筛，它可对气体分子中直径小于 $5Å$ 的组分进行选择性吸附，分子的极性越强越易被吸附。在工艺气中虽然 H_2 含量很高，占绝大多数，其分子直径小于 $5Å(约 2.4Å)$，但其为非极性分子，而 CO_2、CH_3OH 虽然含量很低，但极性很强，因此分子筛能对其进行选择性吸附。

18. 在低温甲醇洗与低温液氮洗系统之间，用吸附法清除工艺气体中微量的 CO_2、CH_3OH 有什么优越性？

　　答：（1）吸附法可同时脱除微量的 CO_2、CH_3OH，使流程大为简化。

　　（2）在经过低温甲醇洗装置后，工艺气中 CO_2、CH_3OH 的含量很低，所需的分子筛量不多，运行费用也很低。

　　（3）在低温甲醇洗与低温液氮洗装置之间串接一吸附分离过程，可减少主气流的升降温过程，减少能量损失。

　　（4）分子筛的再生氮气可作为甲醇洗的硫化氢浓缩塔的气提气。

19. 简述液氮洗洗涤脱除工艺气中 CO 及 CH_4、Ar 等杂质组分的原理？

　　答：液氮洗洗涤脱除工艺气体中 CO 及 CH_4、Ar 等杂质组分的过程是物理吸收为基础的过程。利用 CO 具有比氮气沸点高及可溶解于液氮的特征，用液氮洗洗涤工艺气，CO 冷凝溶解于液氮中，对工艺气中少量的 CH_4、Ar 等，因其沸点比 CO 高，在脱除 CO 的同时，也能将其除去。因此可利用液氮洗来溶解吸收 CO 杂质，使各种杂质以液态形式与气态氢分离，从而使原料气得到最终净化。

20. 在低温甲醇洗之后采用液氮洗精制合成氨原料气有什么特点？

答：（1）气体净化度很高，合成气中惰性气体含量可以减少至 $100mL/m^3$ 以下。

（2）能量利用合理 ①低温甲醇洗具有干燥气体的作用，也可作为液氮洗的预冷阶段，节省冷冻动力，不需另设干燥及预冷系统；②液氮洗装置有过剩的冷量送往甲醇洗系统。

（3）经济性好 ①本装置设有大型空分装置，可为液氮洗提供高纯度的氮气；②液氮洗装置氢回收率＞99.2％；③可回收大量的可燃性气体 CO、CH_4 等作为燃料气。

（4）工艺流程简单 利用分子筛吸附器脱除 CO_2、CH_3OH，减少不必要的冷量损失，使流程简化。

21. 液氮洗系统的冷量损失包括哪几部分？系统补充冷量的来源有哪些？

答：液氮洗装置冷量损失包括 ①换冷不完全，进出冷箱的物料之间由于冷量交换不完全，即存在热端传差而损失部分冷量；②保冷损失，冷箱是在深冷条件下操作的，因辐射、对流和传导等原因总有一定的冷量散失于环境中；③去甲醇洗的冷合成气带走部分冷量；④在系统开车阶段，为将系统内设备与管道冷却至工艺要求的温度，需要消耗一定的冷量。

液氮洗系统补充冷量的来源有 ①冷箱内配氮、洗涤氮产生的类焦尔汤姆逊节流效应；②洗涤塔底部的含 CO 尾液；③开车期间来自空分装置的液氮。

22. 为什么液氮洗的操作必须在低温条件下进行？

答：因为气体的液化只有在其温度低于其临界温度时才可实现，液氮洗单元处理的气体中多数组分的临界温度较低，N_2 的临界温度为－147.05℃。这就决定了液氮洗操作必须在低温条件下进行。

23. 板翅换热器有什么特点？本系统中有几台板翅式换热器？

答：板翅式换热器优点 ①总传热系数高，传热效果好；②结构紧凑，单位体积设备提供的换热面积一般能达到 $2500m^2$，最高可达 $4300m^2$；③轻巧牢固，一般以铝合金制造，故重量轻；④实用性强、操作范围广，可在低温和超低温场合下进行使用，操作方式可采用逆流、并流、错流或错逆流同时并进等，可用于多种不同介质同时进行换热。

板翅式换热器缺点：①设备流道小，故易堵塞而增大压降；②所处理的介质应较洁净或预先进行净制，因为一旦结垢或堵塞，清洗和检修很困难；③隔板和材料都由薄铝片制成，故要求介质对铝不发生腐蚀。

24. 板翅式换热器热端温差过大说明了什么？冷端温差过大说明了什么？

答：板翅式换热器热端温差过大说明换热器的冷量分配不合理，另外就是换热器的换热效果降低，造成冷量损失。

冷端温差过大说明冷端换热效果不好，使冷量上移。

25. 如何减少热端温差造成的冷量损失？

答：减少热端温差造成的冷量损失，可采取下述措施：①增加热流体的流量；②调整冷流体的流量分配。

26. 简述分子筛吸附的程控步骤

答：两台分子筛吸附器均可在 100% 负荷下运行（吸附）24 小时，一台吸附的同时另一台再生，吸附器的再生过程分为八大步骤，切换周期为 24 小时。正常情况下吸附器的操作处于自动运行模式下，所有过程由程序控制自动进行。由一步切换至另一步之前，有关的温度、压差等条件必须满足，否则程序将自动切换至手动步运行模式，所有阀门均停留在前一步时的状态。

程控步骤：吸附器再生→降压→预热→加热→冷却→升压→降温→等待。

27. 设置甲醇水分离塔的目的是什么？

答：（1）处理甲醇溶液中所累积夹带的水分，以免影响其洗涤 CO_2 和 H_2S 的效果。

（2）处理尾气洗涤后含有甲醇的废水，回收甲醇，降低其消耗并满足环保要求；甲醇水塔底部排出的废水，冷却后送送至气化磨煤；为维持该系统的 pH 值，喷入少量的 NaOH 溶液。

28. 在实际生产中你根据哪些条件来确定甲醇循环量？

答：①生产负荷；②甲醇吸收压力；③变换气硫含量；④甲醇洗涤塔出口控制总硫指标；⑤脱硫贫液温度；⑥甲醇纯度；⑦甲醇水含量。

29. 变换气进入原料器预冷器前为什么要喷淋甲醇？

答：因为原料器预冷器在低温下操作，若变化气直接进入原料器预冷器被冷却后，所带的饱和水蒸气就会冷凝而析出水，水结冰将堵塞设备及管道，喷淋甲醇可捕集水分并降低水的冰点，这样可避免水结冰堵塞气体通道。

30. 为什么建立甲醇循环时，甲醇洗涤塔压力须维持在 5.0MPa 以上？

答：（1）压力高，可使去闪蒸罐的甲醇流量稳定。

（2）若压力太低，由于贫甲醇泵出口压力为 7.50MPa 左右，将造成调节阀两侧压差增大、失控，使循环量不易控制，同时贫甲醇泵出口与塔压差太大，将使甲醇流速增大，对设备将产生很大的冲击力。

31. 甲醇洗涤塔甲醇循环量多少的依据是什么？怎样才能使循环量最低？

答：甲醇循环量以保证出塔 CO_2 不超标为原则，应尽量降低进甲醇洗涤塔各物料的温度，同时使系统冷量平衡。为使循环量最低应注意以下几点。

（1）80％负荷后，再加负荷，一定要慢，保证低压区的冷量能及时送来。

（2）氨冷器冷量及时调节。

32. 为什么甲醇洗甲醇循环量越低，甲醇洗涤塔顶的温度也就越低？

答：当系统负荷一定时，系统所具有的冷量基本一定，甲醇循环量高，单位体积甲醇得到的冷量就少，温度自然就高。另外甲醇循环量大，由于换热器温差的存在，使冷量损失增大，因此甲醇的循环量低，单位体积甲醇获得冷量多，同时损失也少，去甲醇洗涤塔顶的甲醇温度也就得到了降低。

33. 导致出口 CO_2 含量超标的原因有哪些？

答：（1）甲醇循环量不足。

（2）贫甲醇温度高。

（3）甲醇的吸收能力下降（甲醇再生效果差，甲醇太脏）。

（4）上塔的段间冷却效果差。

（5）系统负荷太大。

（6）系统工况不稳。

（7）汽提氮气不足，贫甲醇中 CO_2 含量多。

（8）再生时再沸器蒸汽少，甲醇含水多。

（9）浮阀堵塞，气液分布不均。

（10）差压计泄漏。

34. 低温甲醇洗装置的目的和作用是什么?

答：低温甲醇洗是变换的下游装置，其作用是将粗变换气中的 H_2S 和 CO_2 脱除到要求的控制指标，同时还起到脱除变换气中 NH_3、HCN、HCl 和羰基化合物的作用，给甲醇合成提供干净的原料气，并为硫回收装置提供克劳斯气。

35. 甲醇洗的冷量来源有哪些?

答：(1) 丙烯冷却器提供的冷量。
(2) 气体闪蒸的冷量。
(3) 循环冷却水带入的冷量。

36. 导气前为何要打开旁路阀均压?

答：导气前界区阀门前后压差太大，不容易控制其开度进行前后系统均压。如果强行开启阀门不但不容易开启，而且容易损坏阀门，高压气体对界区阀门和后序管道设备有很大的冲击，容易损坏设备、管道、塔内件。开旁路小阀容易控制进入后系统的气量，使界区阀前后压差减小，容易开启。

37. 低温甲醇洗装置加减负荷的原则是什么?

答：加负荷之前先加甲醇循环量，待循环稳定后再加粗煤气负荷；减负荷先减粗煤气负荷，待稳定后再减循环量。

38. 低温甲醇洗装置原始开车应具备哪些条件?

答：(1) 装置设备、管道、仪表全部安装符合要求。
(2) 公用工程水、电汽（气）具备使用条件。
(3) 化工原料甲醇已贮备足量满足要求；润滑油、润滑脂等全部具备。
(4) 装置内空气吹扫、气密试验、单机试车、水冲洗、水联运已完成，出现的问题均已解决。

（5）系统 N_2 置换、干燥合格，$O_2 \leqslant 0.5\%$，露点 $\leqslant -30℃$。

（6）各泵、压缩机试车合格；各仪表调校合格，动作灵敏。

（7）安全阀调试合格，破真空阀调试合格。

（8）制冷装置具备提供制冷剂条件；装置区内照明齐全，通讯设施、消防安全防护用具齐全。

（9）在低温甲醇洗装置开车前火炬系统已投用；克劳斯装置要具备运行条件。

39. 吸收塔预洗段的作用是什么？

答：原料气在吸收塔的预洗工段被甲醇洗涤，以去除 H_2S、COS、HCN、NH 之类的微量成分。由于这些成分具有非常高的溶解度，所以只需要很小的溶剂量即可满足工艺要求。预洗段的温度依赖于原料气的温度，在原料气量变化时，本流量通常不作调整。

40. 甲醇水塔在系统中的作用是什么？

答：低温甲醇洗装置循环甲醇中的水含量必须保持在 $\leqslant 1\%$ 的限定范围内，可通过在甲醇水塔中精馏的一小股甲醇来实现的。

甲醇水精馏塔的另一个作用是它在低温甲醇洗装置中对循环甲醇的清洗。任何溶解，悬浮在甲醇中的异物（包括细锈粉、气化来的炭黑、硫化物、灰尘或安装时留下的油等）都可以借助废水连续排出系统。

41. 低温甲醇洗装置冷量损失主要是哪些方面？

答：（1）用于冷甲醇的泵的热量输入。

（2）所有离开低温甲醇洗工艺冷区的气体比进口的温度低。

（3）设备和管道保温带来的冷量泄漏。

42. 合成气、CO_2 产品气中排放气中 H_2S+COS 含量高的原因？

答：（1）到吸收塔 T01 的甲醇流量不足。

（2）到吸收塔的甲醇温度太高。

（3）吸收塔中的压力太低。

（4）热再生后的甲醇中 H_2S 含量太高。

（5）热再生塔回流/热再生后的甲醇中 NH_3 含量过高。

43. 净化气中 CO_2 含量高的原因是什么？

答：（1）到吸收塔的 CO_2 洗涤段甲醇流量低。

（2）甲醇的温度高。

（3）吸收塔的压力低。

说明：热再生不足原因的可能性非常小。

44. 低温甲醇洗系统水联运的目的是什么？

答：（1）检查装置的安全机械运转。

（2）机泵、压缩机等动设备的功能试验。

（3）把仪表调整到可能的范围，如开关和报警的设定值和控制参数。

45. 低温甲醇洗系统水联运时要注意什么？

答：主要是氨循环不经过氨蒸发器，以避免结冰。

应注意保护保冷层。由于泵中液体摩擦热引起的水温升高超过 50℃，会使保冷材料熔化。可以通过排放和补充一小股水来控制水温。如果不能建立充分的排放/补充系统，当水温超过上限时整个系统内的水应排放出去，然后重新进水并建立水循环。

由于水的密度比甲醇的密度高，电机在水运行时的最大流量下可能会发生过负荷，高压泵的关闭压力会超过下游设备的设计压力。如有必要，关小出口截止阀以减小压力并把下游调节阀打手动，保证它从不会关闭（在自动模式下）。所有塔必须用氮气充压到正常操作压力的 60%～100%。到火炬的压力控制器必须投到自动。

46. 开车时低温甲醇洗甲醇循环时应注意什么？

答：（1）甲醇循环后温度不能超过 50℃，在达到 45℃之前丙烯蒸发器必须投运，以防保冷材料熔化。

（2）甲醇循环后将各回路的循环量调整在设计值的 50％。

（3）泵的操作按照泵的操作规程进行，不允许泵干运转，流量不能小于泵的最小流量。

（4）现场要检查各泵的运行情况，备用泵应处于备用状态，备用泵入口阀门开，冷泵管线阀门开。

（5）甲醇循环后，要取样分析 T04 底部甲醇的水含量。为了洗涤甲醇循环中闪蒸氮气夹带的甲醇，水洗塔后的系统要在甲醇循环前开车。

第二节　岗位操作知识

1. 写出低温甲醇洗正常开车的主要步骤

答：具体如下：系统引入甲醇，启泵平衡各液位，打开高低压截止阀建立甲醇循环回路。

（1）投用丙烯冷却器，系统循环降温。

（2）投用再沸器，启动甲醇水分离系统。

（3）投用喷淋甲醇，导入原料气；原料气加负荷，调整控制整个系统的工艺参数达到指标并稳定。

（4）净化气分析合格后，关闭去火炬的放空阀，净化气送下游工序。

2. 甲醇洗装置开车前发现甲醇中水含量过高，应怎样处理？

答：开车前发现甲醇水含量过高，应尽快采取措施降低水含量。

（1）全系统建立循环。

（2）尽早投用水分离塔，适当增大热再生塔至水分离塔塔顶的回流甲醇量。

（3）分阶段将大容器底部的甲醇（含水较多）排出进行脱水。

3. 低温甲醇洗装置冷却水故障如何处理？

答：如冷却水供应故障，所有水冷换热器将失去作用，冰机停车、循环压缩机停车，这种情况下，低温甲醇洗装置可按短时间内停车处理。

4. 低温甲醇洗制冷故障如何处理？

答：在制冷装置故障的情况下，低温甲醇洗系统温度将升高，一段时间后，合成气中的硫和 CO_2 的含量也将升高。

如果预计制冷装置停车时间不长，可以仅减小装置的原料气进量并把不合规格的合成气送往火炬燃烧。

如果停车时间较长，则应彻底切断原料气的供给。

最好的操作经验是尽快停止甲醇循环，以保持装置内的低温状态。这样在重新开车时就不需要长时间的降温过程了。

5. 循环甲醇温度高的原因及采取什么措施？

答：可能原因　①一个或多个甲醇冷却器（制冷剂蒸发器）液位太低；②制冷剂压缩机入口压力太高；③到吸收塔的甲醇进料比太高。

措施　①对全气体负荷而言，把甲醇比率减小到工艺流程上规定的数值或更低；②对部分气体负荷而言，按比例减小甲醇流量。

6. 甲醇水塔停车对低温甲醇洗装置运行有什么影响，应采取什么措施？

答：影响　循环甲醇中的水含量随时会增高（水含量的增长速度可通过装置的水平衡计算），热再生塔底部沸点增高（因热再生塔底部甲醇中的水含量增高）输入到热再生塔再沸器的热量减少（由于再沸器温度梯度的减小），热再生塔汽提蒸汽减少，这将导致再生后的甲醇中 H_2S 含量增高，并最终引起产品中的 H_2S 超标。

措施　富水甲醇排放。由于装置中的甲醇贮存设施能力有限（因新鲜甲醇贮槽和地下排液槽贮存能力较小），应安排临时设施，如贮槽、槽车等来贮存从热再生塔底部排出的甲醇（排出的该部分甲醇可在甲醇水塔重新投运后送回甲醇水塔处理），从新鲜甲醇贮槽把新鲜的甲醇补充到热再生塔顶部，监测热再生后甲醇中的水含量。

7. 引起贫甲醇冷却器换热效果下降的原因有哪些？

答：（1）结垢　若管壁结垢，传热系数减小，换热效率下降。

（2）固体或凝固物堵塞　甲醇冷却器是缠绕式换热器，若壳程管壁间有堵塞现象，将造成甲醇偏流，降低了有效换热面积，传热效率下降。

（3）管壳程间泄漏，冷热流体混合，传热温差减小，换热效率下降。

8. 开车时，喷淋甲醇应在何时投用？为什么？

答：开车时，喷淋甲醇应在导气之前投用半小时以上。

因为喷淋甲醇先投用，可以保证管道、换热器和罐内形成一定的甲醇液层，同时可以充分润湿设备和管线的壁面，从而保证水和甲醇在各处都能得到充分的混合，防止出现结冰现象，减少带入循环甲醇的水含量。

9. 正常生产期间，喷淋甲醇量为多少？是否随负荷改变？

答：在正常生产期间，喷淋甲醇量为 640kg/h，一般情况下，喷淋甲醇量不随负荷的改变而改变，但若原料气温度都大于 40℃，则可以考虑适当增加喷淋甲醇量。

10. 引起洗涤塔顶部净化气 CO_2 的含量超标原因有哪些？

答：（1）甲醇循环量不足。

（2）系统冷量不平衡，进塔贫甲醇温度高。

（3）贫甲醇吸收能力下降　①再生塔再生效果差，贫甲醇再生不好；②分离塔操作不好，循环甲醇含水量超标；③循环甲醇太脏，污染严重，理化性能差。

（4）上塔分段冷却效果差。

（5）原料气负荷过大。

（6）工艺气量、系统压力波动大。

11. 低温甲醇洗系统中有几台氨冷器？进入氨冷器前液氨的压力和温度各是多少？氨冷器壳程的操作压力和温度是多少？进口压力对甲醇洗系统的冷量平衡有何影响？

答： 低温甲醇洗系统有五台氨冷器：进氨冷器之前液氨的压力为 0.37MPa，温度－4℃。氨冷器壳程的操作压力为 0.08MPa，温度－38℃。氨压缩机入口压力升高时，各氨冷器壳程的压力也将升高，造成液氨饱和蒸气压升高，与甲醇溶液的温差减小，降低了传热效果，使甲醇系统获得的冷量减小，影响冷量平衡。

12. 为什么甲醇循环量越低，吸收塔顶部温度越低？

答： 因为在系统负荷一定时，系统具有冷量基本一定，甲醇的循环量越大，单位体积甲醇所获得的冷量就越少，温度自然就高，由于换热器换热损失的存在，甲醇的循环量越大，冷量损失也增大，因此甲醇循环量越低，单位体积内获得的冷量就越多，且冷量损失越少，去塔顶部的甲醇温度越低。

13. 热再生塔底的温度与哪些因素有关，为什么？

答：（1）塔的操作压力　压力的高低可以改变甲醇的沸点，塔底的温度在正常生产时就是甲醇在操作压力下的沸点。

（2）蒸汽量　蒸汽量小时，塔底温度达不到甲醇的沸点。

（3）塔底水含量　水的存在会使甲醇的沸点升高。

14. 本系统的甲醇水分离塔设计上有哪些特点？

答： 根据装置运行经验，分离塔对控制循环甲醇含水量，稳定低温甲醇洗系统的运行非常重要。本系统中分离塔在设计上有以下特点。

（1）采用筛板塔盘，它的操作弹性大。

（2）塔径较大，它的处理能力也较大。

（3）塔底设置有直补蒸汽管线。

（4）塔顶蒸汽未设置冷凝系统，而是直接送入再生塔中部，塔顶的回流来自再生塔顶部的甲醇回流，这样甲醇蒸汽中所携带的热量在再生塔中可得到利用，作为甲醇再生热源，节省了再沸器蒸汽用量。

15. 低温甲醇洗系统导气前系统应具备哪些条件？

答：（1）系统甲醇循环量稳定运行。

（2）进洗涤塔的甲醇温度达标。

（3）热再生塔已经投用，且稳定运行正常。

（4）甲醇水分离塔已投用，且运行正常。

（5）气提氮和喷淋甲醇已投用半小时以上。

（6）变换供需操作稳定，脱氨罐已投用，工艺分析合格。

16. 低温甲醇洗涤系统气时如何变化？为什么？怎样维持系统稳定？

答：开始导气，洗涤塔塔板阻力增大，塔板持液量会增加，塔板和降液管内形成一定液层，造成出塔液体量减少，从而导致各塔器的出液量也相应减少，防止塔液位也下降。因此，在导气开始时，应及时调整各塔器的液位，防止液位过低使泵连锁跳车。

在洗涤塔中甲醇吸收 CO_2 后，溶液体积将增大很多；这样会造成出塔液体量增大，从而导致各塔器的出液量也相应增大，塔的液位也将大幅度上升，这时应及时调整各塔器的液位，以维持系统的稳定。

17. 为什么低温甲醇洗系统在导气后冷区温度才能不断降低？

答：主要是因为低温甲醇洗系统的低温是吸收 CO_2 的甲醇经

氨冷后，再解吸 CO_2 而获得的。导气后随 CO_2 在甲醇中饱和度的增大，单位体积甲醇所解吸 CO_2 不断增加，因而温度也不断降低。

18. 短期停车怎样才能明显缩短低温甲醇洗系统的导气时间？

答：短期停车时，低温甲醇洗系统切气后，应立即停止甲醇循环，而热区不停，将甲醇储存在各塔器内，这样系统内甲醇的温度低，同时甲醇中含有大量的 CO_2，积累了很多冷量。

当变换工序气体合格后，系统再建立循环，CO_2 解吸制冷，在短期内可降低甲醇温度。当吸收塔顶的甲醇流至塔底后，开始导气，这样可保证吸收塔顶温度很低，吸收快，冷量的补充也很快，达到正常负荷，也能保证塔顶微量不超标，可明显缩短导气时间。同时由于出吸收塔至再生系统的甲醇中 CO_2 未发生中断，系统不会出现回温现象。

19. 低温甲醇洗正常运行期间，甲醇的消耗主要在哪些部位？

答：（1）出系统酸性气体中所含的甲醇。
（2）出 T1605 底部废水中所含甲醇。
（3）出吸收塔塔顶净化气中所含甲醇。
（4）出洗氨塔顶 CO_2 产品气中所含甲醇。
（5）出 H_2S 浓缩塔顶尾气所含甲醇。
（6）系统设备检修跑冒滴漏造成的损失。

20. 低温甲醇洗系统水联运（水洗）后，系统的干燥方法有哪几种？

答：有氮气干燥法和甲醇循环带走水分法两种。

21. 试简述全厂停电时低温甲醇洗系统的处理措施

答：（1）系统切气。
（2）手动关闭所有液位和流量调节阀，将甲醇储存在各塔器内。

（3）停再沸器的蒸汽。

（4）关闭氨冷器液位调节阀，停止向系统供液氮。

（5）停气提氮气。

以上工作进行完毕后，视情况作短期或长期停车处理。

22. 什么叫分程控制？它适用于什么场合？本系统中哪些控制回路属于分程控制？

答：所谓分程控制指在一个调节系统中，调节器的输出信号被分割成若干个信号范围段，每一个段信号控制一个调节阀，一个调节器的输出可以同时控制两个或两个以上的调节阀，这样的调节系统称之为分程控制系统。

分程控制系统一般用于以下场合。

（1）控制调节阀的可调节范围，改善调节品质。

（2）用于控制两种不同的介质，以满足工艺要求。

（3）用作生产安全的防护措施。

23. 再生塔的压力不能太高也不能太低，原因是什么？

答：（1）压力高温度高，热负荷上移，气体带出物太多，甲醇损失多。

（2）进入甲醇水分离塔贫甲醇温度高，造成塔内温度高，重组分上移，带出水分多，贫甲醇含水量多。

（3）泵打液不足，硫化氢气提塔液位上升，生产不稳。

24. 热再生塔塔压力高的原因及解决办法有哪些？

答：原因　①闪蒸罐和相连罐体串气；②换热器堵塞；③洗氨塔运行不正常，甲醇中酸性气体量增多，负荷加重；④压力控制阀故障；⑤蒸汽量增大。

解决办法　①根据气量大小，及时调节液位，杜绝串气；②清理疏通换热器；③及时处理洗氨塔运行工况，减小带入热量的再生塔出口酸气；④及时联系仪表进行处理；⑤调节蒸汽量。

压力太低时有以下不利因素。

（1）压力低，温度低，再生塔解析不完全，甲醇质量差。

（2）进甲醇水分离塔贫甲醇温度低，导致分离效果差。

（3）影响硫回收的正常生产。

25. 分子筛吸附器需要停车处理的故障有哪些？

答：（1）中压饱和蒸汽中断，且短期内无法恢复。

（2）低温氮气中断，且短期内无法恢复。

（3）冷却水故障，且短期内无法恢复。

（4）程控阀故障需要停车处理。

（5）程控系统故障需要停车进行处理。

26. 简述分子筛吸附器在开车时用工艺气进行冷却的注意事项？

答：（1）充压时，控制升压速度 0.1～0.2MPa/min。

（2）分子筛应冷却透，冷却小时速度控制在 20℃范围内。

（3）控制放空量，密切注意出吸收塔的工艺气温度，不能使其上升过大。

（4）在冷箱导气后应及时进行切换。

27. 引起冷箱原料气通道堵塞的原因有哪些？

答：（1）吸收塔净化气微量 CO_2 超标严重且持续时间长，分子筛被穿透。

（2）分子筛再生效果差或使用时间过长而被击穿。

（3）冷箱运转周期长，微量 CO_2 和甲醇长期积累所致。

（4）进冷箱原料气中 CH_4 含量过高，甲烷结晶堵塞。

28. 冷箱冷却积液操作过程中应注意些什么？

答：（1）导入高压氮气应尽量缓慢，并于空分装置操作员保持联系。

（2）注意调节各放空管线上有关阀门的开度，调节高压氮气的分配，使冷箱内各部分均匀冷却，各翅板换热器的端面温差＜60℃。

（3）注意调节高压氮气的流量，控制冷却降温小时速率小于20℃。

（4）控制塔体内压力。

29. 正常生产期间，为了使合成气 H/N 稳定，操作上要注意哪些方面？

答：（1）尽量维持进塔原料气的温度稳定，尤其在补液氮时。

（2）尽量维持高压氮气系统和工艺气系统的压力稳定。

（3）冷箱内配氮量的调整要缓慢。

（4）密切注意液氮洗及氨合成系统的工况，注意超前调节。

30. 合成气中 CO 含量超标有何危害？引起 CO 超标的原因有哪些？

答：CO 是氨合成催化剂的毒物，合成气中 CO 超标后，被带进氨合成系统会使氨合成系统催化剂暂时性中毒，影响氨合成系统的正常运行。

引起合成气中 CO 含量超标的主要原因有：①液氮洗流量过小；②系统冷量不平衡，温度过高；③内漏，净化气未经液氮洗而直接串入合成气中；④换热器出现内漏。

31. 哪些情况下液氮洗系统应紧急停车？紧急停车应怎样处理？

答：应紧急停车的情况　①原料气中断；②高压氮气中断；③低压氮、中压饱和蒸汽或冷却水故障，不能及时恢复，影响到分子筛的再生；④仪表气源断或全厂停电；⑤着火爆炸或工艺气大量泄漏；⑥冷箱内翅板式换热器通道严重堵塞。

系统紧急停车后的处理　①迅速通知空分、气化及合成岗位，本系统需要紧急停车，不再使用高压氮气、工艺气等；②确认系统内各连锁控制的阀门已经关闭，甲醇洗开车线已经打开；③将吸附器程序切换至手动模式，视情况吸附器保冷保压或进行再生；④若不能立即导气恢复，关闭甲醇洗装置相通的冷合成气、循环氢切断阀；⑤视情况关闭与前后系统联系的截止阀；⑥视停车时间的长短对冷箱工况进行调整，防止超压、管线过冷等。

32. 液氮洗冷箱升温解冻的方法有哪几种？要注意哪些问题？

答：升温解冻的方法　①用冷箱置换干燥的低压氮气升温解冻；②用高压氮气升温解冻；③用分子筛的吸附器氮气进行回温，强制打开有关阀门，将加热后的低压氮气导入冷箱。

要注意的问题　①冷箱升温期间，要调整好各导淋阀的开度，各通道氮气流量分配等，确保换热器的端面温差不超过 60℃；②冷箱内的最低温度必须达到 10～20℃，才能从吸附器导入经加热后的氮气；③采用高压氮气回温时，应注意冷箱内调节阀全开，通过调整高压氮气进冷箱阀门和导淋阀、放空阀的开度，控制冷箱的压力；④升温解冻期间，应断开所有仪表管线进行排放。

33. 正常生产期间，液氮洗塔液位出现高报警，应如何处理？

答：（1）增加至甲醇洗系统的冷合成气量。
（2）适当减小内配氮流量和洗涤氮流量。
（3）必要时稍开塔底部的导淋进行排放。

34. 冷箱设置补液氮管线的作用是什么？补液氮时要注意些什么？

答：设置补液氮管线的目的是为了在液氮洗开车期间加速冷却积液过程及在系统冷量不足时向系统补充冷量。

在补入液氮时应注意冷箱内的温度，只有当换热器冷端温度达到−160℃时方可打开补液氮阀补入液氮。否则在高温下补入液氮，由于液氮温度低，会使板翅式换热器的端面温差超过允许值，并且因冷却速率过大，损坏设备及相关的管道。

35. 为什么冬季低温甲醇洗、液氮洗的负荷比夏季高？

答：主要是由于环境温度的影响，因为冬季冷却水的温度比夏季低得多，因此变换气的温度明显降低且水冷器的效率也提高了，相当于给甲醇洗补充了一些冷量；另外在冬季环境温度比夏天低得多，甲醇洗液氮洗装置的低温设备的冷量损失也有所降低，因而可以缓解由于冷量补足而影响负荷的提高，所以冬季低温甲醇洗、液氮洗的负荷比夏季高。

36. 为什么低温甲醇洗、液氮洗系统的冷火炬气体进入热火炬总管之前，必须控制其温度高于 10℃？

答：因为冷热火炬管线材质不同。为了降低造价，冷火炬管线使用的是耐低温的不锈钢，造价高；而热火炬使用的是普通碳钢，不耐低温，造价低；所以低温气体进入冷火炬之前要向气体中喷入低压蒸汽（S6）将其温度提高至 10℃之上，防止温度过低损坏管线。

37. 火炬管线的吹扫氮气为什么要保持一定的流量？

答：使用吹扫氮气的目的是为了使火炬管线保持一定的微正压，防止空气进入与易燃易爆的气体混合，引发危险。因此火炬管线的吹扫氮气要保持一定的流量，并定期进行巡检。

38. 氢气分离罐操作压力选择的依据是什么？

答：（1）保证闪蒸气中氢气含量＞90％。
（2）与循环气压缩机的入口压力相匹配。

39. 内配氮、洗涤氮及外配氮加减量时应注意什么？

答：（1）加减高压氮气用量时，一定要缓慢，并与空分装置操作员保持联系，防止高压氮气系统的突发性变化，引起安全阀起跳和影响液氮泵的运行。
（2）内配氮的调节应缓慢，注意外配氮的配合，维持 H/N 稳定。

第四章

硫 回 收

第一节　岗位理论知识补充

1. 说出 H_2S 浓度与酸性气密度关系。要求原料酸性气中 H_2S 浓度为多少？氨浓度为多少？

　　答：一般来说酸性气中 H_2S 浓度越高，酸性气的密度越小。本装置设计中原料 H_2S 浓度按 $45\%\sim85\%$（摩尔分数，下同）考虑，NH_3 按 $5\%\sim8\%$ 考虑，将 70% H_2S 和 5% NH_3 浓度作为设计点。

2. 酸性气来源有哪些？

　　答：①催化脱硫装置、精制脱硫装置；②加氢裂化脱硫装置；③延迟焦化脱硫装置；④污水汽提装置；⑤加氢脱硫装置；⑥催化脱硫装置；⑦加氢脱硫装置；⑧化肥；⑨加氢裂化脱硫装置。

3. 原料酸性气中的 NH_3 主要由哪套装置带来？其带来的酸性气中 NH_3 含量大约为多少？

　　答：原料酸性气中的 NH_3 主要是由 Ⅱ 套污水汽提装置的酸性气带来的，其酸性气中 NH_3 含量大约为 30.2%（质量分数）。

4. 请简要叙述分硫法制硫工艺

答：分硫法制硫是将三分之一的酸性气引入燃烧炉，所配空气量为 H_2S 和烃类完全燃烧所需的空气量。该过程再与三分之二的酸性气在一级转化器前混合，在催化剂的作用下，H_2S 与 SO_2 发生反应生成 S。

5. 酸性气制硫通常有几种方法？

答：酸性气制硫通常有部分燃烧法、分硫法和直接氧化法三种，其中在炼油厂通常使用部分燃烧法。该方法经过几十年的发展开发出许多工艺，如 MCRC 工艺、克劳斯工艺、超级克劳斯工艺等。

6. 请简要叙述部分燃烧法制硫工艺

答：部分燃烧法制硫是将全部酸性气引入燃烧炉，所配空气量为烃类完全燃烧和三分之一 H_2S 燃烧生成 SO_2，并在燃烧炉内发生高温克劳斯反应，使部分 H_2S 和 SO_2 发生反应生成 S，剩余的 H_2S 和 SO_2 接着在催化剂的作用下，发生低温克劳斯反应进一步生成 S。

7. 请简要叙述克劳斯法制硫的最初工艺

答：硫黄回收装置普遍使用克劳斯法，该法于 1883 年首先由克劳斯用于工业生产，采用了一个反应器，让硫化氢在钴铁矿上同空气直接氧化成硫黄，该工艺硫转化率很低。

8. 请简要叙述硫回收中的 MCRC 工艺

答：MCRC 工艺在 20 世纪 70 年代由加拿大 DELTA 公司开发，该工艺使克劳斯装置最后一级反应器在低于露点的温度下操作，二个反应器定期切换，使其得到再生，催化剂上吸附的液硫被高温过程气带出反应器，从而使催化剂恢复活性，这样使装置达到

99％的硫回收率。

9. 请简要叙述硫回收中的 SCOT 工艺

答：SCOT 工艺在 20 世纪 70 年代初由英国和荷兰国际壳牌集团开发，该工艺在克劳斯装置基础上再增设了一套尾气处理装置，把克劳斯来的尾气与还原气加热进入 SCOT 反应器，在钴/钼催化剂作用下，把 S 和 SO_2 还原成 H_2S，然后经冷凝脱水进入胺吸收塔，把硫化氢吸收下来，使尾气得到净化，这样使装置达到 99.5％以上的硫回收率。

10. 请简要叙述硫回收中的富氧工艺

答：富氧硫回收工艺是提高进入反应炉燃烧空气中的氧含量，提高火焰温度及火焰的稳定性，并降低过程气中惰性组分氮气的含量，提高装置的处理能力和硫回收率，烧嘴温度的提高，可防止结炭引起的催化剂中毒。特别对含氨酸性气，采用富氧工艺，可产生更高的火焰温度，促进氨的分解，防止氨盐在后续催化剂床层上的沉积。

11. H_2S 体积分数为 20％的酸性气能否采用部分燃烧法制硫？为什么？部分燃烧法制硫对酸性气 H_2S 的体积分数有何要求？

答：H_2S 体积分数为 20％的酸性气不能采用部分燃烧法制硫，因为酸性气 H_2S 浓度过低，用部分燃烧法会使反应炉温度达不到工艺要求，H_2S 体积分数为 20％的酸性气应该采用分硫法。部分燃烧法制硫要求酸性气 H_2S 的体积分数在 45％以上。

12. 分硫法制硫工艺在燃烧炉中有无硫黄生成？为什么？

答：分硫法制硫工艺在燃烧炉中无硫黄生成，因为分流法制硫工艺在燃烧炉中的反应是按 100％的化学计量进行的，即酸性气中硫化氢全部燃烧生成 SO_2，不生成硫黄。

13. 克劳斯工段用燃料气进行热备用期间必须达到什么条件？

答：必须确保反应炉温度在 $1000 \sim 1200℃$，反应器床层温度 $300℃$，焚烧炉温度 $700℃$，硫冷凝器压力 $0.35MPa$，废热锅炉力 $3.9MPa$。

14. 尾气净化工段钴/钼催化剂用酸性气进行预硫化时，对酸性气有何要求？若用克劳斯尾气呢？

答：尾气净化工段钴/钼催化剂进行预硫化时，若用酸性气进行预硫化，要求酸性气中 NH_3 体积分数小于 5%，重烃体积分数小于 1%，若用克劳斯尾气进行预硫化，要求尾气中 H_2S/SO_2 之比为 $5 \sim 8$。

15. 装置检修停工对催化剂床层有什么要求？

答：装置设备和管线维修或反应器催化剂更换，装置必须长期停工，停工时要求去除催化剂床层所有硫并降低装置温度。

16. 本装置原料气组成如何？

答：① H_2S（体积分数，下同）$45\% \sim 85\%$；② NH_3 $5\% \sim 8\%$；③ CO_2 $4.5\% \sim 41\%$；④ $H_2O \leqslant 5.8\%$；⑤烃 $\leqslant 3\%$。

17. 本装置产品质量指标是什么？

答：①颜色亮黄，无机械杂质；②硫含量（质量分数，下同）$\geqslant 99.9\%$；③碳含量 $\leqslant 0.025\%$；④灰粉含量 $\leqslant 0.03\%$；⑤水含量 $\leqslant 0.1\%$；⑥硫化氢含量 $\leqslant 10 \times 10^{-6}$；⑦酸含量 $\leqslant 0.003\%$；⑧铁含量 $\leqslant 0.003\%$；⑨有机物含量 $\leqslant 0.03\%$；⑩砷含量 $\leqslant 0.0001\%$。

18. 本装置用到哪些主要化工原材料？

答：（1）克劳斯催化剂，型号 CT6-2B。
（2）克劳斯脱氧催化剂，型号 CT6-4B。

（3）尾气净化催化剂，型号 CT6-5B。

（4）MDEA 化学溶剂，型号 HA9510。

（5）废热锅炉加药剂，Na_3PO_4。

（6）液氨。

19. 简述克劳斯工段生产原理

答：酸性气在燃烧炉内用空气进行不完全燃烧，使酸性气中三分之一的 H_2S 燃烧成 SO_2，烃和氨完全燃烧，未燃烧的三分之二 H_2S 和燃烧生成的 SO_2 在高温条件下，发生反应生成硫和水，剩余的 H_2S 和 SO_2 继续在催化剂作用下，发生反应进一步生成硫和水，生成的硫经冷凝和捕集得到回收，尾气进入尾气净化工段进一步处理或至焚烧炉焚烧。

20. H_2S 和 SO_2 发生克劳斯反应的反应常数和温度有何关系？

答：H_2S 和 SO_2 发生的克劳斯反应当温度大于 630℃ 时，发生的是高温克劳斯反应，本反应是吸热反应，反应常数随温度升高而增加，硫化氢的转化率也随之升高；当反应温度小于 630℃ 时，发生的是低温克劳斯反应，需进行催化反应，是放热反应，反应常数随温度升高而降低，硫化氢的转化率也随之降低。

21. 简述尾气净化工段的生产原理？

答：克劳斯尾气中的硫和二氧化硫在尾气净化反应器内催化剂的作用下，与氢气反应生成 H_2S，过程气中的 H_2S 在低温条件下，经与甲基二乙醇胺溶剂充分接触后被吸附，净化后的尾气至焚烧炉焚烧，吸附了 H_2S 的富溶剂在较高温度被解吸，便溶剂得到再生，再生出来的 H_2S 被送至克斯工段回收硫黄。

22. 反应炉内主要发生哪些反应？

答：（1）$H_2S + 3/2O_2 \Longrightarrow SO_2 + H_2O$

（2）$2H_2S + SO_2 \Longrightarrow 3/2S_2 + 2H_2O$

（3）$C_nH_{2n+2}+3_n+1/2O_2 \Longrightarrow (n+1)H_2O+nCO_2$

（4）$H_2S+CO_2 \Longrightarrow COS+H_2O$

（5）$CH_4+2S_2 \Longrightarrow CS_2+2H_2S$

（6）$NH_3+3/4O_2 \Longrightarrow 1/2N_2+3/2H_2O$

23. 写出反应炉内 NH_3 的燃烧反应

答：反应炉内，含氨酸性气中除了 H_2S 外，主要成分有 NH_3，氨的燃烧反应如下。

（1）$NH_3+0.75O_2 \Longrightarrow 0.5N_2+1.5H_2O\text{-}89kcal$

（2）$2NH_3+5/2O_2 \Longrightarrow 2NO+3H_2O\text{-}Q$

（3）$2NH_3 \Longrightarrow 2N_2+3H_2+Q$

把 NH_3 送入反应炉的最主要目的是将 NH_3 转化成 N_2，然后排放至大气。

24. 克劳斯反应器内主要发生哪些反应？

答：（1）$2H_2S+SO_2 \Longrightarrow 3/nS_n+2H_2O$

（2）$H_2S+1/2O_2 \Longrightarrow H_2O+1/nS_n$

（3）$COS+H_2O \Longrightarrow CO_2+H_2S$

（4）$CS_2+2H_2O \Longrightarrow CO_2+2H_2S$

25. 尾气净化反应器内主要发生哪些反应？

答：（1）$CO+H_2O \Longrightarrow CO_2+H_2$

（2）$SO_2+3H_2 \Longrightarrow H_2S+2H_2O$

（3）$S_8+8H_2 \Longrightarrow 8H_2S$

（4）$COS+H_2O \Longrightarrow H_2S+CO_2$

（5）$CS_2+2H_2O \Longrightarrow 2H_2S+CO_2$

26. 克劳斯制硫工艺中副产物 COS 的生成机理如何？

答：克劳斯制硫工艺中副产物 COS 的生成机理大体为：H_2S 在一

定的温度下被分解，其分解量随温度上升而增加 $H_2S \longrightarrow S + H_2$

生成的游离态 H_2 能还原 CO_2 $CO_2 + H_2 \longrightarrow CO + H_2O$

生成的 CO 又与硫反应生成 COS $CO + 1/2 S_2 \longrightarrow COS$

CS_2 被 H_2O 和 SO_2 部分地分解也会生成 COS

$$CS_2 + 2H_2O \longrightarrow COS + H_2S$$
$$2CS_2 + SO_2 \longrightarrow 2COS + 3/2 S_2$$

同时也存在水解反应使 COS 减少 $COS + H_2O \longrightarrow CO_2 + H_2S$

27. 克劳斯制硫工艺中副产物 CS_2 的生成机理如何？

答： CS_2 生成机理大体为：在 >1000℃ 的反应炉中，甲烷和硫蒸汽的火焰内部会很快生成 CS_2 $CH_4 + 2S_2 \longrightarrow CS_2 + H_2S$，然后，$CS_2$ 被 H_2O 和 SO_2 部分地慢慢分解

$$CS_2 + 2H_2O \longrightarrow COS + H_2S$$
$$2CS_2 + SO_2 \longrightarrow 2COS + 3/2 S_2$$
$$CS_2 + 2H_2O \longrightarrow CO_2 + 2H_2S$$

在 <900℃ 低温下，在制硫炉内 CS_2 生成很慢，但分解也很慢。制硫炉内 CS_2 生成的数量主要是受这些机理影响的，而与气体在高温区域的停留时间无关。

28. 克劳斯制硫工艺中减少副产物 COS、CS_2 产生的办法？

答： （1）对一定含烃量的酸性气，将反应炉炉温增加至 1300℃，CS_2 生成反应就基本终止。

（2）将酸性气的 H_2S 浓度提高至 60% 以上，可减少 COS 的生成量。

29. 为什么要用三个硫冷器逐步把过程气中的硫冷凝回收？

答： 克劳斯反应为可逆反应，生成物为硫，当过程气中的硫分压变高时，生成硫的正反应将会停止，甚至向反方向进行，因此要使反应向生成硫的方向移动，必须及时冷凝捕集反应过程中生成的硫，降低过程气中的硫分压，使反应不断向正方向进行，提高反应

转化率。

30. 酸性气中烃含量对本装置有何影响？

答：一般炼厂酸性气中都有一定的烃含量，本装置制硫采用烧氨的克劳斯工艺，要求反应炉达到 1300℃ 左右的高温，酸性气中一定的烃含量，进入反应炉充分燃烧后可提高反应炉温度，使其符合工艺指标，如果酸性气烃含量偏小，在装置负荷较小或酸性气浓度较低时，由于酸性气燃烧产生的温度达不到反应炉温度指标，此时就需要向反应炉补充一定量的煤气，以提高反应炉温度。但若酸性气中烃含量过高或烃含量波动较大时，可能因配风不足或配风不能及时跟上烃含量的变化，烃在空气不足的情况下进行燃烧产生炭黑，炭黑会污染硫黄，使硫黄变成咖啡色甚至出现黑硫黄，炭黑还会污染催化剂，使反应器床层压力降增加，因此不希望出现生成炭黑的副反应。

31. 温度对尾气净化反应器里的反应有什么影响？

答：尾气净化反应器里发生的主要是 SO_2 和 S 还原成 H_2S 的反应，以及 COS、CS_2 水解反应。由于 SO_2 和 S 还原成 H_2S 的反应是放热反应，温度越低对反应越有利，但 COS、CS_2 水解反应为吸热反应，温度高对反应有利，因此需要较高的反应温度。综合考虑，将反应器床层温度控制在 300~350℃ 以满足生产要求。

32. 本装置克劳斯工段采用何种催化剂？装填方案如何？尾气加氢采用何种催化剂？

答：本装置克劳斯工段采用常规克劳斯反应 Al_2O_3 基催化剂 CT6-2B 和脱氧催化剂 CT6-4B，尾气加氢还原催化剂 CT6-5B。

它们装填方案如下：第一级克劳斯反应器，常规克劳斯反应 Al_2O_3 基催化剂 CT6-2B；第二级克劳斯反应器，上部 1/3 保护催化剂 CT6-4B 加下部 2/3 常规克劳斯反应 Al_2O_3 基催化剂 CT6-2B；尾气加氢还原反应器。

尾气加氢还原催化剂 CT6-5B。

33. 第二克劳斯反应器中，脱氧催化剂比例占多少？脱氧催化剂有何作用？

答：在第二克劳斯反应器中，脱氧催化剂比例占总床层高度的三分之一，其主要作用是防止因漏氧造成氧化铝催化剂硫酸盐化。

34. 克劳斯反应 Al_2O_3 基催化剂 CT6-2B 技术要求如何？

答：（1）外形　$\phi 4 \sim 6$ 毫米，白色球形。

（2）主要化学组成（质量分数）　$Al_2O_3 > 95$；$Fe_2O_3 \leqslant 0.05$；$SiO_2 \leqslant 0.04$；Na_2O $1000 \sim 2500mg/kg$。

（3）灼烧失重（质量分数）　< 4.0。

（4）物理性质　堆密度 $0.65 \sim 0.75kg/L$；比表面积 $> 290m^2/g$（低温氮吸附法）或 $\geqslant 230m^2/g$（甲醇吸附法）；比孔容 $\geqslant 0.40mL/g$；磨耗率 $< 0.6\%$；平均压碎强度 $\geqslant 160$ N/颗。

（5）空速（工况）　1500 h^{-1}。

35. 保护催化剂 CT6-4B 技术要求如何？

答：（1）外形　$\phi 4 \sim 6$ 毫米，褐色球形。

（2）主要化学组成　活性 Al_2O_3 负载活性金属化合物。

（3）灼烧失重（质量分数）　< 4.0。

（4）物理性质　堆密度 $0.75 \sim 0.85kg/L$；比表面积 $> 260m^2/g$（低温氮吸附法）或 $\geqslant 200m^2/g$（甲醇吸附法）；比孔容 $\geqslant 0.40mL/g$；磨耗率：$< 0.6\%$；平均压碎强度 $\geqslant 150$ N/颗。

（5）空速（工况）　1500 h^{-1}。

36. 克劳斯反应 Al_2O_3 基催化剂和保护催化剂的使用特性如何？

答：使用寿命 $\geqslant 5$ 年；使用温度范围 $180 \sim 400℃$，耐温界限 $700℃$；第二级克劳斯反应器后总 S 转化率 $\geqslant 96\%$；一二级克劳斯反应器后 COS 总水解率 $> 90\%$；一二级克劳斯反应器后 CS_2 总水解率＞70％。

37. 尾气还原催化剂 CT6-5B 技术要求以及使用特性如何？

答：（1）外形　$\phi4\sim6$ 毫米，蓝色球形。

（2）主要化学组成（质量分数）　$CoO>2.5$；$MoO_3>11$。

（3）灼烧失重（质量分数，482℃）　<0.9。

（4）物理性质　堆密度：$0.75\sim0.85kg/L$；比表面积 $\leqslant$ $285m^2/g$（低温氮吸附法）或 $\geqslant180m^2/g$（甲醇吸附法）；孔体积（<30 毫米）$\geqslant0.19\ cm^3/g$；压碎强度 $\leqslant150\ N/$颗。

（5）空速（工况）　$2500\ h^{-1}$。

使用寿命 $\geqslant6$ 年；使用温度范围 $180\sim400℃$，耐温界限 700℃；S、SO_2 转化率约100％；尾气中 $COS+CS_2$ 含量（尾气加氢还原反应器出口）$<10mL/m^3$。

38. 吸收塔和再生塔主要发生哪些反应？

答：（1）$H_2S+2R_2NH \Longleftrightarrow (R_2NH_2)_2S$

（2）$(R_2NH_2)_2S+H_2S \Longleftrightarrow 2R_2NH_2HS$

（3）$CO_2+2R_2NH \Longleftrightarrow (R_2NH_2)_2CO_3$

（4）$(R_2NH_2)_2CO_3+H_2O+CO_2 \Longleftrightarrow 2R_2NH_2HCO_3$

39. 液硫脱 H_2S 的生产原理是什么？

答：液硫与空气在鼓泡柱内充分接触，使液硫中的多硫化物分解，同时液硫中的 H_2S 与 O_2 反应生成硫黄，部分 H_2S 随空气进入气相，被蒸汽抽射至焚烧炉焚烧，使液硫中的 H_2S 得到了脱除，用反应方程式可表示如下。

$$H_2S_8 \Longrightarrow H_2S+7S$$
$$2H_2S+O_2 \Longrightarrow 2S+2H_2O$$

40. 液硫脱 H_2S 能否提高装置的硫回收率？为什么？

答：液硫脱 H_2S 不能提高装置的硫回收率，因为液硫脱气所产生的废气直接到焚烧炉焚烧，并随烟道气排放到大气中，其中的 H_2S 并没有回收利用。

41. 为什么要对氧化铝催化剂进行还原？

答：本装置一二级克劳斯反应器装填氧化铝催化剂，在该催化剂作用下 H_2S 与 SO_2 发生反应，当催化剂使用一定时间后，由于过程气中含有多余氧，它使催化剂中 Al_2O_3 活性组分被盐化而失活，造成催化剂中毒，硫转化率下降，因此有必要在装置停工前对催化剂进行还原。

42. 为什么要对钴/钼催化剂进行预硫化？

答：本装置尾气净化反应器装填钴/钼催化剂，在该催化剂作用下使 S 和 SO_2 与 H_2 发生反应，该催化剂的活性中心为硫化钴和硫化钼，而厂家提供催化剂的成分是氧化钴和氧化钼，因此装置初次开工时必须对该催化剂进行预硫化处理，在装置停工时若对催化剂进行了再生操作，下次开工时也必须对该催化剂进行预硫化处理。

43. 为什么要对钴/钼催化剂进行再生？

答：本装置尾气净化反应器装填钴/钼催化剂，在该催化剂作用下使 S 和 SO_2 与 H_2 发生反应，当催化剂使用一定时间后，由于反应气体中含有炭黑，它沉积在催化剂床层，使催化剂活性下降，反应器床层压差增加，因此有必要在装置停工时对催化剂进行再生。

44. 为什么要对催化剂进行钝化？

答：本装置的克劳斯和尾气净化催化剂在运行过程中积累了一定的硫化铁，硫化铁具有在较低温度下遇到空气能自燃的特性，一旦硫化铁发生自燃，反应器床层温度将迅速上升烧坏催化剂，对人身安全更是带来极大危害，因此在装置停工时必须对催化剂进行钝化。

45. 克劳斯尾气中 H_2S/SO_2 之比对硫转化率的影响如何？

答：克劳斯反应过程中 H_2S 和 SO_2 的分子比为 $2:1$，当原始的 H_2S/SO_2 之比不等于 $2:1$ 时，随着反应的进行，H_2S 和 SO_2 的比值随之增大或减小，随着偏离程度的增大，H_2S 转化成元素硫的转化率明显下降，为了提高装置硫转化率，在操作过程中必须控制反应炉合适的空气量，以确保尾气中 H_2S 和 SO_2 的分子之比达到 $2:1$，这是提高装置硫转化率的最根本条件。

46. 反应炉温度对装置有何影响？

答：本装置克劳斯硫回收采样烧氨工艺，进入反应炉的酸性气中含氨在 $5\%\sim8\%$（体积分数），如果氨在反应炉内燃烧不完全，就会在装置最冷部位形成铵盐沉积，使设备和管线堵塞，为了确保氨在反应炉内燃烧完全，必须控制反应炉炉膛温度在 $1250\sim1450℃$。

47. 反应炉废热锅炉出口过程气的温度设计值为多少？为什么？如果这点温度有较大幅度的下降或升高说明什么？

答：反应炉废热锅炉出口的过程气的温度设计值为 $318℃$，因为按设计的装置酸性气浓度和负荷，反应炉废热锅炉出口的过程气温度在 $318℃$ 时正好不会产生硫冷凝析出，因此通过计算废热锅炉的换热面积来确定装置设计负荷下此点温度在 $318℃$。如果这点温度有较大幅度的下降，而且温度在较短时间内下降，说明反应炉废热锅炉可能出现管束爆裂，应及时确认处理；在装置正常负荷的情况下，如果这点温度有较大幅度的升高，说明反应炉废热锅炉换热效率下降，可能是废热锅炉管束发生结垢而使其换热效率降低。

48. 克劳斯反应器入口温度对装置有何影响？

答：从反应炉来的过程气在反应器床层催化剂作用下，使

H_2S 与 SO_2 发生反应，该反应为放热反应，温度越低对反应越有利，但温度低于硫的露点温度会造成液硫析出而使催化剂失去活性，这样也会造成硫转化率的下降；另外要使装置得到高的硫转化率必须在催化剂作用下使 COS 和 CS_2 发生水解，而该水解反应为吸热反应，温度越高对水解越有利。因此必须控制克劳斯反应器入口温度 210～250℃，以确保装置获得高的硫转化率。

49. 捕集器 V-314 有何作用？为什么在此设置一个捕集器？

答：捕集器 V-314 的作用是进一步捕集硫冷器出口过程气中的硫，使尾气净化系统过程气中的硫含量降到最低。因为本装置不采用在线增压机，尾气净化系统的压差对装置的生产能力有重大影响，增加硫捕集器，降低进入尾气净化系统过程气的硫含量，减少尾气净化反应器的还原反应，减少可能因尾气还原不充分而在急冷塔产生固体硫黄析出，急冷塔压差增大而影响装置生产的不利因素。

50. 尾气净化反应器入口温度对装置有何影响？

答：从克劳斯来的尾气在反应器床层催化剂作用下使 S 和 SO_2 与 H_2 发生反应，该反应为放热反应，温度越低对反应越有利，但尾气中含有未在克劳斯反应器内完全水解的 COS 和 CS_2，必须在尾气净化反应器内完全水解，而该水解为吸热反应，温度越高越有利于水解，因而控制尾气净化反应器入口温度为 270～300℃，确保 S 和 SO_2 还原反应及 COS 和 CS_2 水解反应的完全。

51. 溶剂的温度对硫化氢的吸附和解吸有何影响？

答：含 H_2S 的尾气进入吸收塔内，在较低温度下 H_2S 被甲基二乙醇胺溶液吸收，该吸收过程为放热反应，温度越低越有利吸收，但是溶剂温度过低，会增加溶剂的黏度，反而不利于吸收，因此入吸收塔的溶剂温度一般控制在 20～50℃。吸收了 H_2S 的甲基二乙醇胺溶液进入再生塔后，在较高温度下，H_2S 从溶液中被解吸出来，该解吸过程为吸热反应，温度越高越有利解吸，但温度过高能耗增加，同时也可能造成甲基二乙醇胺的分解，因此溶剂再生塔气相返塔温度应控制在 $115\sim125℃$。

52. 溶剂中 MDEA 浓度对尾气脱硫效果有何影响？

答：尾气与溶剂在吸收塔内逆相接触时，溶剂中甲基二乙醇胺浓度越高，溶剂气相负荷就越低，尾气脱硫效果就越好，但是 H_2S 的吸收附过程是放热反应，溶剂浓度越高，吸附过程放出热量也越多，溶剂的温度上升也越大。这样，反而使 H_2S 吸附效果变差，因此溶剂的浓度不能太高也不能太低，溶剂的浓度一般由再生塔设计条件决定，本装置溶剂中 MDEA 质量分数为 30％左右。

53. 尾气净化系统过程气中 H_2 对急冷塔的操作有何影响？

答：尾气净化反应器的目的是使尾气中 S 和 SO_2 全部还原成 H_2S，如果 S 和 SO_2 没有完全还原成 H_2S 的尾气进入急冷塔，急冷水中硫积累就会增加，堵塞急冷塔填料层，SO_2 溶解在急冷水中，使急冷水酸性加强，对设备和管线会造成严重的腐蚀，而要使 S 和 SO_2 完全还原，必须控制急冷塔后尾气中 H_2 浓度 2％（体积分数）以上。

54. 影响尾气焚烧有哪些因素？

答：焚烧炉的目的是把尾气中 H_2S 全部焚烧成 SO_2，同时要有低的 NO_x 生成，其影响因素如下。

（1）焚烧温度　尾气中 H_2S 与 O_2 反应生成 SO_2，温度越高反应转化率越高，因此温度越高越有利于 H_2S 的焚烧，但温度太高没有这个必要，一般控制温度 $550\sim720℃$。

（2）空气流量　要便尾气中 H_2S 燃烧完全，必须有充足的空气量，空气量越大 H_2S 燃烧越完全，但空气量太大装置能耗会增加，根据环保要求，应控制烟道气中 O_2 含量 1.5％～4.0％（体积分数）。

（3）空气流量的分布 焚烧炉烧嘴采用低 NO_x 烧嘴，为了减少煤气燃烧过程中 NO_x 的生成，烧嘴主空气流量为煤气燃烧化学计量的 80% 左右，其余 20% 的化学计量空气进入烧嘴后部，避免烧嘴高温区域过氧生成 NO_x。

55. 酸性气含有过量的氨或水对装置有什么危害？

答：过量的氨 若入装置（Ⅱ污水汽提酸性气除外）酸性气中氨浓度大于 5%，就会从酸性气中析出硫化氢氨晶体造成管线和设备堵塞；入反应炉酸性气中氨浓度若高于 8%，则超过反应炉烧氨工艺所允许的氨含量，氨进入反应炉后燃烧不完全，在设备温度较低部位就会形成硫酸铵结晶，造成装置管线和设备堵塞。

过量的水 酸性气中正常水蒸气含量为 5.8%（体积分数），无冷凝水，对装置无影响，若酸性气中水含量大于 5.8%（体积分数），会使装置系统压力上升，反应炉温度波动，装置煤气消耗增加，硫转化率下降，严重的会造成事故，因此酸性气脱液罐应加强脱水，严防酸性气带明水进入反应炉。

56. 酸性气中带烃对装置有何影响？

答：本装置设计酸性气中烃含量为小于 3%（体积分数），若酸性气中烃含量增加。会使反应炉中因烃类燃烧不完全而产生炭黑，使液硫颜色变黑，催化剂床层积碳，严重影响装置的产品质量和正常运行。若酸性气中烃含量过低也对装置不利，使反应炉炉膛温度偏低，造成氨燃烧不完全，因此在反应炉应人为加入少量燃料气，以确保反应炉的温度。

57. 为什么降低过程气中的硫分压就能提高硫转化率？

答：H_2S 和 SO_2 发生的制硫反应是一个可逆反应，若过程气中的硫浓度升高，反应就向反方向移动，硫转化率就下降，过程气逐级反应、冷却和捕集，目的就是及时把反应生成的硫进行回收，降低过程气中的硫分压，使可逆反应向正方向移动，以提高各反应器的硫转化率。

58. 为什么液硫管线要用 0.3MPa 蒸汽伴热?

答:根据液硫的黏温特性,液硫在 130～160℃ 时黏度小,流动性最好,而 143℃ 时水的饱和蒸气压为 0.3MPa,因此用 0.3MPa 蒸汽对液硫管线进行伴热,即可提高液硫管线中液硫的流速,又可减少由于液硫管线伴热温度过高而造成的能量损失。

59. 为什么配制溶剂或系统补液时要用蒸汽冷凝水?

答:因为甲基二乙醇胺遇氧气容易被氧化而变质降解,如果使用除盐水或新鲜水配制溶剂或系统补液,除盐水和新鲜水中的氧,会导致部分甲基二乙醇胺氧化而失效,而脱氧水或蒸汽冷凝水两者氧含量极小,所以要用冷凝水或脱氧水配制溶剂或系统补液。

60. 为什么要对溶剂进行过滤?

答:因为吸收了 H_2S 的溶剂对设备和管线会造成一定的腐蚀,生成的 FeS 颗粒又容易使溶剂变脏和发泡,造成溶剂的损失,因此必须对溶剂进行连续有效的过滤,及时把溶剂中的 FeS 颗粒除去,平稳装置的操作,减小溶剂消耗。

61. 为什么急冷塔中需补氨?

答:在正常情况下,进入急冷塔的尾气中 SO_2 含量为零,H_2S 在略为酸性的急冷水中基本不溶解,急冷水的 pH 值 6～7,急冷水不需补氨。但装置的操作一旦发生波动,克劳斯尾气中 SO_2 和 S 含量偏高,尾气净化反应器中氢气还原不完全,使进入急冷塔的尾气中含有一定量的 SO_2,而 SO_2 容易溶于水具有较强的酸性,造成急冷水 pH 值下降,造成急冷塔填料和塔体的腐蚀加重,此时在急冷水中应加入氨,或加脱氧水置换急冷水,把急冷水的 pH 控制在 6～7,减少急冷水对设备和管线的腐蚀。

62. 硫封罐的作用是什么?

答:装置从硫冷凝器到液硫池的液硫管线是畅通的,这样硫冷凝器内含 H_2S 和 SO_2 的有毒有害气体就会从液硫管线随液硫跑出来,硫封罐的作用就是利用液硫的静压把气体封住,本装置的硫封深度为 3.4 米,冲破硫封压力为 50kPa。

63. 为什么硫冷凝器安装时要求有坡度?

答:硫冷凝器管程为含硫过程气,该过程气经过硫冷凝器时被冷却产生液体硫黄,液硫具有较大的黏度,流动速度较慢,若硫冷凝器安装时有坡度,可以加快液硫的流速,减小过程气的压降。另外硫冷凝器有坡度液硫不易在设备内积累,当过程气氧含量较高时,也不会造成液硫燃烧而损坏设备。

64. 反应炉和焚烧炉为什么要砌花墙?

答:炉子的作用是使各组分充分发生反应,炉内砌花墙能加强各组分的混合效果,延长各组分的停留时间,同时它能使炉子增加蓄热量,提高炉内温度,从而提高炉子效率。

65. 本装置采用什么样的吸收塔?为什么?

答:本装置吸收塔采用填料塔,不同于Ⅳ、Ⅴ套硫黄装置的双溢流浮阀塔,因为本装置采用无在线增压机工艺,也没有针对校正吸收塔负荷的长循环,如果采用浮阀塔,在装置负荷较低时,浮阀塔容易产生漏液,影响尾气吸收,而采用填料塔,则不会有此现象产生。同时填料塔操作压力较板式塔低,能减少装置总体压差。填料塔容易发送堵塞,并造成填料层压降升高。

66. 尾气吸收塔为什么设置两段填料,溶剂分精、半贫液入塔?

答:传统的尾气吸收塔一般采用一段吸收工艺,具有操作简单,设备投入费用少等特点,但其净化后尾气硫化氢含量一般在

100×10^{-6} 以上，特别是克劳斯硫回收系统操作波动时，净化能力比较差，如Ⅳ、Ⅴ套硫黄装置的吸收塔。本装置吸收塔采用两段填料，溶剂分精、半贫液入塔，尾气由塔底进，先经半贫液吸收，再经精贫液吸收，具有以下优点。

（1）尾气中硫化氢含量可降至 50×10^{-6}，甚至更低，装置总硫回收率在 99.8% 以上。

（2）各种情况下都能有很高的吸收率，即使前面硫回收部分发生操作波动，两段尾气吸收，也能使尾气中的硫化氢含量降到很低。

（3）两段吸收工艺和再生塔两段再生工艺配合，还能降低装置能耗。

（4）采用无在线增压机工艺，吸收塔压力低，对吸收不利，两段吸收可加强吸收效果，弥补低压力对吸收的影响。

67. 如何补充溶剂？停工时溶剂如何退出？废溶剂如何处理？

答：新鲜溶剂由溶剂罐 T-101（Ⅳ硫黄）经溶剂泵 P-105A 增压后，由管线输送到重沸器溶剂入口处进入溶剂再生塔，实现装置溶剂补充，或由地下溶剂罐经溶剂收集罐泵增压后，再经溶剂过滤器 S-303 过滤后去溶剂补充；停工时贫溶剂经精贫液泵增压后，再经精贫液/富液换热器和精贫液空冷器后，由退胺线（精贫液入吸收塔手阀前，退胺液时关手阀）退至溶剂罐 T-101 回用，或经精贫液/富液换热器出精贫液线排污口，直接排至地下溶剂罐储藏回用；废溶剂由各排污口排至地下溶剂罐，如果溶剂受污染，则由溶剂收集罐泵增压后送污水汽提装置处理。

68. 1.0MPa 蒸汽使用点有哪些？

答：ADA 伴热；酸性气送火炬线吹扫用汽；入装置酸性气线吹扫用汽；煤气入装置线吹扫用汽；再生塔吹扫用汽；吸收塔吹扫用汽；蒸汽过热器、废热锅炉 E-311 暖锅蒸汽；过程气抽射器 J-302 用汽；过滤器 S-301、S-302、S-304 吹扫用汽；各服务站用汽；各点伴热蒸汽；减温减压器 M-306 用汽；氧气分析仪用汽。

69. 0.35MPa 蒸汽使用点有哪些？

答：重沸器 E-308 用汽；液硫池加热蒸汽；液硫池灭火蒸汽；克劳斯反应器降温蒸汽；脱气抽射器 J-301 用汽；反应炉降温雾化蒸汽；硫冷器 E-303 暖锅蒸汽；各点伴热蒸汽；液硫、脱气系统夹套伴热蒸汽；除氧器加热蒸汽；地下溶剂罐加热用汽；塔区消防蒸汽。

70. 酸性气预热后再进入反应炉的目的是什么？

答：是为了防止铵盐结晶堵塞设备和管线。

71. 液硫池壁面由几层组成？它们各是什么？有何作用？

答：液硫池壁面由 3 层组成，外层混凝土并刷两层沥青是为了防水，中间轻质保温砖是为了隔热，内层耐酸陶瓷砖是为了防腐。

72. 克劳斯工段设计的操作弹性为多少？尾气净化工段呢？

答：克劳斯工段设计操作弹性为 30％～105％，尾气净化工段设计的操作弹性为 0～105％。

73. 本装置生成硫黄最多的部位是哪里？为什么？

答：本装置生成硫黄最多的部位是反应炉，因为在反应炉里发生的是高温克劳斯反应，温度越高对反应越有利，反应炉的高温正好加强了反应，同时反应炉中的 H_2S 和 SO_2 浓度也是最高的。

74. 过程气抽射器有何作用？

答：（1）装置尾气净化系统点炉升温过程中，通过抽射器建立开工循环，使低温循环气冷却尾气净化炉高温燃烧气，保证设备安全，同时对反应器进行升温。

（2）尾气净化反应器催化剂预硫化操作，通过抽射器建立过程循环。

（3）由于生产异常发生急冷塔轻微堵塔时，尾气净化系统压力将上升，影响装置负荷增大，此时可通过开启抽射器，降低净化系统压力，为装置负荷提高创造条件。

（4）正常生产中，过程气抽射器将停用。

（5）尾气净化系统停工中，催化剂钝化、再生建立过程气循环。

（6）装置处理量低时，开抽射器建立过程气循环。

75. 如何降低硫黄回收装置尾气 SO_2 的排放？

答：（1）保证上游装置来的酸性气组分稳定，特别是烃含量不能变化过大。

（2）选用高效的催化剂，提高硫回收反应深度。

（3）投用好 H_2S/SO_2 在线分析仪，投用好反应炉微调风控制。

（4）平稳尾气净化系统操作，控制好溶剂吸收和再生操作。

76. 本装置废热锅炉连续排污、定期排污排出的炉水是如何出装置的？

答：本装置废热锅炉连续排污、定期排污排出的炉水先到排污罐 V-304，闪蒸低压蒸汽、回收余热，经液位控制排出 V-304 后，与硫冷凝器排污来的水汇合，再和循环冷水混合，由循环冷水控制混合后的温度，并由管线直接排到工厂循环热水管网。

77. 酸性气预热器采用哪种蒸汽加热？为什么？空气预热器呢？

答：酸性气预热器采用 3.5MPa 饱和蒸汽或 3.5MPa 过热蒸汽加热，由于本装置采用烧氨工艺，反应炉温度要求较高，提高入反应炉酸性气的温度，可提高炉温增加热量。

第二节 岗位操作知识

1. 废热锅炉烧干为什么不能马上加脱氧水？

答：废热锅炉烧干后，锅炉管束温度很高，此时若马上加脱氧水，会使废热锅炉管束发生急剧的冷缩和水的迅速气化，轻则管束变形损坏设备，重则发生爆炸事故，因此废热锅炉烧干后不能马上加脱氧水，应缓慢通蒸汽降温，然后再缓慢加入脱氧水冷却。

2. 新砌好的炉子为什么要烘炉？烘炉时为什么要按烘炉曲线升温？

答：烘炉是为了除去炉墙中的水分，并使耐火浇注料和耐火砖得到充分烧结，以免在炉膛升温时水分急剧气化及耐火砖受热急剧膨胀，而造成开裂或倒塌。

烘炉曲线是由耐火砖和耐火烧注料生产厂家根据材料特性确定的升温曲线，若温度升得太快，炉体砌筑处就会出现明显的裂缝，若温度升得太慢，则既浪费时间又增加燃料的消耗，因此烘炉时一定要按烘炉曲线升温。

3. 装置停工检修前为什么必须对酸性气、煤气、氢气管线进行吹扫？

答：装置停工后，酸性气、煤气、氢气管线中尚有残余的硫化氢、烃和氢气等，它们是易燃易爆、有毒的气体，不把它们吹扫干净，在检修动火时就会发生着火、爆炸或中毒事故，所以停工检修时必须对酸性气、煤气和氢气管线进行吹扫。

4. 塔体试压后在泄压时，为什么要顶放空底排凝同时进行？

答：塔体一般用蒸汽试压，试压后塔内压力高，在泄压时如果只开塔底排凝阀，此时塔盘将承受自上而下的强大压力，容易使塔盘变形，甚至塌塔。相反如果只是塔顶放空，塔盘将承受自下而上的压力，同样使塔盘变形，浮阀吹掉。如果顶放空底排凝同时进行，塔盘所承受的压力则可大大减轻，这样塔盘不会变形，塔内附件不会损坏。

5. 装置开工时为什么要进行蒸汽吹扫？要注意什么？

答：蒸汽吹扫的目的是用蒸汽贯通流程，清除设备和管线内的脏物。蒸汽吹扫应注意的事项如下。

（1）装置炉子和反应器等设备不得用蒸汽吹扫，介质为空气、压缩风、循环水、除盐水等的管线不用蒸汽吹扫。

（2）引蒸汽前要排尽冷凝水，引汽要缓慢，防止水击和膨胀过剧损坏设备。

（3）低温温度计要拆除。

（4）冷换设备要打开另一程放空。

（5）泵和控制阀走副线，防止脏物吹入。

（6）待设备或管线吹扫干净后再吹扫仪表引线。

6. 装置在试压过程中要注意什么？

答：（1）按照试压范围改好流程，不遗漏、不窜压。

（2）按照规定的试压介质和试验压力试压。

（3）仪表引线、液面计都应与主体设备一起试压。

（4）检查要全面，包括焊缝、盲板、垫片、仪表等，并而作好详细的试压记录。

（5）整改要彻底，不得把问题留到开工后处理。

（6）试压完后设备要泄压。

7. 为什么要对设备进行气密性试验？

答：气密性试验是检查设备致密性的重要手段，对酸性气系统、尾气系统、过程气系统、煤气和溶剂再生系统要进行气密性试验，目的就是消除在试压中难以发现的微小渗漏，防止在装置开工中发生硫化氢、二氧化硫、烃类等易爆有害气体的泄漏，以及氧气进入系统。

8. 为什么尾气净化炉点火前要启动过程气蒸汽抽射器？

答：尾气净化炉中煤气与空气发生次化学计量燃烧，在烧嘴后部产生较高温度的燃烧气，而尾气净化炉的设计和操作温度较低，如果不及时把烧嘴产生的高温燃烧气体冷却，就会造成尾气净化炉严重超温，烧坏设备，为此在尾气净化炉点火前，应先启动过程气蒸汽抽射器，使尾气净化工段建立开工循环，用低温的循环气进入尾气净化炉冷却烧嘴过来的高温燃烧气，确保尾气净化炉正常运行。

9. 为什么反应炉热启动时要用氮气吹扫？

答：炉子点火时为了防止炉内爆炸气体形成，必须用充足的氮气进行吹扫，由于反应炉后的反应器床层温度较高且含有可燃的硫，若炉子用空气进行吹扫，吹扫空气中的氧气进入反应器就会造成床层着火，损坏催化剂，因此反应炉热启动时用氮气吹扫。

10. 烧嘴点火完成后为什么要把点火枪及时缩回？

答：烧嘴点火时点火枪插入，点火器送电，煤气阀打开，点火完成后，煤气烧嘴区域为高温区，点火枪保留在该区域必定被烧坏，因此程序要求点火枪在规定时间内必须缩回，否则点火程序返回，烧嘴自动熄灭。

11. 烧嘴点火时如何控制煤气流量？

答：为了烧嘴顺利进行点火，点火时必须控制烧嘴的煤气流量合适，煤气流量控制采用人工和自动相结合的办法，首先程序限制了煤气流量的上下限，煤气切断阀打开之前，煤气调节器被程序跟踪，调节阀预先处于最小位置，一旦切断阀打开，煤气调节器程序跟踪断开，煤气调节阀迅速达到预先设定位置，此时操作人员可在程序限制的范围内调节煤气流量以得到稳定的火焰，烧嘴点火完成后，程序把调节阀的控制权完全交给操作人员操作，以方便炉子升温。

12. 烧嘴点火时如何控制空气流量？

答：为了烧嘴点火时的安全和点火过程顺利进行，点火时烧嘴的空气流量控制必须合适，空气流量控制采用人工和自动相结合的办法，程序打开空气切断阀，操作人员可在程序限制的范围内控制空气流量，便空气流量在规定的时间内达到指定的流量。烧嘴点火完成后，程序把空气调节阀的控制权完全交给操作人员操作，以方便炉子的升温。

13. 酸性气采样如何操作？

答：（1）酸性气采用密闭采样，采样人员应带好便携式硫化氢报警仪，并选择适用的防毒面具，由两人同时到现场，人站在上风向，由操作人员采样（硫化氢含量大于 5% 的样由操作人员采），化验工监护，采样阀开度不宜过大，并注意周围情况。

（2）采样时打开采样小跨线上下游阀，建立酸性气小流量，置换采样小管内酸性气。

（3）再打开采样头上下游针型阀，确保有酸性气通过采样头后可开始采样。

（4）采样结束必须关严采样小跨线上下游阀和采样头上下游针型阀。

（5）如发现采样阀泄漏，须及时更换阀门，更换时必须戴好防毒面具，并有人监护。

（6）为了防止采样点塑料插针头老化穿孔，H_2S 气体泄漏，须定期更新塑料插针头。

14. 为什么焚烧炉要设置温度高安全联锁？

答：对于焚烧炉来说温度偏高不会造成严重的后果，因此焚烧炉一般不设温度高安全联锁，但由于本装置焚烧炉后部有蒸汽过热器，若焚烧炉温度过高，会损坏蒸汽过热器炉管，严重的会使炉管破裂，造成事故，所以焚烧炉设置了温度高安全联锁。

15. 为什么废热锅炉要设置液位低安全联锁？

答：废热锅炉液位是本装置的重要工艺指标，为了防止仪表指示误差造成事故，废热锅炉设置独立的液位低安全联锁，若废热锅炉液位过低，管束温度上升，管束变形，损坏废热锅炉，因此要设置安全联锁。

16. 反应炉有哪些安全联锁？并说明联锁信号值和信号取法？

答：①反应炉废热锅炉液位低，联锁值 30%，信号取法为二取二；②煤气脱液罐液位高，联锁值 80% 和 63.3%，信号取法为二取二；③酸性气脱液罐液位高，联锁值 50%，信号取法为二取二；④反应炉空气压力高，联锁值 50kPa，信号取法为三取二；⑤主风机停；⑥克劳斯单元内/外手动停车。

17. 尾气净化炉有哪些安全联锁？

答：①燃料气脱液罐液位高，联锁值 80% 和 63.3%，信号取法为二取二；②克劳斯单元联锁；③主风机停；④尾气净化单元内/外手动停车。

18. 焚烧炉有哪些安全联锁？

答：①焚烧炉燃烧室温度高，联锁值 750℃，信号取法为二取二；②焚烧炉废热锅炉液位低，联锁值 30%，信号取法为二取二；③煤气脱液罐液位高，联锁值 80% 和 63.3%，信号取法为二取二；④高压蒸汽出装置温度高，联锁值 470℃，信号取法为二取二；⑤克劳斯单元联锁；⑥焚烧炉风机停；⑦焚烧炉单元内/外手动停车。

19. 液硫脱气有哪些安全联锁？

答：①主风机停；②焚烧炉单元联锁；③液硫脱气单元内/外

手动停车。

20. 克劳斯反应炉、焚烧炉、尾气净化炉、液硫脱气之间安全联锁的关系如何？

答：反应炉安全联锁级别为一级，当反应炉安全联锁动作时，焚烧炉联锁跳车，液硫脱气也因焚烧炉联锁而跳车，尾气净化炉也联锁跳车；焚烧炉安全联锁级别为二级，当焚烧炉安全联锁动作时，液硫脱气跳车。尾气净化炉和液硫脱气安全联炉为三级，尾气净化炉安全联锁动作对反应炉、焚烧炉和液硫脱气无影响，液硫脱气安全联锁动作时，对反应炉、焚烧炉、尾气净化炉无影响。

21. 克劳斯单元联锁动作结果是什么？

答：（1）尾气净化系统旁路切断阀开；调节器"手动"同时输出最大；尾气净化系统入口电磁阀断电；手操器输出最小；空气预热器蒸汽切断阀关。

（2）反应炉酸性气切断阀关；酸性气电磁阀断电；手操器输出最小；煤气切断阀关，煤气电磁阀断电；煤气调节阀"手动"同时输出最小；空气切断阀关；空气调节器"手动"同时输出最小；蒸汽切断阀关；蒸汽调节器"手动"同时输出最小。

（3）1♯在线炉煤气切断阀关；煤气电磁阀断电；煤气调节器"手动"同时输出最小；空气切断阀关；空气调节器"手动"同时输出最小。

（4）2♯在线炉煤气切断阀关；煤气电磁阀断电；煤气调节器"手动"同时输出最小；空气切断阀关；空气调节器"手动"同时输出最小。

（5）克劳斯单元联锁信号去Ⅱ套污水汽提装置、焚烧炉单元、尾气净化单元，同时辅助操作台克劳斯单元联锁停车报警报警。

22. 液硫脱气单元联锁动作结果是什么？

答：空气切断阀关；蒸汽切断阀关；废气切断阀关；同时辅助

操作台液硫脱气单元联锁停车报警报警。

23. 尾气净化单元联锁动作结果是什么？

答：（1）尾气净化系统旁路切断阀开；调节器"手动"同时输出最大；尾气净化系统入口电磁阀断电；手操器输出最小。

（2）过程气蒸汽抽射器跨线阀开；蒸汽调节器输出最小。

（3）尾气净化炉煤气切断阀关；煤气电磁阀断电；调节器"手动"同时输出最小；空气切断阀关；调节器"手动"同时输出最小；氢气切断阀关；氢气调节器"手动"同时输出最小。

（4）辅助操作台尾气净化单元联锁停车报警报警。

24. 焚烧炉单元联锁动作结果是什么？

答：（1）空气切断阀关；空气调节器"手动"同时输出最小；空气调节器"手动"同时输出最大；煤气切断阀关；煤气电磁阀断电；调节器"手动"同时输出最小。

（2）除氧水切断阀关；焚烧炉单元联锁信号去液硫脱气；辅助操作台焚烧炉单元联锁停车报警。

25. 反应炉冷启动的初始条件是什么？状态跟踪又是什么？

答：初始条件　克劳斯单元联锁复位；反应炉二个酸性气阀关；反应炉二个煤气阀关；第一在线炉二个煤气阀关；第二在线炉二个煤气阀关；尾气单元旁路阀开；尾气净化单元入口阀关；煤气罐液位不高；煤气罐出口压力不低；反应炉空气压力不高；反应炉废热锅炉液位不低；主空气鼓风机启动；点火器缩回；反应器床层无可燃物。

状态跟踪　酸性气手操器输出最小；反应炉煤气流量调节器"手动"输出最小；反应炉主空气流量调节器"手动"输出最小；反应炉次空气流量调节器"手动"输出最小；反应炉蒸汽流量调节器"手动"输出最小；尾气净化单元旁路压力调节器"手动"输出最小；氮气流量调节器"手动"输出最小；装置切断阀开关（辅助

操作台上）处于投用位置。

26. 反应炉冷启动步骤如何？

答：（1）引空气吹扫　初始条件满足，启动程序，状态跟踪，按下反应炉冷启动按钮，所有调节器程序跟踪退出，空气切断阀打开，空气计时器启动 1.5 分钟，操作人员手动调节空气流量调节器的输出，使空气流量在 1.5 分钟内达到每小时 4500kg。1.5 分钟后，程序检测空气流量不小于每小时 4500kg，启动吹扫计时器 7 分钟，否则程序返回。

（2）引煤气点火　7 分钟空气吹扫结束，最长点火计时器启动 5 分钟，煤气电磁阀供电，点火枪插入电磁阀供电，操作人员手动调节煤气流量调节器的输出。程序在 5 分钟内检测到点火枪插入正常位置，否则程序返回，检测点火枪插入位置正常，煤气切断阀打开，点火计时器启动 10 秒，点火器供电 10 秒，操作人员手动调节输出，使煤气流量合适。

（3）点火成功　点火器供电 10 秒后，点火器断电，至少有一个火焰检测仪检测到火焰，否则程序返回。同时点火枪插入电磁阀断电，点火枪 10 秒内缩回。

（4）程序完成　10 秒内程序检测到点火枪缩回正常位置，否则程序返回，同时程序检测火焰检测仪、空气流量计、空气压降投用正常，点火程序完成。

27. 反应炉热启动的初始条件是什么？状态跟踪又是什么？

答：初始条件　克劳斯单元联锁复位；反应炉二个酸性气阀关；反应炉二个煤气阀关；第一在线炉二个煤气阀关；第二在线炉二个煤气阀关；尾气单元旁路阀开；尾气净化单元入口阀关；煤气罐液位不高；煤气罐出口压力不低；反应炉空气压力不高；反应炉废热锅炉液位不低；主空气鼓风机启动；点火器缩回。

状态跟踪　酸性气手操器输出最小；反应炉煤气流量调节器"手动"输出最小；反应炉主空气流量调节器"手动"输出最小；

反应炉次空气流量调节器"手动"输出最小；反应炉蒸汽流量调节器"手动"输出最小；尾气净化单元旁路压力调节器"手动"输出最大；氮气流量调节器"手动"输出最小。

28. 反应炉热启动氮气吹扫步骤如何？

答：（1）引氮气吹扫　初始条件满足，启动程序，状态跟踪，按下反应炉程序热启动接钮，所有程序跟踪退出，氮气入反应炉切断阀开，同时计时器启动，操作人员通过手动调节氮气流量调节器的输出，使氮气流量在 1.5 分钟内达到每小时 850kg。

（2）1.5 分钟后流量达到大于每小时 850kg，吹扫计时器启动，反应炉用氮气吹扫 15 分钟，然后关闭氮气切断阀，氮气流量调节器切换至"手动"同时输出最小，若 1.5 分钟内流量没有达到大于每小时 850kg，吹扫失败，程序返回。

（3）反应炉氮气吹扫完成后，最长点火时间计时器启动，若在 5 分钟内反应炉未点燃，程序返回至初始状态。氮气吹扫结束。

29. 反应炉热启动氮气吹扫结束如何点火？

答：（1）反应炉氮气吹扫完成，空气切断阀开，煤气调节阀电磁阀供电，点火枪插入电磁阀供电，最长点火时间计时器启动，操作人员手动设定调节器输出。

（2）程序在 5 分钟内程序检测到空气切断阀全开和点火枪插到正常位置后，煤气切断阀开，电点火器供电，同时点火计时器启动 10 秒钟，操作员手动调节煤气流量调节器的输出，使煤气流量合适。若 5 分钟内程序未检测到空气切断阀全开或点火枪未插到正常位置，则程序返回。

（3）点火 10 秒钟时间过去以后，点火器断电，若空气流量大于最低允许值每小时 4500kg，且火焰检测仪至少有一个检测到火焰，则点火成功，否则程序返回至初始状态。点火成功后，点火枪在 10 秒钟内缩回，否则程序返回。

（4）点火枪缩回后，操作人员通过手动调节空气和煤气两流量比例合适，程序检测反应炉火焰检测仪、空气流量计和空气压降表投用正常，点火程序完成。

30. 第一在线炉启动的初始条件是什么？状态跟踪又是什么？

答：初始条件 克劳斯单元联锁复位；反应炉有火焰；反应炉空气流量不低；反应炉空气压力不高；反应炉空气压降不低；反应炉废热锅炉液位不低；第一在线炉二个煤气阀关；第一在线炉无火焰；煤气罐液位不高；煤气罐出口压力不低；点火器缩回。

状态跟踪 第一在线炉煤气流量调节器"手动"输出最小；第一在线炉空气流量调节器"手动"输出最小；装置切断阀开关（辅助操作台上）处于投用位置。

31. 第一在线炉点火步骤如何？

答：（1）初始条件满足，启动程序，状态跟踪，按下第一在线炉程序点火按钮，所有调节器状态跟踪退出，空气计时器启动40秒，点火器插入计时器启动80秒，空气切断阀打开，煤气电磁阀供电，点火枪插入电磁阀供电，操作人员手动调节空气流量调节器和煤气流量调节器输出，使空气流量在40秒钟内达到大于每小时300kg的流量，否则程序返回。

（2）引煤气点火：40秒钟内建立空气流量后，程序在下一个40秒钟内检测到点火枪插入位置正常，煤气切断阀打开，同时点火器供电10秒，点火开始，操作人员手动调节煤气流量调节器FIC-5012调节煤气流量，程序在10秒钟内检测到火焰，否则点火失败。

（3）电点火器断电后，点火枪插入电磁阀断电，10秒钟内程序检测到点火枪缩回到正常位置，否则，程序返回，同时程序检测火焰检测仪和空气流量投用正常，操作人员手动调节空气流量和煤气流量合适，点火成功。

32. 第二在线炉启动的初始条件是什么？状态跟踪又是什么？

答：初始条件 克劳斯单元联锁复位；反应炉有火焰；反应炉

空气流量不低；反应炉空气压力不高；反应炉空气压降不低；反应炉废热锅炉液位不低；第二在线炉二个煤气阀关；第二在线炉无火焰；煤气罐液位不高；煤气罐出口压力不低；点火器缩回。

状态跟踪　第二在线炉煤气流量调节器"手动"输出最小；第二在线炉空气流量调节器"手动"输出最小；装置切断阀开关（辅助操作台上）处于投用位置。

33. 第二在线炉点火步骤如何？

答：（1）初始条件满足，启动程序，状态跟踪，按下第一在线炉程序点火接钮，所有调节器状态跟踪退出，空气计时器启动40秒，点火器插入计时器启动80秒，空气切断阀打开，煤气电磁阀供电，点火枪插入电磁阀供电，操作人员手动调节空气流量调节器和煤气流量调节器输出，使空气流量在40秒钟内达到大于每小时220kg的流量，否则程序返回。

（2）40秒钟内建立空气流量后，程序在下一个40秒钟内检测到点火枪插入位置正常，煤气切断阀打开，同时点火器供电10秒，点火开始，操作人员手动调节煤气流量调节器调节煤气流量，程序在10秒钟内检测到火焰，否则点火失败。

（3）电点火器断电后，点火枪插入电磁阀断电，10秒钟内程序检测到点火枪缩回到正常位置，否则程序返回，同时程序检测火焰检测仪和空气流量投用正常，操作人员手动调节空气流量和煤气流量合适，点火成功。

34. 焚烧炉启动的初始条件是什么？状态跟踪又是什么？

答：初始条件　焚烧炉单元复位；焚烧炉尾气无火焰；焚烧炉二个煤气阀关；焚烧炉废热锅炉液位不低；焚烧炉燃烧室温度不高；过热温度不高；点火器缩回；煤气罐液位不高；煤气罐出口压力不低；焚烧炉风机启动。

状态跟踪　煤气流量调节器"手动"输出最小；主空气流量调节器"手动"输出最小；第一空气流量调节器"手动"输出最小；

第二空气流量调节器"手动"输出最大；装置切断阀开关（辅助操作台上）处于投用位置。

35. 焚烧炉点火时空气吹扫步骤如何？

答：（1）引空气　初始条件满足，启动程序，状态跟踪，按下焚烧炉点火启动按钮，所有调节器跟踪退出，空气计时器启动1分钟，空气切断阀打开，操作人员手动调节主空气流量调节器的输出，使其在1分钟内达到大于每小时2600kg的流量，1分钟内空气流量建立，否则程序返回。

（2）空气洗扫　1分钟后，空气吹扫流量建立，吹扫计时器启动4分钟，焚烧炉开始空气吹扫。

36. 焚烧炉空气吹扫结束后如何点火？

答：（1）空气吹扫结束，煤气电磁阀YZ-6031供电，点火枪插入电磁阀供电，点火枪插入计时器启动2分钟，2分钟内程序检测到点火枪插入位置正常，煤气切断阀打开，点火计时器启动10秒，点火器供电10秒钟，操作人员手动调节煤气流量调节器的输出，调节煤气流量合适，程序在10秒钟内检测到火焰；否则程序返回。

（2）点火器供电10秒钟后，点火器停止供电，点火枪插入电磁阀断电，点火枪在10秒钟内缩回正常位置，否则程序返回，同时程序检测火焰检测仪和空气流量计投用正常，操作人员手动调节空气和煤气流量合适，点火完成。

37. 尾气净化炉启动的初始条件是什么？状态跟踪又是什么？

答：初始条件　尾气净化单元联锁复位；尾气净化炉无火焰；尾气净化炉氢气切断阀关；尾气净化炉二个煤气阀关；点火器缩回；主空气鼓风机启动；焚烧炉有火焰；煤气罐液位不高；煤气罐出口压力不低；开车循环建立。

状态跟踪　氢气流量调节器"手动"输出最小；空气流量调节

器"手动"输出最小；煤气流量调节器"手动"输出最小；氮气流量调节器"手动"输出最小；氢气压力调节器"手动"输出最小；装置切断阀开关（辅助操作台上）处于投用位置。

38. 尾气净化炉点火时氮气吹扫步骤如何？

答：（1）启动急冷塔急冷水循环，启动过程气抽射器，由抽射器贯通尾气净化系统开工循环线，并由循环流量调节器控制循环气量；将克劳斯尾气先引入尾气净化系统。

（2）引氮气吹扫　初始条件满足，启动程序，状态跟踪，按下尾气净化炉程序点火按钮，所有调节器跟踪退出，氮气切断阀打开，氮气计时器启动40秒，操作人员手动调节氮气流量调节器的输出，使氮气流量在40秒钟内达到每小时280kg，否则程序返回。40秒钟后，吹扫计时器启动2分钟，氮气吹扫2分钟。

（3）氮气停止　扫2分钟后，氮气吹扫结束，吹扫计时器停止，氮气切断阀关闭。

39. 尾气净化炉氮气吹扫后如何点火？

答：（1）氮气吹扫完成后，空气计时器启动20秒，最大点火计时器启动2分钟，空气切断阀打开，煤气电磁阀供电，点火器插入电磁阀供电，操作人员手动调节空气流量调节节和煤气流量调节器的输出，使空气流量在20秒钟内达到大于每小时600kg，否则程序返回。

（2）引煤气点火　空气入20秒钟以后，程序在100秒内检测到点火枪插入正常，煤气切断阀打开，同时点火计时器启动10秒，电火器送电10秒开始打火，操作人员手动调节煤气流量调节器的输出，使煤气流量合适，在电打火器点火的10秒内，火焰检测仪至少有一个检测到火焰，否则程序返回。

（3）点火10秒后，点火器断电，点火枪插入电磁阀断电，点火枪在10秒钟内缩回正常位置，否则程序返回，同时程序检测火焰检测仪和空气流量计投用正常，操作人员手动调节空气和煤气流量合适，点火完成。

40. 反应炉引酸性气的初始条件是什么？状态跟踪又是什么？

答：初始条件　反应炉有火焰；第一在线炉有火焰；第二在线炉有火焰；焚烧炉有火焰；反应炉二个酸性气阀关；反应炉空气压力不高；反应炉空气压降不低；反应炉空气流量不低，第一在线炉空气流量不低；第二在线炉空气流量不低；反应炉废热锅炉液位不低；酸性气罐液位不高；煤气罐液位不高；煤气罐出口压力不低；尾气净化单元跨线阀开；尾气净化单元入口阀关。

状态跟踪　低压蒸汽流量调节器"手动"输出最小；酸性气手操器输出最小；装置切断阀开关（辅助操作台上）处于投用位置。

41. 反应炉引酸性气步骤如何？

答：（1）引酸性气　初始条件满足，启动程序，状态跟踪，按下反应炉引酸性气按钮，酸性气切断阀开，电磁阀送电，手操器程序跟踪断开，酸性气计时器启动 5 分钟，操作人员通过提高手操器的设定值，逐步增加入反应炉酸性气流量，使酸性气流量在 5 分钟内达到大于每小时 3350kg，否则程序返回。酸性气进入反应炉。

（2）停煤气　操作人员通过减少反应炉煤气流量调节器的设定值，减少煤气入反应炉，直至调节阀全关，再按反应炉停煤气阀按钮，煤气切断阀关，电磁阀断电，反应炉煤气流量调节器"手动"并输出最小，煤气停进反应炉。

42. 反应炉停酸性气的初始条件是什么？状态跟踪又是什么？

答：初始条件　反应炉有火焰；第一在线炉有火焰；第二在线炉有火焰；焚烧炉有火焰；反应炉二个煤气阀关；反应炉空气压力不高；反应炉空气压降不低；反应炉酸性气流量不低；反应炉空气流量不低，第一在线炉空气流量不低；第二在线炉空气流量不低；反应炉废热锅炉液位不低；酸性气罐液位不高；煤气罐液位不高；煤气罐出口压力不低；尾气净化单元跨线阀开；尾气净化单元入口阀关。

状态跟踪　反应炉煤气流量调节器"手动"输出最小；装置切断阀开关（辅助操作台上）处于投用位置。

43. 反应炉停酸性气步骤如何？

答：（1）引煤气　初始条件满足，启动程序，状态跟踪，按下反应炉煤气阀开按钮，煤气切断阀开，煤气电磁阀供电，煤气流量调节阀程序跟踪断开，操作人员手动调节煤气流量调节器的输出，调节进应炉煤气流量合适。

（2）停酸性气　通过减少手操器的设定值，逐步减少入反应炉酸性气流量，并保持酸性气流量大于最低允许值每小时3350kg。

（3）按酸性气停按钮，酸性气切断阀关，电磁阀断电，手操器输出最小，酸性气停进反应炉，酸性气脱液罐高液位联锁退出。反应炉改煤气燃烧。

44. 尾气净化炉引尾气开工步骤如何？

答：（1）引还原气　关还原气放空阀，由逻辑操作画面，开还原气入尾气净化炉切断阀，操作人员通过还原气压力和流量调节器调节入尾气净化炉还原气压力和流量。

（2）引尾气　克劳斯尾气压力调节器切换至"自动"，并缓慢提高其压力设定，使克劳斯尾气跨线阀慢慢关上，尾气入净化系统切断阀前后有正压差。

（3）由逻辑操作画面打开尾气入净化系统电磁阀，并缓慢提高手操器的设定值，逐渐开大尾气入净化系统切断阀，直至克劳斯尾气跨线阀全关，尾气全部进入净化系统。

45. 尾气净化炉停尾气操作步骤如何？

答：（1）停尾气前，先投用过程气抽射器，开工循环线建立。

（2）停尾气　由逻辑画面打开克劳斯跨线切断阀，同时把克劳斯尾气压力调节器切换至"自动"，并设定一个比原来系统压力稍高的压力，使全关，再通过缓慢关小尾气入净化系统阀，使克劳斯尾气旁路阀缓慢打开，直至尾气入净化系统阀全关，尾气停止入尾气净化炉。

（3）**停还原气**　由逻辑操作画面关还原气入尾气净化炉切断阀，开还原气送火炬阀，还原气压力和流量调节器打"手动"并输出最小，调节阀全关，还原气停入尾气净化炉。

46. 反应炉紧急启动的初始条件是什么？状态跟踪又是什么？

答：初始条件　克劳斯单元联锁复位；反应炉二个酸性气阀关；反应炉二个煤气阀关；第一在线炉二个煤气阀关；第二在线炉二个煤气阀关；尾气单元旁路阀开；尾气净化单元入口阀关；煤气罐液位不高；煤气罐出口压力不低；反应炉空气压力不高；反应炉废热锅炉液位不低；主空气鼓风机启动；点火器缩回；反应炉温度；反应器床层温度。

状态跟踪　酸性气手操器输出最小；反应炉煤气流量调节器"手动"输出最小；反应炉主空气流量调节器"手动"输出最小；反应炉次空气流量调节器"手动"输出最小；尾气净化单元旁路压力调节器"手动"输出最大；装置切断阀开关（辅助操作台上）处于投用位置。

47. 反应炉紧急启动步骤如何？

答：（1）初始条件满足，启动程序，状态跟踪，按反应炉紧急启动点火按钮，所有调节器跟踪退出，点火计时器启动2分钟，空气切断阀打开，煤气切断阀打开，煤气电磁阀供电，操作人员手动调节空气流量调节器和煤气流量调节器的输出，使空气和煤气流量合适。

（2）2分钟后程序检测反应炉火焰检测仪、反应炉空气流量计和反应炉空气压降投用正常，点火完成。

48. 液硫脱气启动的初始条件是什么？状态跟踪又是什么？

答：初始条件　液硫脱气单元联锁复位；焚烧炉有火焰；主空

气鼓风机运行。

　　状态跟踪 脱气空气流量调节器"手动"输出最小；装置切断阀开关（辅助操作台上）处于投用位置。

49. 液硫池脱气启动步骤如何？

　　答：（1）初始条件满足，启动程序，状态跟踪，按抽射器引蒸汽按钮，蒸汽计时器启动 1 分钟，蒸汽切断阀开，废气切断阀开，1 分钟内废气流量不小于每小时 2500kg，否则程序返回。液硫池蒸汽抽射一定时间。

　　（2）按液硫池引空气按钮，所有调节器跟踪退出，空气计时器启动 1 分钟，空气切断阀开，操作人员手动调节空气流量调节器输出，使空气流量在 1 分钟达到不小于每小时 800kg，否则程序返回初始状态，1 分钟后，吹扫计时器启动 15 分钟，液硫池空气吹扫 15 分钟。

　　（3）液硫池空气吹扫 15 分钟后，程序检测废气流量不小于每小时 1200kg，否则程序返回，程序检测液硫池空气流量和废气流量投用正常，液硫池脱气启动完成。

50. 反应炉正常升温步骤如何？

　　答：（1）从环境温度升至150℃（升温速率20℃/小时，升温时间 6 小时）。

　　（2）150℃保温 6 小时。

　　（3）150℃和升温至 250℃（升温速率 20℃/小时，升温时间 5 小时）。

　　（4）250℃保温 10 小时。

　　（5）250℃升至 540℃（升温速率 20℃/小时，升温时间 14 小时）。

　　（6）540℃保温 6 小时。

　　（7）540℃升温至 820℃（升温速率 20℃/小时，升温时间 14 小时）。

　　（8）820℃保温 10 小时。

（9）820℃升温至操作温度（升温速率 40℃/小时，升温时间 11 小时）。

51. 焚烧炉正常升温步骤如何？

答：（1）从环境温度升至 150℃（升温速率 25℃/小时，升温时间 5 小时）。

（2）150℃保温 6 小时。

（3）150℃升温至 250℃（升温速率 25℃/小时，升温时间 4 小时）。

（4）250℃保温 10 小时。

（5）250℃升温至 540℃（升温速率 25℃/小时，升温时间 12 小时）。

（6）540℃保温 10 小时。

（7）540℃升温至操作温度（升温速率 40℃/小时，升温时间 4 小时）。

52. 反应器正常升温步骤如何？

答：（1）从环境温度升至 150℃（升温速率 20℃/小时，升温时间 6 小时）。

（2）150℃保温 6 小时。

（3）150℃升温至 250℃（升温速率 20℃/小时，升温时间 5 小时）。

（4）250℃保温 10 小时。

（5）250℃升温至操作温度（升温速率 20℃/小时，升温时间 4 小时）。

53. 酸性气脱液罐如何进行脱液操作？

答：酸性气脱液罐液位达到规定值时即进行脱液，脱液必须密闭进行，脱液操作如下。

（1）先打开送火炬阀，把容器泄至常压，然后关严送火炬阀，再缓慢打开酸性气脱液罐底部排液阀，同时注意观察酸性气压送罐玻璃板液位至 80％左右时，关底部排液阀。

（2）打开氮气入口阀，注意观察罐内的压力，当罐内压力接近 0.8MPa 时，打开 V-302 底部排液阀，罐内继续充压并维持压力，把酸性水压出装置。

（3）待液位达 10％左右时，关氮气入口阀和酸性水出口阀，打开送火炬阀，把容器泄至常压，然后关严送火炬阀。

（4）若液位依旧超过规定值，则重复上述操作直液位符合要求为止。

54. 钴/钼催化剂如何进行预硫化操作？

答：尾气净化反应器中钴/钼催化剂的有效成分为 CoS 和 MoS，而厂家提供的催化剂为 CoO 和 MoO，在尾气净化系统开工前，必须对催化剂进行预硫化，使 CoO 和 MoO 转化为 CoS 和 MoS，预硫化操作如下。

（1）尾气净化系统升温结束，并引入还原气。

（2）通过调节尾气净化炉的煤气和空气流量，控制尾气净化反应器入口温度使反应器床层温度达 250℃左右。

（3）通过调节尾气净化炉配风比或通过调节的设定值，控制循环气中 $CO+H_2$ 含量接近 6％（体积分数，下同）。

（4）联系化验分析酸性气组成，要求酸性气 NH_3 含量小于 5％，重烃含量小于 3％。

（5）缓慢打开预硫化酸性气入口阀，联系化验分析入反应器气体中 H_2S 含量，控制入反应器循环气中 H_2S 含量为 1％左右，钴/钼催化剂即进行预硫化（H_2S 与氧化钴/钼反应生成硫化钴/钼）。

（6）通过分析尾气净化反应器出入口气体中 H_2S 含量，判断催化剂预硫化程度，当反应器出入气体中 H_2S 浓度接近时，说明催化催预硫化将完成。

（7）提高尾气净化反应器床层温度至 300℃，并保温 4 小时，加强催化剂预硫化效果。

（8）把反应器入口温度降至 280℃，关严酸性气入尾气净化炉阀，钴/钼催化剂预硫化完成，准备引尾气开工。

55. 钴/钼催化剂如何进行钝化操作法？

答：尾气净化反应器的钴/钼催化剂使用一定时间后，催化剂床层含有一定的 FeS，装置停工中需对催化剂进行钝化，使催化剂中的 FeS 被反应掉，确保停工后反应器床层不会发生 FeS 自燃，操作方法如下。

（1）尾气净化炉熄火，反应器降温至 60～70℃。

（2）增大过程气抽射器气流量，加大过程气循环量，系统内用氮气保压。

（3）切除尾气净化系统联锁硬旁路，打开尾气净化炉空气切断阀，引小量空气进入循环系统，并控制循环气中 O_2 含量在 0.1%（体积分数，下同）。

（4）钴/钼催化剂中的 FeS 进行钝化（FeS 与 O_2 反应成 FeO），钝化过程应有控制地进行，通过分析反应器出口气体中的 O_2 和 SO_2 含量，判断催化剂钝化进度，在此期间应控制反应器床层温度不大于 100℃，如反应器床层温度上升接近 100℃，应及时减少循环气中空气加入量。

（5）反应器床层温升不明显，逐渐加大循环气中空气加入量，便反应器入口气体中 O_2 含量达到 2%，并通过分析反应器出入口气体组分，确认无化学反应发生。

（6）缓慢加大循环气中空气加入量，使循环气中 O_2 含量达到 20%，钴/钼催化剂钝化完成。

56. 钴/钼催化剂再生操作方法如何？

答：尾气净化反应器的钴/钼催化剂经过一定的使用时间后，反应器床层会积碳，使催化剂活性下降，床层压降增加，在装置停工时需对催化剂进行再生操作，操作方法如下。

（1）尾气净化工段切断尾气进料，尾气净化炉停止还原气进入。

（2）适当增加尾气净化炉配风比，使反应器入口气体中 H_2 含量降到 1％（体积分数，下同），O_2 含量提高至 0.3 ％。

（3）逐步提高尾气净化反应器入口温度在 350℃，钴/钼催化剂再生开始（碳与氧气发生反应生成 CO_2）。

（4）经常分析反应器出口气体中 SO_2、CO_2、O_2、H_2S 含量，判断催化剂再生情况，严防反应器床层过热，床层温度不得大于 400℃。

（5）待催化剂再生基本完成，逐步提高反应器入口温度至 370℃，同时把反应器入口气体中 O_2 含量提高至 0.5％，一定时间后催化剂再生完成，尾气净化炉熄火降温。

57. 氧化铝催化剂还原操作方法如何？

答： 氧化铝催化剂运行一段时间后，部分催化剂会因为过程气中的 SO_2 和 O_2 存在而发生氧化，产生硫酸盐，使催化剂活性下降，因此在装置停工前需对催化剂进行还原操作，操作如下。

（1）减少克劳斯工段酸性气流量至设计负荷的 30％～40％。

（2）增大在线炉的空气和燃料气流量，提高反应器入口温度，控制反应器床层温度至 300～350℃。

（3）减小反应炉空气与酸性气的配比，分析第二反应器后气体中的 H_2S 含量为 2％～3％（体积分数）。

（4）氧化铝催化剂进行还原（硫酸铝与 H_2S 反应生成氧化铝和硫），24 小时后催化剂得到复活，装置准备停工。

58. 氧化铝催化剂热浸泡操作方法如何？

答： 氧化铝催化剂运行一段时间后，催化剂积硫过多，催化剂活性下降，反应器床层压降增加，此时应对氧化铝催化剂进行热浸泡，热浸泡操作步骤如下。

（1）增大在线炉的煤气和空气流量，使反应器入口温度比正常高 15～30℃。

（2）催化剂进行热浸泡（液硫气化），24 小时后热浸泡结束，降低反应器入口温度至正常操作温度，装置恢复正常运行。

59. 过滤器如何进行清洗操作？

答：当过滤器的出入口压差超过 0.15MPa 时，过滤器就需清洗，操作步骤如下。

（1）打开过滤器跨线阀，关闭过滤器出入口阀，把过滤器内残液排入地下溶剂罐。

（2）打开过滤器吹扫蒸汽入口，用蒸汽吹干净过滤器底部溶剂后，开过滤器上排污口，用蒸汽反吹过滤器，直至吹扫干净。

（3）如果蒸汽反吹扫效果不明显，联系维修单位打开过滤器头盖，抽过滤器芯子，用新鲜水冲洗干净后再复位，封顶部大盖。

（4）关闭过滤器底部排放阀，打开过滤器入口阀，待顶部排气流量计有指示后，关顶部排气阀。

（5）缓慢打开过滤器出入口阀，同时缓慢关闭过滤器副线阀，检查过滤器压力及压差正常。

60. 溶剂如何进行配制？

答：（1）打开蒸汽冷凝水入胺溶剂贮罐阀，加入适量的冷凝水，并核实罐内液位与冷凝水流量指标相符。

（2）启动溶剂循环泵，改为通溶剂循环流程，建立溶剂循环。

（3）打开胺液加入阀，利用气泵把胺液从筒内抽至胺溶剂贮罐，核实 MDEA 流量与罐内液位指示相符。

（4）溶剂继续用循环 24 小时，联系化验分析罐内溶剂的入 MDEA 浓度。

61. 除氧器如何进行启运？

答：（1）打开除盐水入除氧器阀，打开除氧器底部排污阀，冲洗干净除氧器。

（2）打开除氧器顶部排气阀，关闭除氧器底部排污阀，建立除氧器液位到达 80% 左右，关除盐水阀。

（3）打开脱氧水泵入口阀，启动除氧水泵，打开泵出口回流阀，除盐水建立循环。

（4）缓慢打开 0.35MPa 蒸汽入除氧器阀，使除氧器以每小时 20℃的速度升温，当除氧器温度达到 100℃时，适当关小除氧器顶部排气阀，同时调节蒸汽加入量，使除氧器内保持 0.02MPa 左右压力，温度控制在（105±2）℃。

（5）联系化验分析除氧水合格。

（6）启动锅炉水泵向废热锅炉供脱氧水，打开除氧水泵出口阀，全关除氧水回流阀，向硫冷器加除氧水。

（7）打开除盐水入除氧器阀，控制除氧器液位和压力正常。

62. 如何进行过程气抽射器启停操作？

答：启动过程气抽射器　关阀，尾气净化系统氮气冲压，急冷塔建立急冷水循环，开抽射器出入口手阀，关抽射器跨线切断阀，改为通开车/低处理量循环线，手动提高抽射器蒸汽流量控制阀开度，引中压蒸汽入抽射器，同时通过流量控制器控制开车循环线的循环气量，并投用开车放空线压力控制器，控制尾气净化系统压力，抽射器来的过程气在急冷塔冷凝下凝结水，由急冷塔液位控制排出。抽射器启动完毕，开车循环建立。

停用过程气抽射器　尾气净化系统升温结束，达到引尾气条件，引部分尾气入尾气净化系统，并经开车放空线压控阀排放到焚烧炉。逐渐减小开车循环线流量设定值，减少开车循环气量，直至调节阀全关，开车循环线停止过程气循环，同时调整克劳斯尾气入尾气净化系统流量，并降低开车放空线压力设定，降低抽射器蒸汽流量控制阀的输出，减少抽射器蒸汽流量，由逻辑控制开抽射器跨线阀，待尾气净化系统压力稳定，全关抽射器蒸汽和过程气出入口阀，停抽射器。

63. 如何进行废热锅炉启运操作？

答：（1）打开废热锅炉脱氧水入口阀及锅炉底部排污阀，用脱氧水冲洗干净废热锅炉壳程。

（2）炉子点火前废热锅炉加脱氧水至液面 60％～80％，打开汽包顶部放空阀，把废热锅炉内的氧气用蒸汽置换干净。

（3）蒸汽氧含量合格后，关闭蒸汽放空阀，废热锅炉蒸汽压力上升，当压力达到工艺指标时，打开蒸汽出装置阀，把蒸汽并入炼厂蒸汽系统管网。

（4）投用废热锅炉的压力和液位控制系统，并投用低液位的停车联锁，以确保废热锅炉的安全运行。

（5）稍开废热锅炉及汽泡排污阀，投用排污罐 V-304，把废热锅炉和汽泡累积的残液及时排出，以确保废热锅炉长周期运行。

（6）投用废热锅炉加药设施。

64. 克劳斯尾气 H_2S/SO_2 比值影响因素及调节方法如何？

答：克劳斯尾气 H_2S/SO_2 比值直接影响装置硫转化率，装置尾气中 H_2S/SO_2 的比值，通过在线分析仪与微调整空气流量调节器反馈控制和酸性气需氧量与主空气流量调节器前馈控制调节。

影响因素 ①酸性气中 H_2S 浓度波动；②酸性气流量波动；③空气/酸性气比例不合适；④煤气流量、组分波动；⑤空气/煤气比例不合适；⑥ H_2S/SO_2 在线分析仪未投用；⑦仪表测量不准；⑧调节器比例、积分、微分不合适；⑨ H_2S/SO_2 在线分析仪坏。

调节方法 投用酸性气组分在线分析仪 ①投用反应炉空气前馈和反馈控制系统；②通过调整空气/酸性气比例；③投用煤气组分在线分析仪；④通过调整空气/煤气比例；⑤投用在线分析仪；⑥联系仪表工校表；⑦重新整定调节器的 PID；⑧联系化验增加尾气 H_2S/SO_2 分析频率，及时调整反应炉配风比，并联系仪表修理 H_2S/SO_2 在线分析仪。

65. 反应炉温度影响因素及调节方法如何？

答：反应炉温度影响酸性气中氨的燃烧效果和装置的平稳运行，装置反应炉温度通过温度调节器与煤气流量调节器或空气温度调节器的串级调节实现，两个回路采用分程控制。

影响因素　①酸性气 H_2S 含量太低；②酸性气 H_2S 含量太高；③煤气流量波动；④酸性气中烃含量过高；⑤酸性气中烃含量过低；⑥空气/酸性气比例不合适；⑦空气/煤气比例不合适；⑧调节器比例、积分、微分不合适；⑨仪表测量不准。

调节方法　①投用空气和酸性气温度调节系统；②反应炉空气停止预热；③投用反应炉温度与煤气流量串级调节系统；④反应炉空气停止预热，反应炉补氮气降温；⑤反应炉补煤气；⑥调整空气/酸性气比例器；⑦调整空气/煤气比比例器；⑧重新整定调节器PID；⑨联系仪表工校表。

66. 克劳斯反应器入口温度影响因素及调节方法如何？

答：克劳斯反应器入口温度影响 H_2S 和 SO_2 反应转化率，以及 CS_2 和 COS 水解率，克劳斯反应器入口温度通过温度调节器与煤气流量调节器，以及空气流量调节器的交叉限位控制系统实现。

影响因素　①煤气温度、压力、流量波动；②煤气组分波动；③空气流量波动；④空气/煤气比例不合适；⑤过程气流量和温度波动；⑥仪表测量不准；⑦调节器比例、积分、微分不合适。

调节方法　①投用煤气温度、压力补偿及煤气流量串级调节系统；②投用煤气组分在线分析仪；③投用空气流量串级调节系统；④调节空气/煤气比；⑤投用反应器入口温度调节系统；⑥联系仪表工校表；⑦重新整定调节器PID。

67. 尾气净化反应器入口温度影响因素及调节方法如何？

答：斯科特反应器入口温度影响尾气中 SO_2 与 H_2 的还原反应转化率，斯科特反应器入口温度通过温度调节器与空气流量调节器，以及煤气流量调节器形成的复杂交叉限位控制系统实现。

影响因素　①煤气温度、压力和流量波动；②煤气组分波动；③空气流量波动；④空气/煤气比例不合适；⑤空气/煤气上下限设定不合适；⑥克劳斯尾气温度和流量波动；⑦仪表测量不准；⑧调节器比例、积分、微分不合适。

调节方法 ①投用煤气温度和压力补偿及煤气流量调节系统；②投用煤气组分在线分析仪；③投用空气流量调节系统；④通过调整空气/煤气比例；⑤通过和重设上下限定；⑥投用好反应器入口温度的交叉限位控制系统；⑦联系仪表工校表；⑧重新整定调节器 PID。

68. 净化尾气氢气含量影响因素及调节方法如何？

答：斯科特尾气氢气含量直接影响 SO_2 的还原条件和斯科特工段的正常操作，装置尾气中氢气含量通过氢气含量调节器与氢气流量调节器，以及空气/煤气比值调节器串级调节完成。

影响因素 ①氢气压力波动；②氢气流量浓度波动；③空气/煤气比例不合适；④克劳斯尾气流量波动；⑤尾气中 S 和 SO_2 含量过高；⑥尾气中 H_2S/SO_2 比例过小；⑦H_2 在线分析仪未投用；⑧H_2 在线分析仪坏；⑨仪表测量不准；⑩调节器比例、积分、微分不合适。

调节方法 ①投用好氢气压力调节系统；②投用好氢气流量调节系统；③调整空气/煤气比例器；④投用好氢气含量串级控制系统；⑤平稳克劳斯工段操作，提高工段硫转化率；⑥降低反应炉空气/酸性气比值，投用 H_2S/SO_2 在线分析仪；⑦投用好 H_2 控制系统；⑧联系化验增加尾气中氢含量分析频率，根据分析数据调节氢气流量或空气/煤气比例；⑨联系仪表工校表；⑩重新整定调节器 PID。

69. 焚烧炉温度影响因素及调节方法如何？

答：焚烧炉温度影响尾气中硫化氢的焚烧，装置焚烧炉温度通过温度调节器与主空气流量调节器和煤气流量调节器构成的交叉限位系统，以及第二空气流量调节器形成的复杂回路实现，两回路用分程控制。

影响因素 ①煤气温度、压力和流量波动；②煤气组分波动；③空气与煤气比值不合适；④尾气流量和组分波动；⑤尾气中

H_2S 含量波动增大；⑥仪表测量不准；⑦调节器比例、积分、微分不合适；⑧尾气中 H_2 含量波动增大；⑨温度高于设定值。

调节方法　①投用煤气压力和温度补偿及煤气流量调节系统；②投用煤气组分在线分析仪；③调节温控比值；④投用焚烧炉温度交叉限位调节系统；⑤平稳克劳斯、尾气净化工段操作；投用第二空气控制系统；⑥联系仪表工校表；⑦重新整定调节器 PID；⑧调节尾气净化单元的氢含量；⑨装置联锁停车。

70. 烟道气中氧含量影响因素及调节方法如何？

答：尾气氧含量影响尾气中硫化氢的焚烧，装置尾气中含氧量通过氧含量调节器 AIC-6006 与第二空气流量调节的串级调节实现。

影响因素　①第一空气流量波动；②第二空气流量波动；③焚烧炉温度过高；④O_2 含量在线分析仪坏；⑤仪表测量不准；⑥调节器比例、积分、微分不合适；⑦在线分析仪坏。

调节方法　①投用第一空气流量调节系统；②投用 O_2 在线分析仪与第二空气流量串级调节系统；③先降低焚浇炉温度，再用第二空气控制氧含量；④联系化验分析烟气中 O_2 含量，根据分析数据调整第二空气流量；⑤联系仪表工校表；⑥重新整定调节器 PID；⑦根据化验分析结果通过手动调节来控制 O_2 含量。

71. 废热锅炉液位影响因素及调节方法如何？

答：废热锅炉液位控制失灵会发生严重的设备损坏和人身伤亡事故，装置废热锅炉液位通过液位调节器与脱氧水流量调节器和蒸汽流量的串级控制实现。

影响因素　①脱氧水流量波动；②蒸汽流量波动；③液位测量仪表失灵；④装置负荷变化；⑤蒸汽压力波动；⑥调节器比例、积分、微分不合适；⑦废热锅炉液位过低；⑧仪表测量不准；⑨锅炉给水压力波动。

调节方法　①投用脱氧水流量调节系统；②投用蒸汽流量补偿；③平衡废热锅炉出入物料，维持锅炉液位；④投好废热锅炉液位串级调节系统；⑤投好串级控制系统，克服液位波动；⑥重新整定调节器 PID；⑦装置联锁停车；⑧联系仪表工校表；⑨确保锅炉水泵平稳运行。

72. 溶剂再生塔气相返塔温度影响因素和调节方法如何？

答：溶剂再生塔气相返塔温度直接影响溶剂再生效果和净化尾气质量，装置气相返塔温度根据富液流量与蒸汽流量比值调节器和流量调节器实现。

影响因素　①蒸汽/富液比值不合适；②蒸汽温度和压力波动；③蒸汽带冷凝水；④冷凝水系统出路不畅；⑤富液流量波动；⑥再生塔压力波动；⑦仪表测量不准；⑧调节器比例、积分、微分不合适。

调节方法　①调整蒸汽/富液比值器；②投用好低压蒸汽温度和压力调节系统；③低压蒸汽脱除冷凝水；④更换蒸汽疏水器；⑤投好蒸汽/富液比值调节系统；⑥投用再生塔压力控制，平稳再生塔压力；⑦联系仪表工校表；⑧重新整定调节器 PID。

73. 克劳斯工段硫回收率低原因及调节方法如何？

答：原因　①尾气中 H_2S/SO_2 比值不合适；②克劳斯反应器入口温度偏低或偏高；③克劳斯催化剂活性下降；④硫捕集器效率低；⑤硫冷凝器后尾气温度高；⑥装置负荷偏高或偏低；⑦酸性气浓度偏低。

调节方法　①投用 H_2S/SO_2 在线分析仪，控制尾气中 H_2S/SO_2 之比；②把反应器入口温控制在工艺指标内；③催化剂进行热浸泡、再生操作或更换催化剂；④硫捕集器更换丝网；⑤降低硫冷凝器蒸汽压力；⑥搞好装置平稳运行；⑦平衡酸性气管网酸气平衡分配。

74. 尾气净化工段硫回收率偏低原因及调节方法如何？

答：原因　①尾气净化反应器床层温度偏低；②尾气净化反应

器催化剂失活；③尾气中 H_2 含量偏低；④克劳斯工段硫转化率偏低；⑤吸收塔气液接触效果差；⑥吸收塔温度偏高；⑦精贫液中 H_2S 含量偏高；⑧装置低负荷尾气净化反应器发生偏流。

调节方法　①提高尾气净化应器入口温度；②对催化剂进行预硫化或再生操作；③提高氢气流量或降低空气/煤气配比；④优化克劳斯工段操作；⑤平衡系受塔精/半贫液入塔流量；⑥降低尾气和贫液温度；⑦提高再生塔蒸汽/富液配比；⑧投用过程气抽射器，建立低处理量循环。

75. 硫黄质量差原因及调节方法如何？

答：原因　①酸性气中烃含量高，硫黄发黑；②反应炉空气/酸性气配比小，硫黄碳含量高；③反应炉空气与酸性气混合效果差，硫黄碳含量高；④反应炉温度过低，硫黄中有机物含量高；⑤液硫池脱气部分液位低硫黄中 H_2S 量高；⑥空气鼓泡器空气流量低，硫黄中 H_2S 含量高；⑦液硫脱气系统未投用，硫黄中 H_2S 含量高。

调节方法　①及时联系上游装置，提高反应炉配风比；②适当调大反应炉空气/酸性气配比；③提高反应炉烧嘴空气和酸性气压降；④提高反应炉炉膛温度；⑤关严液硫池底部连通阀；⑥调大空气鼓泡器空气流量；⑦投用液硫脱气系统。

76. 净化尾气 H_2S 含量偏高的原因及调节方法如何？

答：原因　①吸收塔入口精贫液中 H_2S 含量偏高；②吸收塔温度过高；③吸收塔气液相接触效果差；④吸收塔气相负荷不足；⑤吸收塔入口尾气中 H_2S 含量偏高；⑥贫液中 MDEA 浓度过低；⑦吸收塔溶剂负荷过大；⑧溶剂中 MDEA 老化；⑨吸收塔入口半、精贫液流量分配不合适；⑩溶剂中 CO_2 吸收过多。

调节方法　①提高再生塔蒸汽/贫液配比；②降低尾气和贫液入塔温度；③平衡吸收塔入口半、精贫液流量；④调节装置负荷，使吸收塔气相负荷满足生产要求；⑤优化克劳斯工段操作；

⑥向溶剂中加入一定新鲜的 MDEA；⑦提高吸收塔溶剂循环量；⑧更换部分溶剂；⑨平衡吸收塔入口半、精贫液流量；⑩ 平衡酸性气管网酸性气分配，改高浓度酸性气入本装置，减少过程气 CO_2 含量。

77. 精贫液中 H_2S 含量偏高的原因及调节方法如何？

答：原因　①再生塔底部温度偏低；②再生塔压力偏高；③再生塔气/液相负荷不合适；④重沸器壳程液位过高；⑤富液中 CO_2 含量偏高；⑥再生塔顶部温度过低。

调节方法　①提高再生塔蒸汽/溶剂比值；②控制好再生塔压力；③调整再生塔蒸汽/溶剂比值；④从酸性水回流泵排出部分酸性水；⑤加强再生塔溶剂再生操作，增加富溶剂中 CO_2 的拔出量；⑥适当降低吸收塔顶部回流量或提高富液入塔温度。

78. 急冷塔急冷水 pH 值如何调节？

答：（1）在正常情况下，急冷水的 pH 为 6～7，一般不发生变化，因此不用调节。

（2）在尾气净化工段工况不稳时，造成尾气中 SO_2 还原不完全，急冷水 pH 值降低，此时操作人员应根据 pH 在线分析仪的指示，从急冷水泵入口加除氧水置换，控制急冷水 pH 在工艺卡片范围内。

（3）在尾气净化反应器催化剂进行钝化和再生接作时，尾气中 SO_2 浓度高，急冷水的 pH 值会迅速下降，应加入大量的除氧水置换急冷水，调节其 pH 值。

79. 再生塔压力如何控制？

答：装置再生塔压力控制是通过酸性气压力控制器，两个回路采用分程控制。

（1）在正常情况下，再生塔压力较低，再生塔压力控制由控制器自动控制来实现，酸性气返回到克劳斯工段制硫。

（2）在事故情况下，再生塔压力突然上升，当力超过设定值，该控制阀打开，酸性气至火炬焚烧。

（3）在正常操作过程中，若压力波动大为了避免正常情况下酸性气部分送火炬，在控制回路中增加了一个偏置，确保酸性气送火炬阀不发生动作。

80. 装置如何进行适应性操作？

答：（1）酸性气中 H_2S 浓度较低时，投用酸性气、空气预热器，并在反应炉补充一定的煤气，以提高反应炉温度，确保酸性气中氨的完全燃烧。

（2）酸性气中 H_2S 浓度高于 85%，反应炉温度过高，可视具体情况停用空气和酸性气预热器，反应炉通氮气降温，确保反应炉温度不超工艺指标。

（3）装置负荷较低时，Ⅱ套污水汽提装置酸性气量比例增加，调节外管网酸性气，改高浓度酸性气到本装置，以降低入反应炉酸性气中的 NH_3 含量。

81. 溶剂发泡有什么迹象？如何预防溶剂发泡？

答：溶剂发泡迹象　①吸收塔压力降增加；②吸收塔和再生塔液位突然下降；③溶剂脏，颜色不透明。

预防溶剂发泡办法　①利用精、贫液过滤器和地下胺液罐过滤器经常对溶剂进行连续和有效的过滤，去掉溶剂中固体物质，并对过滤器进行定期清理；②设备采用合格的材质，或在溶剂中加入防腐剂，抑制溶剂中 FeS 的生成；③配制溶剂时采用蒸汽凝结水，减小溶剂系统中氧的带入。

82. 如何减少装置溶剂的消耗量？

答：（1）平稳克劳斯工段操作，降低克劳斯尾气中 SO_2 含量，严格控制尾气中 H_2 含量和急冷水 pH 值，确保尾气中 SO_2 不带入吸收塔，避免溶剂中 MDEA 老化。

（2）经常清洗溶剂过滤器，确保对溶剂进行连续和有效的过滤，去掉溶剂中固体物质，防止溶剂发泡。

（3）平稳吸收塔操作，避免吸收塔气相或液相负荷过大，减小尾气的带胺量。

（4）装置停工时严禁就地排放溶剂，设备内残留溶剂应排放地下胺贮罐，减小停工过程中溶剂的损耗。

（5）地下胺罐和胺贮罐用氮气保护，避免氧气的进入，使溶剂变质。

（6）溶剂老化后应加入适量的 Na_2CO_3 进行再生，充分利用胺资源。

83. 如何搞好再生塔的液位平稳操作？

答：（1）控制好尾气和贫液入吸收塔温度，尽量减少尾气出入吸收塔的温度差，保持尾气中水蒸气含量的平衡。

（2）搞好急冷塔的操作，防止入吸收塔的尾气带液。

（3）投运好再生塔顶空气冷却器，控制好酸性气冷后温度，同时防止再生塔发生冲塔或淹塔事故。

（4）若再生塔液位过高，从酸性水回流泵出口退出部分酸性水，使再生塔液位符合要求。

84. 装置试车前应做哪些准备工作？

答：（1）装置引水、电、汽、气、风、氮。

（2）机泵试运合格。

（3）设备和管线进行水冲洗，蒸汽吹扫，空气吹扫，试压及气密性试验。

（4）仪表调试合格。

（5）装置安全联锁和逻辑程序确认。

（6）炉子和反应器衬里自然干燥。

（7）机泵和阀门加好润滑油。

（8）调度已安排好装置试车原料。

85. 克劳斯工段有哪些试运工作？

答： （1）炉子和反应器用热空气干燥。

（2）装置引入煤气。

（3）反应炉点火。

（4）第一在线炉点火。

（5）第二在线炉点火。

（6）焚烧炉点火。

（7）反应器和炉子烘炉升温。

（8）炉子和反应器降温，炉子熄火。

（9）反应器装填催化剂。

86. 尾气净化工段有哪些试运工作？

答： （1）尾气净化炉点火。

（2）炉子和反应器烘炉升温。

（3）炉子和反应器降温，炉子熄火。

（4）反应器装填催化剂。

（5）急冷塔水联运。

（6）溶剂系统水联运。

（7）溶剂浓度按要求配制。

87. 克劳斯工段正常开工有哪几大步骤？

答： （1）反应炉点火。

（2）第一在线炉点火。

（3）第二在线炉点火。

（4）焚烧炉点火。

（5）炉子和反应器升温。

（6）克劳斯工段引酸性气确认。

（7）引酸性气入预处理系统。

（8）引酸性气入反应炉开工。

88. 克劳斯工段引酸性气应具备什么条件？

答：（1）反应炉温度达 1200～1450℃。

（2）克劳斯反应器床层温度达 250～300℃。

（3）焚烧炉温度达 700℃左右。

（4）所有拌热管线投用，液硫线拌热效果良好。

（5）各硫封罐建立硫封。

（6）废热锅炉蒸汽压力达 3.55MPa 左右。

（7）硫冷凝器蒸汽压力达 0.35MPa 左右。

（8）液硫脱气系统运行正常。

（9）克劳斯工段安全联锁投运。

（10）所有能投用的仪表全部投自动或串级运行。

89. 克劳斯工段如何引酸性气？

答：（1）联系调度装置引酸性气，打开酸性气入装置阀门，投用酸性气预热器和酸性气脱液罐，再次检查各密封点有无酸性气泄漏。

（2）按下酸性气阀打开按钮，酸性气切断阀打开，酸性气电磁阀供电，操作人员调节手操器输出的增加，使酸性气流量在 5 分钟内达到最低允许值每小时 3350kg。

（3）调节反应炉空气/酸性气比值器，使反应炉在引酸性气过程中配风量能自动跟上，并给定较大的空气/酸性气比值，同时逐渐开大手操器输出，增加装置酸性气负荷。

（4）逐渐关小入反应炉燃料气调节阀，煤气切断阀关，煤气电磁阀断电，煤气调节阀关，流量调节器切换至"手动"，停止煤气入反应炉。

（5）适当减小反应炉空气/酸性气比值，使酸性气配风合适，火焰稳定。

（6）投用反应炉温度与空气温度的串级调节系统，通过控制空气预热后温度，控制反应炉温度 1350℃左右。

（7）打开硫冷凝器液硫出口阀，检查液硫采样包内液硫的质量和流动情况。

（8）投用过程气线上 H_2S/SO_2 在线分析仪，通过反应炉微调空气控制二级反应器出口尾气中 H_2S/SO_2 的值接近零。

90. 尾气净化工段正常开工有哪几大步骤？

答：（1）急冷塔建立循环。

（2）尾气净化炉点火。

（3）尾气净化反应器升温。

（4）尾气净化炉引还原气。

（5）钴/钼催化剂预硫化。

（6）溶剂系统氮气置换。

（7）配制溶剂。

（8）溶剂系统建立热循环。

（9）尾气净化工段引尾气。

91. 尾气净化工段引尾气应具备什么条件？

答：（1）克劳斯工段运行正常。

（2）克劳斯尾气中 H_2S 含量 0.5％（体积分数，下同）左右，SO_2 含量 0.25 左右，尾气温度 150℃。

（3）尾气净化反应器床层温度 250～300℃。

（4）急冷水 pH 值 6～7。

（5）再生塔底温度达 120℃左右。

（6）吸收塔温度为 40℃左右。

（7）急冷塔急冷水循环正常。

（8）溶剂系统循环正常。

（9）尾气净化工段安全联锁投用正常。

（10）所有能投用的仪表全部投自动或串级。

92. 尾气净化工段如何引尾气入还原部分？

答：（1）克劳斯尾气压力调节器切换至"自动"，并逐渐增大压力设定值，尾气旁路阀逐渐关小使入尾气净化系统切断阀前后压差为正值。

（2）电磁阀操作权限满足，打开电磁阀，调节手操器使尾气切断阀缓慢打开，尾气开始引入尾气净化炉。

（3）把开工放空线上压力调节器切换至"自动"，当尾气净化系统压力上升，压力调节阀开大使尾气直接排放至焚烧炉。

（4）继续开大切断阀使入尾气净化系统过程气流量达到设计负荷的30％。

（5）投用尾气线上H_2在线分析仪，控制尾气中H_2含量为1.5％以上，检查尾气净化炉、反应器、急冷塔运行正常。

93. 尾气净化工段如何引尾气入吸收部分？

答：（1）调节尾气入吸收塔手操器的输出，缓慢打开尾气入吸收塔阀门，引尾气入吸收塔。

（2）尾气净化系统压力调节阀切换至"自动"，并设定一定的系统压力。

（3）开工放空线上压力调节器切换至"手动"，并逐渐减小其输出，随开工放空阀的关闭，尾气净化系统压力上升，吸收塔出口压力调节阀自动打开，直至开工放空阀全关，尾气全部通过吸收塔去焚烧炉焚烧。

（4）继续开大尾气净化系统切断阀，提高尾气入净化系统流量。

（5）提高克劳斯尾气压力设定，尾气旁路阀自动关小，直至全关，克劳斯尾气全部进入尾气净化工段。

94. 尾气净化工段溶剂再生系统开工步骤如何？

答：（1）改为通溶剂贮罐至再生塔补溶剂流程，启动溶剂泵向再生塔加溶剂至液面80％左右。

（2）改为通再生塔至吸收塔贫液溶剂流程，启动贫液泵向吸收塔加溶剂至塔液面80％左右。

（3）改为通吸收塔至再生塔富液流程，启动富溶剂泵，溶剂循环建立。

（4）待吸收塔和再生塔液面稳定后，停溶剂泵，停止系统加溶剂。

（5）向再生塔充氮气至正常操作压力。

（6）改为通低压蒸汽至重沸器及冷凝水至除氧器流程，缓慢打开重沸器蒸汽调节阀，使再生塔底部液相以每小时 25℃ 速率升温。

（7）改为通再生塔顶部气相出口及酸性水回流流程，待再生塔顶温度升高后，投用酸性气空冷器，酸性水回流罐液位上升后，启动回流泵，再生塔建立顶回流。

（8）投用半、精贫液和富液板式换热器，投用贫液空冷器，控制吸收塔和再生塔温度符合工艺指标。

（9）尾气进入吸收塔后，逐步调大溶剂循环量，同时通过提高 HIC-6023 设定值加大重沸器蒸汽流量，使吸收了 H_2S 的溶剂得到有效再生。

（10）再生塔压力上升后，把酸性气缓冲罐出口压力调节器切换至"自动"，酸性气自动进入克劳斯工段。

95. 尾气净化工段如何投用急冷塔？

答：（1）打开急冷塔底部脱氧水阀，引脱氧水入急冷塔，急冷塔加脱氧水至液面 80% 左右，关严脱氧水阀。

（2）改为通急冷水循环流程，启动急冷水泵，急冷水建立循环。

（3）反应器升温时投用急冷水空冷器，控制急冷水温度和尾气入吸收塔温度。

（4）急冷塔液位上升后，投用急冷水过滤器，投用急冷塔液位控制，把多余水送出装置，控制急冷塔液位。

（5）投用急冷水 pH 值在线分析仪，当急冷水 pH 值下降时，从急冷水泵入口处加入液氨或者加脱氧水置换急冷水，控制急冷水 pH 值。

96. 什么叫克劳斯工段热开工？

答：克劳斯工段的热开工指工段临时停工后的开工，此时工段状态如下。

(1) 酸性气停止入反应炉。

(2) 反应炉、第一二在线炉、焚烧炉用煤气燃烧。

(3) 反应炉、焚烧炉和克劳斯反应器温度符合工艺要求。

(4) 废热锅炉和硫冷凝器液位、压力符合工艺要求。

(5) 尾气旁路阀开，尾气入净化系统切断阀全关。

97. 什么叫尾气净化工段热开工？

答：尾气净化工段的热开工指工段临时停工后的开工，此时工段状态如下。

(1) 过程气切出尾气净化工段。

(2) 尾气净化炉继续用煤气燃烧，还原气依旧进入。

(3) 急冷塔继续循环。

(4) 溶剂循环正常，酸性气返回阀关。

(5) 反应器、急冷塔、吸收塔和再生塔温度、压力符合工艺要求。

98. 什么叫克劳斯工段紧急开工？如何开工？

答：克劳斯工段紧急开工指工段紧急停工或安全联锁停工后的开工，此时工段状态如下。

(1) 酸性气停止进装置。

(2) 反应炉、第一在线炉、二在线炉和焚烧炉停运。

(3) 反应器床层温度大于 $150\,℃$。

(4) 空气鼓风机继续运行。

(5) 工段开工初始条件满足。

(6) 工段开工复位已完成。

(7) 反应炉氮气已备用。

（8）反应炉温度大于980℃。

克劳斯工段紧急开工步骤如下。

（1）点燃反应炉。

（2）点燃第一在线炉，点燃第二在线炉。

（3）点燃焚烧炉。

（4）反应器、炉子升温。

（5）引酸性气入反应炉。

（6）液硫池脱气系统投用。

99. 什么叫尾气净化工段紧急开工？如何开工？

答：尾气净化工段的紧急开工指工段紧急停工或安全联锁停工后的开工，此时工段状态如下。

（1）克劳斯工段已运行正常。

（2）尾气净化工段停运。

（3）尾气净化工段氮气已备用，急冷塔循环正常，溶剂循环正常。

（4）克劳斯尾气旁路阀开，尾气入净化系统切断阀关，吸收塔尾气切断阀关。

（5）工段开工初始条件满足，工段开工复位已完成。

尾气净化工段紧急开工步骤如下。

（1）点燃尾气净化炉，反应器升温。

（2）引还原气入尾气净化炉。

（3）引尾气入尾气净化工段。

100. 克劳斯工段什么情况下需正常停工？正常停工有什么要求？

答：克劳斯工段的设备和管线需要维修及反应器催化剂需要更换，工段必须进行正常停工。克劳斯工段正常停工要求去除催化剂床层所有硫和硫化铁，并把设备降至常温，此时工段需进行如下操作：①催化剂热浸泡；②酸性气改出装置；③工段用惰性气体吹扫，反应器催化剂钝化；④炉子和反应器降温。

101. 克劳斯工段如何切断酸性气？

答：（1）按下反应炉煤气阀开按钮，煤气切断阀打开，煤气电磁阀供电，煤气流量调节器跟踪退出，操作人员手动调节煤气流量调节器输出，调节反应炉煤气流量合适，反应炉空气流量根据设定的空气/煤气比例自动增加。

（2）调节酸性气流量手操器，使入反应炉的酸性气流量逐步下降，并保持酸性气流量大于最小允许值 3350kg/h。

（3）按下酸性气阀关按钮，酸性气切断阀关，酸性气电磁阀断电，手操器输出最小，酸性气停进反应炉。

（4）反应炉用煤气燃烧，酸性气脱液罐高液位安全联锁自动退出。

102. 劳斯工段如何进行惰性气体吹扫？

答：（1）反应炉切出酸性气后，用煤气燃烧产生的情性气体对反应器催化剂床层进行 CO_2 吹扫。

（2）如果反应炉煤气燃烧产生温度过高，开蒸汽入反应炉切断阀，控制入炉蒸汽流量，一般蒸汽/煤气比不大于 4：1，用蒸汽对反应炉进行雾化降温，控制反应炉温度符合工艺要求。

（3）空气预热器蒸汽切断阀关，反应炉温度调节系统的空气温度切换至煤气流量，通过反应炉温度与煤气流量的串级调节控制反应炉温度。

（4）调节反应炉空气/煤气的化字计量值，使反应炉燃料气按95％的化学计量燃烧，严格控制过程气中的氧含量。

（5）进一步提高第一、第二在线炉空气和煤气流量，反应器入口温度提高到 300～350℃，保持 24 小时，吹扫干净反应器床层积累的硫。

（6）密切注意反应器的各点温度，增加操作记录的次数，并分析尾气中 SO_2 的含量。

（7）反应器惰性气体吹扫过程中，若反应器床层温度失去控制超过350℃，则停止相应的在线炉，待温度低于150℃后再点燃该在线炉，如果反应器温度上升达到380℃，则从反应器入口通入低压蒸汽降温，反应器床层最高温度不得超过400℃。

103. 克劳斯工段正常停工如何进行催化剂钝化？

答：克劳斯工段正常停工时反应器床层经惰性气体吹扫后，再进行催化剂钝化。

（1）停第一在线炉，第一在线炉空气和煤气切断阀关，炉子熄火。

（2）停第二在线炉，第二在线炉空气和煤气切断阀关，炉子熄火。

（3）第一二克劳斯反应器床层温度降至200℃。

（4）提高反应炉空气/煤气比值，缓慢向反应炉引入多余空气，控制过程气中 O_2 含量接近1%（体积分数），密切注意反应器床层温度，一旦发现温度上升趋势，反应器床层温度超过230℃，应立即减小反应炉配风量，若温度继续上升则用低压蒸汽降温。

（5）密切注意反应器床层温度和尾气中 SO_2 含量，增加操作数据记录频率，并对数据进行列表分析，判断催化剂钝化程度。

（6）逐步增加反应炉空气/煤气比值，反应炉进入大量的多余空气，同时反应炉、焚烧炉和反应器降温。

104. 尾气净化工段停工时如何切断尾气？

答：（1）由逻辑画面打开克劳斯跨线切断阀，缓慢关小过程入尾气净化炉切断阀，同时把克劳斯尾气压力调节器切换至"自动"，尾气旁路阀自动打开。

（2）当净化系统尾气流量低于设计负荷的60%时，把开工排放线上的压力调节器切换至"自动"，同时给定压力设定值，净化尾气系统压力调节器切换至"手动"，并逐渐关小净化尾气系统压力控制阀，开工排放线上压力调节阀自动打开，待尾气系统压力控制阀全关后，全关尾气入吸收塔阀。

（3）全关尾气入净化系统切断阀，克劳斯尾气通过尾气旁路阀自动调节，尾气改出尾气净化工段。

（4）关还原气入尾气净化系统切断阀，打开放空阀，停止还原气入尾气净化炉。

（5）吸收塔和再生塔溶剂循环继续，待溶剂再生完成，关酸性气返回克劳斯工段阀门，降低溶剂循环量和重沸器蒸汽量。

105. 尾气净化工段停工如何进行催化剂再生？

答：（1）提高尾气净化炉空气/燃料气化学计量 HIC-6004 给定值，使煤气燃烧化学计量在 100%，反应器出口气体中 H_2 含量降到 1%（体积分数，下同），O_2 含量提高至 0.3%。

（2）逐渐提高尾气净化反应器入口温度至 350℃，同时频繁分析反应器出气体中 SO_2、CO_2、O_2、H_2S 浓度，不久反应器床温升高，反应气体中 CO_2 和 SO_2 含量升高，催化剂再生开始。

（3）如反应器床层无燃烧发生，提高反应器入口温度至 370℃，把反应气体中 O_2 含量提高至 0.5%，控制反应器床层温度不大于 400℃。

（4）一定时间后，催化剂上的碳被燃烧完全，此时应缓慢提高反应气体中 O_2 含量至 2.0%，严密注意反应器床层温度，发现超温及时降低尾气净化炉供风量。

（5）当急冷塔的急冷水 pH 值低于 6 时，从急冷水泵入口加入液氨或者加脱氧水置换，控制急冷水 pH 值 6～7。

106. 尾气净化工段停工如何进行系统降温？

答：（1）停尾气净化炉，尾气净化炉煤气和空气切断阀关闭，尾气净化炉熄火。

（2）打开尾气净化炉氮气入口阀，向系统充氮气。

（3）启动过程气抽射器 J-302，建立氮气循环，反应器床层温度降至 60～70℃。

（4）关重沸器蒸汽阀，再生塔温度降至常温，溶剂循环停止。

107. 尾气净化工段停工如何进行催化剂钝化?

答：（1）尾气净化反应器床层温度降至 60～70℃，抽射器 J-302 氮气循环继续。

（2）尾气净化炉联锁硬旁路，打开空气入尾气净化炉切断阀，由尾气净化炉空气线引少量空气入尾气净化系统氮气循环，少量空气进入循环气，控制循环气中 O_2 含量为 0.1%（体积分数，下同）。

（3）分析循环气中 O_2、CO_2、SO_2 和 H_2S 的含量，根据气体中 O_2 和 SO_2 含量分析钝化进度。

（4）经常注意反应器床层温度，若温度超过 100℃，应及时降低空气加入量。

（5）急冷塔急冷水循环继续，并用急冷水温度控制反应器床层温度，当急冷水的 pH 低于 6 时加入脱氧水置换急冷水。

（6）逐步加大循环气中空气加入量，使循环气中 O_2 含量按每次 0.1% 的速度提高，同时经常检查反应器床层温度。

（7）当循环气中 O_2 含量达到 1.0% 时，可一次加大循环气中空气加入量，使循环气中 O_2 含量达 2.0%，以后按每次 1.0% 的速度提高。

（8）通过观察反应器床层温度和分析循环气组成，确认无化学反应发生，催化剂钝化结束，把循环气中 O_2 含量提高到 20%。

108. 尾气净化工段停工后如何处理?

答：（1）停过程气抽射器，关空气和氮气补充阀，关开工排放线上压力调节阀。

（2）停止急冷塔急冷水循环，急冷水全部通过急冷水泵送出装置。

（3）再生塔用氮气置换，打开酸性气送火炬阀，把残余酸性气顶至火炬焚烧。

（4）启动贫液泵和富液泵把吸收塔和再生塔内的溶剂退至溶剂贮罐。

（5）吸收塔和再生塔内残余溶剂通过排污线送入地下溶剂贮罐，再用胺泵把溶剂送入溶剂贮罐。

109. 克劳斯工段什么情况下需要临时停工？临时停工有什么要求？

答： 克劳斯工段原料气中断，工段须进行临时停工。克劳斯工段临时停工要求去掉催化剂床层积硫，反应炉、在线炉和焚烧炉用煤气燃烧，整个工段保持温度，以便能迅速引酸性气开工，为此工段需进如下操作：①催化剂热浸泡；②酸性气切出装置；③工段用惰性气体吹扫；④工段用惰性气体维持温度。

110. 尾气净化工段在什么情况下需要临时停工？临时停工有什么要求？

答： 尾气净化工段原料气中断，工段须进行临时停工。尾气净化工段临时停工要求尾气净化反应器和溶剂再生塔保持温度，以便工段能迅速引尾气开工，为此工段需进行如下操作：①尾气和还原气切出；②尾气净化炉煤气燃烧保温；③急冷水循环继续；④溶剂循环继续。

111. 反应炉紧急停工内容有哪些？

答：（1）酸性气切断阀关，酸性气流量手操器输出最小。

（2）反应炉空气切断阀关，主、副空气流量调节器切换至"手动"，输出最小。

（3）反应炉煤气切断阀和调节阀关，流量调节器切换至"手动"，输出预设定值。

（4）反应炉蒸汽切断阀关，流量调节器切换至"手动"，输出最小。

（5）空气预热器蒸汽切断阀关，温度调节器切换至"手动"，输出最小。

（6）酸性气预热器温度调节器切换至"手动"，输出最小。

（7）克劳斯尾气旁路阀开，压力调节器切换至"手动"，输出最大。

（8）尾气净化系统进气阀关，手操器输出最小。

（9）第一二在线炉空气和煤气切断阀关，流量调节器切换至"手动"，空气流量调节器输出最小；煤气流量调节器输出预设定。

（10）尾气净化和焚烧炉联锁动作，公用工程报警。

112. 焚烧炉紧急停工内容有哪些？

答：（1）焚烧炉煤气切断阀和调节阀关，煤气电磁阀断电，流量调节器切换至"手动"，输出为预设值。

（2）焚烧炉空气切断阀关，第一和第二空气流量调节器切换至"手动"，输出最小。

（3）蒸汽减温器脱氧水切断阀关。

（4）反应炉、尾气净化、液硫池联锁动作，公用报警。

113. 尾气净化炉紧急停工内容有哪些？

答：（1）克劳斯尾气跨线阀开，克劳斯尾气压力调节器"自动"，输出预设定值。

（2）尾气净化系统进气切断阀关，手操器输出最小。

（3）尾气净化炉煤气切断阀和调节阀关，流量调节器切换至"手动"，输出为预设值。

（4）尾气净化炉空气切断阀关，流量调节器切换至"手动"，输出最小。

（5）尾气净化炉还原气切断阀关，压力和流量调节器切换至"手动"，输出最小。

（6）过程气抽射器停，抽射器蒸汽切断阀关，手操器输出最小，抽射器跨线阀开。

（7）公用工程报警。

114. 除氧器运行有何要求？

答：（1）水必须加热到除氧器压力下的饱和温度，运行中不仅要监视水温，也要监视压力。

（2）加热蒸汽的量必须适当，注意水量和汽量的平衡调节，确保除氧器内的水保持沸腾状态，汽量不足引起压力降低，除氧效果变坏；汽量过多，造成压力升高，水封动作，不经济，也不安全。

（3）必须保持除氧器顶部排气阀应有一定的开度，保证析出的气体能够顺利排出，但也不应过大，否则会造成蒸汽浪费。

（4）送入的补给水量应稳定，不应间断送入或猛增猛减，以免压力波动，除氧效果变差。

115. 发生蒸汽系统为什么要排污？有几种方法？

答：发生蒸汽系统运行时，有一些杂质经给水带入汽包内，除极少数被蒸汽带走以外，大部分仍留在汽包内，而且由于蒸汽溶解盐的能力大大低于除氧水，使得蒸汽离开汽包时，盐分被浓缩留在汽包中，若不采取措施将这些杂物及高盐分水排除汽包外，最终引起蒸汽品质变坏和锅炉管壁结垢，所以必须进行排污。

目前排污方式有二种，一为定期排污，二为连续排污。

116. 汽包的二种排污方法各有什么目的？

答：汽包排污，按操作时间可分为定期排污和连续排污。

定期排污又称间断排污，即每间隔一定时间从锅炉底部排出沉积的水渣和污垢，间断排污一般 8～24 小时排污一次，每次排10～15 分钟时间，排污率不少于 2%，间断排污以频繁、短期为好，可使汽包水均匀浓缩，有利于提高蒸汽质量。

连续排污是指连续排出浓缩的锅炉水，主要目的是为了防止锅炉水的含盐量和含硫量过高，排污部位多设在锅炉水浓缩最明显的地方，即汽包水位下 200～300 毫米处。通常根据汽包水水质分析指标调整连续排污量。

117. 装置溶剂采样时能否用普通透明玻璃瓶采样？为什么？

答：装置溶剂采样时不能用普通透明玻璃瓶，而应该用棕色的塑料瓶或玻璃瓶，因为样品溶剂中融解有一定量的 H_2S、CO_2 气体，如果有用普通透明玻璃瓶采样，样品容易受光照而使其中的气体组分挥发，影响样品分析的准确度。

118. 冬天发现阀门被冻住时，应该如何处理？

答：冬天发现阀门被冻住时应先用草包将被冻阀门包住，再往冻住的阀门浇热水，使冰块融化。不能立即用蒸汽加热被冻阀门或敲打阀门。

119. 安装时要考虑安装方向的阀门有哪些？

答：有截止阀、单向阀、减压阀、自力阀、安全阀等。

120. 废热锅炉加药如何操作？

答：（1）定期领取一等品磷酸三钠，其中磷酸三钠（以 $Na_3PO_4 \cdot 12H_2O$ 计）$\geqslant 98.0\%$，放置在干燥的库房内，配药时取一袋放在现场加药罐旁加盖的铁桶内。

（2）废热锅炉 E-301 和 E-311 由加药贮罐及附属泵给药，当加药贮罐液位下降至液位计刻度 10% 左右时，外操应及时配制新的 Na_3PO_4 溶液，配药前应将罐里的残液排干净。

（3）正常情况下每罐需加入固态磷酸三钠 $1000 \sim 1500$ 克（现场杯子 2 平杯），然后加注除盐水到液位 100%。

（4）各罐的搅拌泵应保持运转，确保 Na_3PO_4 溶液的浓度均匀。

（5）内操人员接到质管中心的分析数据后要及时通知外操人员，外操人员要及时根据分析数据调节加药量，控制炉水中的 pH 值为 $9 \sim 11$，PO_4^{3-} 浓度为 $5 \sim 15mg/L$。

（6）当炉水中的 PO_4^{3-} 浓度小于 $8mg/L$ 时，开加药泵加药。

（7）当炉水中的 PO_4^{3-} 浓度大于 $12mg/L$ 时，停加药泵。

第三节　安全与环保

1. 装置停电事故如何处理？

答：（1）突然停电　装置安全联锁动作，自动进行紧急停车，各机泵停止运行，DCS 失电，改由 UPS 供电，装置自动进入事故后安全状态。操作人员应迅速汇报调度和部相关负责人，了解停电原因，若几套硫黄装置全部停电，酸性气管网压力上升，经调度和环保同意后酸性气送火炬；若有一套或二套装置未停电，则把酸性气全部改至该装置，超过负荷部分经调度和环保同意后，部分酸性气送火炬或去低压煤气系统。

（2）计划停电　装置首先把尾气净化工段切出，然后再把克劳斯工段酸性气切出，再按下装置紧急停车按钮，装置进行紧急停工，酸性气全部改至其他硫黄装置，装置停电后操作人员至现场检查。

（3）事故处理步骤　①关各炉头煤气手阀和吹扫风手阀；②关各废热锅炉连续排污阀，维持废热锅炉液位；③关各运行机泵出口阀；④关 3.5MPa 蒸汽出装置阀，并视情况是否开 3.5MPa 蒸汽放空阀；⑤关液硫脱气抽射蒸汽阀；⑥关除盐水入装置法，并视情况开除氧器排污阀，保证除氧器不满罐。

（4）一旦装置恢复供电，按装置紧急开工步骤首先启动克劳斯工段，待克劳斯工段生产正常后再启动尾气净化工段。

2. UPS 故障事故如何处理？

答：装置 UPS 不间断电源发生故障，DCS 失电，ESD 系统发生动作。

（1）迅速汇报调度，装置作紧急停工处理。

（2）立即联系仪表和电气，检查 UPS 故障原因。

（3）待 UPS 故障消除后，装置按开工程序尽快恢复正常。

3. ESD 故障事故如何处理？

答：本装置的 ESD 紧急停车系统分克劳斯、焚烧炉、尾气净化和脱气四个系统，一旦单个 ESD 发生故障，应立即在操作室内把该 ESD 切换至旁路，待 ESD 正常后再投用；若 ESD 发生故障已造成装置停车，立即联系仪表检查 ESD 故障原因，故障消除后，则按照开工程序使装置尽快恢复正常。

4. 装置停仪表风事故如何处理？

答：装置停仪表风后各切断阀和调节阀进入安全位置，因此装置实际上进入了紧急停工状态，操作人员应迅速汇报调度，把酸性气全部改至其他运行的硫黄装置，超过负荷部分经调度和环保同意后，部分酸性气送火炬或去低压煤气系统；并了解停仪表风的原因，一旦装置恢复供风，按装置紧急开工步骤首先启动克劳斯工段，待克劳斯工段生产正常后再启动尾气净化工段。

5. 装置停 1.0MPa 蒸汽事故如何处理？

答：（1）若装置负荷较大，或者Ⅱ焦化 0.6MPa 蒸汽补充能够满足装置生产，0.3MPa 蒸汽管网不必用 1.0MPa 蒸汽补充，在短时间内停 1.0MPa 蒸汽对装置影响不大。

（2）若装置负荷较低，且Ⅱ焦化 0.6MPa 蒸汽补充量少，装置 0.3MPa 蒸汽系统压力下降，则尾气净化工段按临时停工处理，重沸器停止用 0.3MPa 蒸汽，保持 0.3MPa 蒸汽管网压力，克劳斯工段正常运行。同时把部分负荷改至其运行的硫黄装置。

（3）装置停进 1.0MPa 蒸汽，可能影响 ADA、氧气分析仪的投用及需要 1.0MPa 蒸汽伴热管线的伴热效果，如过程气抽射器 J-302 运行，也将因没有抽射蒸汽而不得不停用。

6. 装置停除盐水事故如何处理？

答：装置停除盐水后除氧器无原料，由于装置产生的冷凝水也返回到除氧器，因此短时间停除盐水对装置无影响；若停除盐水时间较长，则装置应降低处理量，减小除盐水的消耗，或者装置作临时停工处理。

7. 装置停原料气如何处理？

答：若停原料气时间在 12 小时之内，装置作紧急停工处理，原料气供应恢复后，装置迅速开工；若停原料气时间几天，装置作临时停工处理，装置用煤气进行热备用，原料气供应恢复后，装置在短时间内投入正常运行；若停原料气时间几月，装置作正常停工处理。

8. 液硫管线堵塞如何处理？

答：（1）液硫管线夹套拌热不足硫黄凝固引起　打开该管线蒸汽疏水器前后排污阀，吹扫干净夹套内脏物，以确保拌热管线畅通，熔化凝固的硫黄，更换故障的疏水器，恢复冷凝水回收流程，液硫营线投入正常运行。

（2）液硫夹套内管杂物堵塞引起　液硫硫封罐顶部用胶皮管引来服务站蒸汽，关严液硫采样包大盖，缓慢打开蒸汽阀，吹扫干净硫封罐至硫冷凝器夹套内管，然后关闭硫冷凝器出口液硫阀，继续用蒸汽吹扫硫封罐至液硫池夹套内管，使液硫夹套内管保持畅通，停蒸汽吹扫，打开硫冷凝器出口液硫线，液硫管线投入正常运行。

9. 液硫池硫黄着火事故如何处理？

答：若液硫池气相温度超过170℃，说明液硫池液硫着火，操作人员应立即停止液硫脱气系统，停止液硫池空气进入，然后打开液硫池顶部低压灭火蒸汽阀，扑灭火焰，降温蒸汽从液硫池顶部放空，待液硫池气相温度下降后，关低压灭火蒸汽阀，投用液硫脱气系统。

10. 废热锅炉烧干后如何处理？

答：废热锅炉设置了低液位停车联锁，一旦液位低于设定值，装置安全联锁就会发生动作，装置紧急停工，若废热锅炉液位低于设定值，安全联锁没有发生动作，则有可能造成废热锅炉烧干。一旦发现废热锅炉烧干，操作人员应迅速按下现场或操作室内装置紧急停车按钮，装置作紧急停工处理，同时汇报调度联系仪表，打开废热锅炉壳程蒸汽放空阀泄压，并根据废热锅炉烧干情况作出相应处理。若锅炉还有一定液位，废热锅炉加脱氧水至正常液位，装置恢复生产；若废热锅炉烧干，缓慢通入蒸汽冷却，然后再加入脱氧水，并根据烧干情况确定恢复生产还是停工检修。

11. 硫化氢泄漏如何处理？

答：装置现场或便携式硫化氢报警仪发生报警，应严禁所有人员进入装置区，操作人员带好氧气呼吸器后才允许进入硫化氢泄漏区域，检查硫化氢泄漏部位，若能经处理消除的则立即消除，不能消除的装置作紧急停工处理，管线或设备切出介质，上好盲板，经吹扫合格后，联系检修单位施工。

12. 装置硫化氢泄漏并发生人员中毒事故如何处理？

答：（1）装置硫化氢泄漏并发生人员中毒事故，抢险人员立即戴好空气呼吸器，进入毒区迅速将中毒者抢救出有毒区域，并视情况是否进进现场急救，同时关闭阀门，切断毒源。

（2）事故的当事人或发现人应立即向消防大队、炼化医院报警，报警内容：①发生事故的地点；②毒物的名称；③泄漏的部位和扩散情况；④人员中毒情况（气防电话：12300；急救电话：120）。

（3）急救注意事项　①首先应迅速将中毒者脱离毒区，正确静卧于空气新鲜和温度适宜的地方；②脱去中毒者被毒物污染的衣服，并将身上的毒物抹洗干净，清除口内污染物，保持呼吸道畅通，根据气候条件，注意保暖；③凡中毒者有面色青紫的缺氧现象，应及时输氧；④如发现中毒者呼吸停止，应迅速正确施行口对口人工呼吸或用苏生器急救；如发现中毒者心跳停止，应立即正确施行心肺复苏术急救。

（4）现场急救程序　①放置妥病人的体位，把病人放置在水平仰卧位背靠硬板或硬地，通畅气道，去除口腔中引起气道阻塞的污物，通常可用一手抬举颈部或抬举下颏，对已有颈部损伤者，则常抬举下颏而不抬举颈部使其头后仰；②判断病人有无自主呼吸；③人工呼吸，人工呼吸的方法很多，但现场最常用最有效的是口对口人工呼吸；具体方法如下，操作者用一手的拇指和食指捏住患者的鼻孔，操作者深吸一口气后，使口唇与病人口唇外缘密合后吹气，（若患者牙关紧闭，则可改为口对鼻呼吸），在复苏开始时，应先予以4次快速吸气后的大吹气，以后则每胸外挤压15次，连续快速吹气2次；若有两人操作，可每5次胸外挤压后，予以吹气一次；④判断病人有无脉搏，可用手触摸病人的颈动脉有无搏动来断定；⑤人工胸外挤压：操作者一手掌根置于患者胸骨下半部，并与胸骨长轴平等，另一手掌根重叠于前者之上，双肘关节伸直，自背肩部直接向前臂，掌根垂直加压，使胸骨下端下降4～5cm挤压后应放松，使胸部弹回原来形状，一般成人，若单人操作每分钟挤压80次，若两人操作则60次，若操作有效，则后颈动脉或股动脉可能有搏动；⑥操作时应防止肋骨骨折、胸骨骨折、气胸肺挫伤、肝脾破裂等并发症的发生；⑦现场急救要坚持到气防救护人员、医院急救人员到现场方可结束。

13. 原料气带烃冲击事故如何处理？

答：装置原料气带烃突然增加，反应炉配风严重不足，硫黄变黑，打开液硫就地排放阀及关闭入液硫池阀；尾气中 H_2S 含量猛增，焚烧炉超温，极有可引起焚烧炉安全联锁动作；汇报调度，酸性气准备切出，并立即适当加大反应炉配风量，提高反应炉温度，尾气净化工段切断进料作临时停工处理。

14. 原料气带氨冲击事故如何处理？

答：本装置采用烧氨工艺，原料气允许氨含量在 $5\% \sim 8\%$（体积分数），原料气中的氨主要来自Ⅱ汽提装置的含氨酸性气。如果Ⅱ汽提生产波动，可能引起装置酸性气氨含量波动，少量的氨含量增加，及时提高酸性气预热器温度设定，提高酸性气进反应炉温度，同时适当提高反应炉温度，如反应炉温度较低，反应炉补煤气提高温度；如氨含量波动较大，Ⅱ汽提装置作降量或停工处理，Ⅱ汽提含氨酸性气停进本装置。

15. 空气鼓风机故障如何处理？

答：空气鼓风机出现故障，发现及时，可切换到备用风机，否则反应炉、在线炉、尾气净化炉供风停止，反应炉、尾气净化炉、液硫脱气安全联锁动作，装置紧急停工，操作人员应迅速汇报调度，装置酸性气停进，并及时启动备用空气鼓风机，装置按紧急开工步骤首先启动克劳斯工段，再启动尾气净化工段，联系钳工对出现故障的空气鼓风机进行修理，并尽快使该鼓风机进入备用状。

16. 焚烧炉鼓风机故障如何处理？

答：焚烧炉鼓风机出现故障，发现及时，可切换到备用风机，否则焚烧炉供风停止，焚烧炉安全联锁动作，液硫脱气安全联锁动作，蒸汽过热器改出，改3.5MPa蒸汽入1.0MPa蒸汽系统或者放空。操作人员应迅速启动备用焚烧炉鼓风机，焚烧炉点炉升温，升温结束后，及时启动液硫脱气，恢复装置正常生产。联系钳工对出现故障的空气鼓风机进行修理，并尽快使该鼓风机进入备用状。

17. 过程气抽射器故障如何处理？

答：（1）尾气净化系统点炉升温过程中，通过抽射器建立开工循环，使低温循环气冷却尾气净化炉高温燃烧气，保证设备安全，如此时两台抽射器出现故障，将影响开工循环建立，尾气净化系统点炉升温不能进行，尾气净化系统停工。应及时联系修复抽射器，恢复尾气净化系统点炉升温。

（2）正常生产中，过程气抽射器将停用，此时故障对装置生产无影响。

（3）由于生产异常发生急冷塔轻微堵塔时，尾气净化系统压力将上升，影响装置负荷增大，此时可以通过开启抽射器，降低净化系统压力，如果抽射器故障，则装置负荷难以提高，只能把酸性气往其他装置分流。

18. 急冷水泵故障如何处理？

答：若急冷水泵出现故障，操作人员应迅速启动备用急冷水泵，否则会造成吸收塔入口过程气温度过高，吸收不完全，吸收塔后 H_2S 含量过高，焚烧炉温度上升，可能导致焚烧炉安全联锁动作，装置紧急停工。

19. 富溶剂泵故障如何处理？

答：若富溶剂泵出现故障，吸收塔富溶剂排出停止，吸收塔塔釜液位上升，短时间内不会引起严重后果，若较长时间没有恢复，可能会造成吸收塔富液集聚而发生淹塔，同时再生塔也可能发生因无富液进料而发生冲塔。因此操作人员应迅速启动备用机，建立富溶剂出塔流程，联系钳工修理富溶剂泵。

20. 半贫液泵故障如何处理？

答：若半贫液泵出现故障，再生塔半贫液出停止，再生塔上塔液位上升，短时间内不会引起严重后果，但可能会因吸收塔无半贫液吸收而使尾气中 H_2S 含量升高造成焚烧炉超温引起焚烧炉安全联锁动作，若较长时间没有恢复，可能造成再生塔上塔发生淹塔，再生塔下塔液位下降引起精贫液泵抽空。因此操作人员应迅速启动备用机，建立半贫液出塔流程，联系钳工修理半贫液泵。

21. 精贫液泵故障如何处理？

答：若精贫液泵出现故障，再生塔精贫液排出停止，再生塔下塔液位上升，短时间内不会引起严重后果，但可能会因吸收塔无精贫液吸收而使尾气中 H_2S 含量升高，造成焚烧炉超温引起焚烧炉安全联锁动作，若较长时间没有恢复，可能造成再生塔下塔发生淹塔。因此操作人员应迅速启动备用机，建立精贫液出流程，联系钳工修理精贫液泵。

22. 再生塔回流泵故障如何处理?

答：若再生塔回流泵出现故障，再生塔酸性水回流停止，回流罐液位上升，短时间内不会引起严重后果，若较长时间没有恢复，则可能造成回流罐液位过高，回流罐出酸性气带液。因此操作人员应迅速启动备用机，建立再生塔酸性水回流流程，联系钳工修理酸性水回流泵。

23. 急冷水空冷器故障如何处理?

答：一台急冷水空冷器出现故障，若有备用空冷器，及时切换到备用空冷器，不会影响生产，若多台空冷故障，急冷水冷却效果变差，急冷水温度上升，使尾气入吸收塔温度上升，吸收塔吸收效果变差，净化后尾气中 H_2S 含量升高可能造成焚烧炉超温，引起焚烧炉安全联锁动作。因此发现急冷水空冷器故障，应该及时联系钳工修理。

24. 精（半）贫液空冷器故障如何处理?

答：一台精（半）贫液空冷器出现故障，若有备用空冷器，及时切换到备用空冷器，不会影响生产，若多台空冷故障，精（半）贫液冷却效果变差，精（半）贫液温度上升，吸收塔吸收效果变差，净化后尾气中 H_2S 含量升高可能造成焚烧炉超温，引起焚烧炉安全联锁动作。因此发现精（半）贫液空冷器故障，应该及时联系钳工修理。

25. 再生塔顶空冷器故障如何处理?

答：一台再生塔顶空冷器出现故障，若有备用空冷器，及时切换到备用空冷器，不会影响生产，若多台空冷故障，再生塔出气体冷却效果变差，回流罐温度上升，使回流酸性气水含量增加，影响回流酸性气质量，因此发现再生塔顶空冷器故障，应该及时联系钳工修理。

26. DCS 操作站故障如何处理？

答：（1）两台 DCS 操作台中的一台发生死机时，应该用另一台操作站操作，同时联系仪表处理死机操作站。

（2）如两台操作站同时死机，装置随时可能要作紧急停工处理，马上联系外操到现场通过观测就地仪表（玻璃板液位计、压力表、温度计、流量计）对装置生产进行监督，如必须调整操作的，若调节阀有副线的用副线调节，如无副线的用上下游阀调节，同时及时联系仪表修复，如装置出现异常情况，按现场或操作室紧急停车按钮，装置作紧急停工处理。Ⅵ硫黄和Ⅱ汽提 DCS 操作站可以互相切换操作，大大降低由于 DCS 故障而造成装置紧急停工的风险。

27. 装置停循环水如何处理？

答：装置停循环水后，空气鼓风机油冷器、焚烧炉风机轴承箱无冷却介质，废热锅炉排污罐无冷却水，循环热水出装置温度升高，为了避免装置的停工，短时间内关循环水进装置阀，打开新鲜水至循环水连通阀，机泵冷却水改用新鲜水，否则装置作紧急停工处理。

28. 装置停新鲜水如何处理？

答：平时生产中，装置新鲜水连续使用点较少，只有烟道气氧含量分析仪使用少量新鲜水作冷却用水，装置停新鲜水，及时联系仪表停用氧含量分析仪。短时间停水对装置生产并无其他影响。

29. 装置反应炉废热锅炉炉管泄漏和爆管如何处理？

答：（1）装置反应炉废热锅炉炉管发生泄漏和爆管事故，立即汇报调度和部、装置相关人员，并联系其他硫黄装置慢慢提高处理量，即向其他硫黄装置倒负荷，其他硫黄装置处理量达到最大后，多余部分酸性气由调度安排上游装置改送火炬或去低压煤气系统。

（2）3.5MPa 蒸汽停止送出装置并在焚烧炉旁边直接放空，并尽快降低废热锅炉蒸汽压力，减少废热锅炉炉管爆裂后锅炉水的泄漏量，减少锅炉水倒入反应炉量，保护反应炉内衬浇注料层。

（3）尾气净化系统作紧急停工处理，尾气净化炉通氮气，使系统保持微正压对催化剂进行保护。停胺液循环和急冷塔急冷水循环，关再生塔重沸器蒸汽阀，关酸性气压控阀，再生塔压力用氮气保压。

（4）手动关酸性气进装置阀，待酸性气脱液罐内酸性气压力下降到最低后，DCS 程序进行到"煤气燃烧步"酸性气切断阀，反应炉改煤气燃烧，并提高克劳斯反应器入口温度，用高温二氧化碳气体对系统进行吹扫，对反应器床层进行热浸泡，以除去系统和床层的积硫。

（5）对系统进行二氧化碳吹扫时要注意反应器床层温度，防止床层超温，发现床层超温要立即降低反应炉和在线炉配风比，减少吹扫气氧含量。当床层温度上升较快时用降温蒸汽进行降温，若还是继续上升则停在线炉和反应炉，床层温度要严格控制在 400℃内。

（6）关酸性气入装置手阀，打开氮气进酸性气线手阀，酸性气从进装置至反应炉炉头管线用氮气置换入反应炉。

（7）二氧化碳吹扫 6 小时后，反应炉开始以 50℃/h 速度进行降温。反应炉温度降至 800℃时，停在线炉。关在线炉看火孔非净化风阀，使系统保持微正压对催化剂进行保护。停工吹扫期间控制在 50%～60%，关尾气净化旁通阀。

（8）反应炉温度降至 400℃后，停反应炉，关煤气进装置阀，待煤气罐内煤气烧完后停焚烧炉，关各炉前煤气手动阀。

（9）尽快联系检修单位拆反应炉炉后弯头，吊反应炉炉后弯头，以将弯头内水排净。并加一级克劳斯入口盲板（DN1200）、酸性气进装置盲板（$DN600$）、Ⅱ汽提酸性气进装置盲板（$DN350$）、煤气进装置盲板（$DN100$）、反应炉氮气吹扫线盲板（$DN50$）。

（10）反应炉用主风机热空气以 50℃/h 速度进行降温，废热锅炉用水进行置换冷却。

当炉子温度降到 300℃后拆反应炉炉头烧嘴，反应继续进行降温，降到 100℃后停主风机，炉头通非净化风或用排风扇进行降温。当炉子温度降到 50℃，测爆和氧含量分析合格后交付检修单位检修。

30. 装置焚烧炉废热锅炉炉管泄漏和爆管如何处理？

答： 装置焚烧炉废热锅炉炉管发生泄漏和爆管事故，立即汇报调度和部、装置相关人员，如果条件允许，装置作紧急停工处理，如装置不能停工，则沸热锅炉作干烧处理。

（1）装置作紧急停工处理步骤 ①并联系其他硫黄装置慢慢提高处理量，即向其他硫黄装置倒负荷；②3.5MPa 蒸汽停出装置并在焚烧炉旁边直接放空，并尽快降低废热锅炉蒸汽压力，减少废热锅炉炉管爆裂后锅炉水的泄漏量，减少锅炉水倒入焚烧炉量，保护焚烧炉内衬浇注料层；③装置作紧急停工处理，克劳斯部分、尾气净化部分闷炉保温，尾气净化炉通氮气，使系统保持微正压对催化剂进行保护，停胺液循环和急冷塔急冷水循环，关再生塔重沸器蒸汽阀，关酸性气压控阀，再生塔压力用氮气保压；④关焚烧炉煤气手阀，开焚烧炉鼓风机，引少量空气对焚烧炉进行 50℃/h 速度降温，废热锅炉用水进行置换冷却。当炉子温度降到 50℃后，加煤气入焚烧炉盲板（$DN100$）、尾气入焚烧炉盲板（$DN850$）、开车放空线入焚烧炉盲板（$DN400$），焚烧炉通大量空气吹扫；⑤尽快联系检修单位拆焚烧炉炉后弯头，以将弯头内水排净，测爆和氧含量分析合格后交付检修单位检修。

（2）沸热锅炉作干烧处理步骤 ①操作前切除焚烧炉废热锅炉的低液位联锁；②慢慢降低焚烧炉后部温度至 430～550℃，控制蒸汽过热器 E-310 后部温度温度至 400℃；③关闭入焚烧炉废热锅炉汽包锅炉水的手动阀和调节阀，焚烧炉废热锅炉停止给水，排尽管线内的存水后，在手动阀前加盲板；④关闭焚烧炉废热锅炉汽包出口至 3.5MPa 蒸汽管网阀，同时缓慢打开汽包顶放空阀，汽包开始缓慢降压；⑤关闭焚烧炉废热锅炉连续排污阀，停用焚烧炉废热锅炉炉水采样器关循环冷水阀；⑥缓慢打开锅炉底部排污阀，排尽设备内存水；⑦在焚烧炉废热锅炉汽包出口至 3.5MPa 蒸汽管网的手动阀前加盲板；⑧稍开焚烧炉废热锅炉下部的暖锅蒸汽阀，废热锅炉顶部和底部稍冒蒸汽，锅炉壳程压力保持 0.05MPa 左右，焚烧炉废热锅炉壳程用蒸汽保护；⑨在焚烧炉废热锅炉 E-311 干烧期间要严格控制烟气温度不大于 400℃。

31. 装置氢气线泄漏着火爆炸如何处理？

答：（1）发现装置氢气线泄漏着火爆炸，立即拨打"119"报警，派人到路口接消防车，同时向调度、运行部和装置相关人员汇报。

（2）外操人员立即到现场关氢气进装置阀、氢气压控上下阀，内操人员手动打开氢气去低压煤气泄压阀，对装置内氢气管网泄压。

（3）内操人员立即关氢气进 SCOT 炉切断阀，将管道泄漏着火部位与系统彻底隔离。

（4）班长指挥人员用灭火器进行灭火，并用装置服务站水对周围设备和管线进行冷却降温，保护好其他设备和管线。

32. H_2S/SO_2 在线分析仪故障如何处理？

答： H_2S/SO_2 在线分析仪投用是否正常，直接影响到装置的硫转化率，若在线分析仪发生故障，应立即把反应炉微调空气流量调节器 FIC-5001 切至"手动"，同时联系化验增加二级反应器出口尾气 H_2S 和 SO_2 浓度分析频率，并根据尾气中 H_2S/SO_2 浓度，及时调整反应炉主空气和微空气的流量，一旦 H_2S/SO_2 在线分析仪修复，操作人员应立即投入运行。

33. H₂ 在线分析仪故障如何处理？

答：H_2 在线分析仪投用是否正常，直接影响斯科特单元的正常运行，若在线分析仪发生故障时，应立即把还原空气流量调节器 FIC-6005 切至"手动"，同时联系化验增加尾气中 H_2 浓度分析频率，并根据尾气中 H_2 浓度，调整还原气流量或斯科特炉煤气化学计量，一旦 H_2 在线分析仪修复，操作人员应立即投入运行。

34. 现场仪表故障如何处理？

答：（1）若现场测量仪表发生故障，装置操作人员应立即把调节器切换至"手动"操作，联系仪表工处理。

（2）若安全联锁测量仪表发生故障，装置安全联锁将发生动作，装置紧急停工操作人员迅速汇报调度，并联系仪表班，由仪表切除该仪表安全联锁，仪表工检修，装置按照紧急开工步骤开工，待仪表修复后，联锁立即投用。

（3）现场控制阀发生故障，该调节阀有副线的切至副线操作，联系仪表维修，调节阀检修后应立即投。

35. 氧气分析仪 AIC-6006 故障如何处理？

答：氧气分析仪 AIC-6006 出现故障，焚烧炉出的烟道气 O_2 含量将无法在线测量，焚烧炉二段风不能实现完整的回路控制，可能会因为烟道气中 O_2 含量不足而影响尾气中 H_2S 的焚烧效果，增加排放尾气中 H_2S 的含量，位控制尾气排放合格，应适当提高焚烧炉二段风的流量，保证烟道气中有充足的 O_2，同时应加强前面工段的平稳操作，尽可能保证净化后尾气低的 H_2S 含量和 H_2S 含量稳定。

36. 总公司为有效防止污染，规定各炼厂做到的"五不准"是什么？

答：（1）生产装置的采样口，均应设置集中回收样品设施，废物和物料不准排入下水道。

（2）设备检修时，由设备、容器管道中排出的物料及其他单位排出的废油及有毒药剂均应集中分类回收处理，不准随意倾倒或排入下水道。

（3）清洗设备的含酸、含碱等废液，要进行回收利用或中和处理，不准随意排放。

（4）以各类油罐中脱除的含油量较高的污水，必须预先隔油，才能进入污水处理场，不准就地排放。

（5）装置的塔区、反应区、炉区、换热器区、机泵区应设围堰，被油品或有毒物料污染的雨水，必须进入污水处理场，不准直接排放。

37. 车间空气中有毒物质的最高允许浓度是多少?

答：车间空气中有毒物质的最高允许浓度见下表。

编号	有毒物质名称	最高允许浓度/(mg/m³)	编号	有毒物质名称	最高允许浓度/(mg/m³)
1	一氧化碳	30	11	氧化氮(换算成 NO₂)	5
2	二甲苯	100	12	酚(皮)	5
3	二氧化硫	15	13	硫化氢	10
4	二硫化碳(皮)	10	14	硫酸及三氧化硫	2
5	甲苯	100	15	氯	1
6	苯(皮)	40	16	氯化氢及盐酸	15
7	苯及其同系物的硝基化合物	5	17	二氯乙烷	25
8	苛性碱(换算成 NaOH)	0.5	18	四氯化碳	25
9	氟化氢及氟化物(换算成 F)	1	19	溶剂汽油	350
10	氨	30	20	甲醇	50

38. 工业企业噪声卫生标准的允许值

工业企业噪声卫生标准的允许值见下表。

接触噪声的工作时间/小时	8	4	2	1	1/2	1/4	1/6
允许噪声	85	88	91	94	97	100	103

39. 我公司规定的发生污染事故要坚持的"三不放过"原则是什么？

答：事故原因分析不清不放过；事故责任者和群众没有受到教育不放过；没有防范措施不放过。

40. 污染事故的定义是什么？

答：凡是由于生产装置、贮运设施和"三废"治理设施排放的污染物，严重超过国家规定而污染和破坏环境或引起人员中毒伤亡，造成农、林、牧、副、渔业较大的经济损失的事故，均称为污染事故。

41. 何谓环境保护？

答：运用现代环境科学的理论和方法，在更好地利用自然资源和经济建设的同时，深入认识和掌握污染和破坏环境的根源和危害，有计划地保护环境，预防环境质量的协调发展，提高人类的环境质量和生活质量。

42. 水污染主要有哪几类物质？

答：主要有油的污染，酚、氰化物、硫化物的污染，酸碱的污染，重金属的污染，固体、悬浮物的污染，有机物的污染，营养物质的污染和热污染。

43. 什么是职业病？

答：职业病指劳动者在生产劳动及其他职业活动中，接触职业性有害因素而引起的疾病。

44. 国家规定的职业病范围分哪几类？

答：①职业中毒；②尘肺；③物理因素职业病；④职业性皮肤病；⑤职业性传染病；⑥职业性眼病；⑦职业性耳鼻喉疾病；⑧职业性肿瘤；⑨其他职业病。

45. 什么是中毒？

答：毒物侵入人体后，损坏身体的正常生理机能，使人体发生各种病态，称为中毒。

46. 毒物是如何进入人体的？

答：一般毒物进入人体的途径有如下三条。

（1）呼吸道　呈气体、蒸气、气溶胶（粉尘、烟、雾）状态的毒物可经呼吸道进入人体。进入呼吸道的毒物，一般可通过肺泡直接进入血液循环，其毒作用大，毒性发作快。如硫化氢、一氧化碳、铅烟等毒物均可通过呼吸道进入人体。

（2）皮肤　脂溶性大的毒物可经皮肤吸收。因为脂溶性大的毒物可透过表皮屏障到达真皮，从而进入血循环。另外有些金属如汞也可透过表皮屏障而被吸收；当皮肤有病损时，一些不被完整皮肤吸收的毒物也可被大量吸收；一些气态毒物如氰化氢，在浓度较高时也可经皮肤吸收。

（3）消化道　因消化道进入人体而致职业中毒的较少，一般是误服或个人卫生习惯不好而进入口腔吸收的。

47. 我公司常用的防毒器材有哪些？

答：防毒口罩、过滤式防毒面具、两小时氧气呼吸器和空气呼吸器。

48. 硫化氢中毒的原因及作用机理是什么?

答:硫化氢是一种无色有特殊臭味(臭鸡蛋味)的气体,属Ⅱ级毒物,是强烈的神经毒物,对黏膜有明显的刺激作用。低浓度时,对呼吸道及眼的局部刺激作用明显;浓度越高,全身性作用越明显,表现为中枢神经系统症状和窒息症状。人吸入浓度达 $884\sim 6340mg/m^3$ 的硫化氢气体,历时一分钟就能引起急性中毒。硫化氢的局部刺激作用,是由于接触湿润黏膜与钠离子形成硫化钠引起的。当游离的 H_2S 在血液中来不及氧化时,则引起全身中毒反应。目前认为,硫化氢在全身的作用是通过与细胞色素氧化酶中三价铁及这一类酶中的二硫键起作用,使酶失去活性,影响细胞氧化过程,造成细胞组织缺氧。由于中枢神经系统对缺氧最为每感,因此首先受害。高浓度时则引起颈动脉窦的反射作用使呼吸停止;更高浓度也可直接麻痹呼吸中枢而立即引起窒息,造成"电击样"中毒。车间空气最高允许浓度为 $10mg/m^3$。

49. 能否依靠臭味强弱来判断硫化氢浓度的大小?

答:对硫化氢人的嗅觉阈为 $0.012\sim 0.03mg/m^3$,起初臭味的增强与浓度的升高成正比,但当浓度超过 $10mg/m^3$ 之后,浓度继续升高臭味反而减弱。在高浓度时,很快引起嗅觉疲劳而不能察觉硫化氢的存在,故不能依靠其臭味强弱来判断硫化氢浓度的大小。

50. 硫化氢中毒的症状及急救办法有哪些?

答:症状 根据浓度不同,可发生各种症状,人吸入低浓度的硫化氢,会出现喉痒、咳嗽、胸部有压迫感、眼睛怕光流泪等,这些症状有时在脱离接触数小时后出现,病人常感到灯光周围有有色光环,这是角膜水肿的一种表现;人吸入高浓度的硫化氢时,可在数秒钟到数分钟后既可发生头昏、心跳加快,甚至意识模糊、昏迷、像触电一样昏倒,很快死亡。

急救方法如下。

（1）救护者进入毒区抢救中毒病人必须戴防毒面具。

（2）把中毒病人迅速转移到空气新鲜地方，有窒息症状时应进行人工呼吸，在病人没有好转之前，人工呼吸不可轻易放弃。

（3）迅速向公司医院打急救电话，并报告调度。

（4）医生赶到后，协助医生抢救。

51. 硫化氢对人体的危害程度和其浓度的关系是什么？

答：硫化氢对人体的危害程度和其浓度的关系见下表。

浓度/（mg/m³）	接触时间	毒性反应	危害等极
1400	顷刻	嗅觉立即疲劳，昏迷并呼吸麻痹而死亡	重度
1000	数秒钟	很快引起急性中毒，出现明显的全身症状，呼吸加快，很快因呼吸麻痹而死亡	
760	15～60分钟	可引起生命危险，发生肺水肿、支气管炎及肺炎、头痛、头晕、激动、呕吐、咳嗽、喉痛、排尿困难等症状	
300	1小时	出现眼和呼吸道刺激症状，能引起神经抑制，长时间接触，可引起肺水中度	中度
70～50	1～2小时	眼部及呼吸出现刺激症状，吸入2～2.5分钟，即发生嗅觉疲劳，不再嗅到气味，长期接触可引起亚急性和慢性结膜炎	轻度
30～40	—	虽臭味强烈，仍能忍耐，这是引起局部刺激和全身性症状的阈浓度	
4～7	—	中等强度的臭味	无危害
0.4	—	明显嗅出	
0.035	—	嗅觉阈	

52. 二氧化硫对人体危害有哪些？

答：二氧化硫属中等毒类，中毒症状主要因其在黏膜上生成亚硫酸和硫酸的强烈刺激作用所致。既可引起支气管和肺血管的反射性收缩，也可引起分泌增加及局部炎症反应，甚至腐蚀组织引起坏死。大量吸入二氧化硫可引起肺水肿、喉水肿、声带痉挛而窒息。空气中二氧化硫对人体的危害见下表。

浓度/（mg/m³）	毒性影响
5240	立即产生喉头痉挛、喉水肿而致窒息
1050～1310	即使短时间接触也有危险
400	吸入5分钟一次接触限值（试拟数值）
200	吸入15分钟一次接触限值（试拟数值）
125	吸入30分钟一次接触限值（试拟数值）
50	开始引起眼刺激症状和窒息感
20～30	立即引起喉部刺激的阈浓度
8	约有10%的人可发生暂时性支气管收缩
3～8	连续吸入120小时无症状，肺功能绝大多数指标无变化
1.5	绝大多数人的嗅觉阈

53. 二氧化硫中毒表现及处理措施有哪些？

答：中毒表现如下。

（1）急性中毒。主要引起呼吸道和眼的刺激症状，如流泪、畏光、鼻、咽、喉部烧灼样痛，咳嗽、声音嘶哑，甚至有呼吸急促、胸痛、胸闷；有时还出现头痛、头昏、全身无力及恶心、呕吐、上腹痛等。检查可见结膜和鼻咽黏膜明显充血，鼻中隔软骨部黏膜可有小块发白的灼伤，肺部可有弥漫性干湿罗音。严重时可于数小时内发生肺水肿而出现呼吸困难，甚至可因合并细支气管痉挛而引起急性肺气肿，吸入极高浓度时可立即引起反射性声门痉挛而窒息。

（2）灼伤。液体二氧化硫可引起皮肤及眼灼伤，溅入眼内可立即引起角膜混浊，浅层细胞坏死，严重者角膜形成瘢痕。

（3）慢性影响。可有头痛、头昏、乏力、嗅觉和味觉减退，常发生鼻炎、咽喉炎、支气管炎，个别诱发支气管哮喘。较常见的消化道症状有牙齿蚀症、恶心、胃部不适、食欲不振等。长期接触可产生气肿。

急救措施如下。

(1) 急性中毒。可给 2‰～5‰碳酸氢钠溶液喷雾吸入，每日二三次，每次 10 分钟，防治肺水肿和继发感染。

(2) 眼损伤。滴入无菌液体石蜡或蓖麻油以减轻刺激症状，如液体二氧化硫溅入眼内，必须用大量生理盐水或温水冲洗，滴入醋酸考的松眼药水和抗菌素，角膜损伤时及早至眼科处理。

54. 氨的毒性及对人体的危害有哪些?

答：氨属Ⅳ级毒物，主要是对呼吸道有刺激和腐蚀作用。氨与人体潮湿部位的水分作用生成高浓度氨水，可导致皮肤的碱性灼伤，如溅到眼睛可致失明。浓度过高时可使中枢神经系统兴奋性增强，引起痉挛，通过三叉神经末梢的反射作用引起心脏停搏和呼吸停止。

人对氨的嗅觉阈为 $0.5\sim1mg/m^3$。大于 $350mg/m^3$ 的场所无法工作。车间空气最高允许浓度为 $10mg/m^3$。氨对人的危害见下表。

浓度/(mg/m³)	接触时间/分钟	人体反应	危害程度
3500～7000 1750～3500 700 553	30	即刻死亡 危及生命 立即咳嗽 强烈刺激,可耐受 1.25 分钟	重度
175～350 140～210	20	鼻眼刺激,呼吸和脉搏加速 有明显不适,但尚可工作	中等
140 70	30 30	鼻和上呼吸道不适,恶心、头痛、呼吸变慢、鼻、咽有刺激感,眼有灼痛感	轻度
9.8 0.7		无刺激作用 感觉到气味	无

55. 氨的中毒表现及急救措施有哪些？

答：（1）急性氨中毒发生于意外事故。接触氨后，患者眼和鼻有辛辣和刺激感，流泪，咳嗽，喉痛，出现头痛、头晕、无力等全身症状。重度中毒时会引起中毒性肺水肿和脑水肿，可引起喉头水肿、喉痉，发生窒息如抢救不及时，会有生命危险。氨中毒严重损害呼吸道和肺组织，抢救时严禁使用压迫式人工呼吸法。液氨溅入眼内，应立即拉开眼睑，使氨水流出，并立即用水清洁。

（2）急救措施。急性中毒应立即脱离现场，吸氧，控制肺水肿发生，保持呼吸道畅通。治疗过程要防止喉头水肿或痉挛，防止溃烂的气管内脱落而造成窒息（这种情况容易在中毒后 24～48 小时内发生）。皮肤污染和灼伤，可用大量水及时冲洗，再用硼酸溶液洗涤，此后按一般灼伤处理。眼灼伤应及早用水冲洗，然后滴入橄榄油，也可用油膏防止粘连，注意改善局部循环和应用激素。

56. 硫黄的危害有哪些？

答：硫黄毒性很低，生产中不致引起急性中毒。硫在胃内无变化，但在肠内大约有 10% 转化为硫化氢而被吸收。大量内服（10～20g）可引起硫化氢中毒的临床表现。生产中长期吸入硫粉尘一般无明显毒性作用，国外有"硫尘肺"和支气管炎伴肺气肿的报道。硫粉尘有时引起眼结膜炎。硫与皮肤分泌物接触，可形成硫化氢和五硫黄酸，对皮肤有弱刺激性，敏感者皮肤可引起湿疹。能经无损皮肤吸收。

57. 简述空气呼吸器的组成、使用方法和注意事项

答：空气呼吸器是由背板、钢瓶、供量需求阀、面罩几部分组成。使用方法如下。

（1）穿戴装具　背上装具，通过拉肩带上的自由端调节肩带的松紧直到感觉舒适为止。

（2）扣紧腰带　插入带扣收紧腰带将肩带的自由端系在背

带上。

（3）佩戴全面罩　①打开瓶阀门，关闭需求阀，观察压力表读数，气瓶压力不低于24MPa；②放松头带，拉开面罩头带，从上到下把面罩套在头上；③调整面罩位置，使下巴进入面罩体凹形处；④先收紧颈带，然后收紧边带，如有不适可调节头带松紧。

（4）检查面罩泄漏及呼吸器的性能　①将气瓶阀关闭，吸气直到产生负压，空气应不能从外面进入面罩内，如能进入，再收紧扣带；②面罩的密封件与皮肤紧密贴合，是面罩密封的唯一保证，必须保证密封面没有头发等毛状物；③通过几次深呼吸检查供气阀性能，吸气和呼气都应舒畅，没有不适的感觉；④装备可投入使用。

（5）注意事项　①使用呼吸器时应经常观察压力表读数，压缩空气用至5MPa，报警器报警压力时，报警器不断发出声音；②信号发出声响时，必须立即撤离。

58. 发现中暑病人后如何抢救治疗？

答：（1）先兆中暑　在高温环境劳动中，若出现轻度头晕、头痛、大量出汗、口渴、耳鸣、恶心、四肢无力、体温正常或稍高（大于37.5℃）应视为先兆中暑。发现病人后，应将患者移至良好的荫凉处休息，擦去汗液，给予适量的浓茶、淡盐水或其他清凉饮料，也可口服人丹、藿香正气丸。短时间内症状即可消失。

（2）轻症中暑　除有先兆中暑症状外，还出现体温高于38.5℃，面部潮红，皮肤灼热或出现面色苍白、大量出汗、恶心呕吐、血压下降脉搏快等呼吸循环衰竭的早期症状时，需立即离开高温环境，除按先兆中暑处理外，应急送医院，静脉滴注5%葡萄糖生理盐水补充水盐损失，并给予对症治疗。

（3）重症中暑　除具有轻症中暑症状外，在劳动中突然晕到或痉挛，或皮肤干燥无汗，体温超过40℃时应立即送到医院抢救。可采用物理降温和药物降温，补充足量水分和钠盐，以纠正电解质混乱。必要时还应及时应用中枢兴奋剂，以抢救生命。

59. 如何预防氮气中毒？

答：氮气本身并无毒性，但人一进入高浓度惰性气体设备等环境中会因缺氧而窒息，如不及时抢救会导死亡。进入有氮气的设备作业时应佩戴空气呼吸器或供风式、长管式防毒面具。如发现有人窒息，应立即向设备里吹入压缩空气，并佩戴空气呼吸器或长管式防毒面具迅速将窒息者从设备中救出，移到空气新鲜的区域，如发生呼吸困难或停止呼吸者应进行人工呼吸，并向医院打急救电话。

60. 本装置有哪些安全防范措施？

答：（1）为了防止设备超压而造成事故，所有塔及容器类设备设置安全阀。

（2）为了避免装置因操作不当造成事故，设置了安全联锁，使装置在发生异常时能自动停车。

（3）废热锅炉设置了两套安全阀和三套液位指示，以防废热锅炉超压和烧干。

（4）炉子点火设置自动吹扫和点火程序，避免了炉子点火过程中燃料气爆炸事故的发生。

（5）操作室和现场设定了装置紧急停车开关，在紧急情况下操作人员可通过装置紧急停车开关实现装置的紧急停车。

（6）对存在可能泄漏可燃气体和 H_2S 有毒气体的部位，设置了固定式可燃气体报警仪和 H_2S 报警仪。

（7）装置区域所有电器设备均采用防爆电器。

（8）仪表室设置了 UPS 不间断电源，使装置停电时仪表尚能工作一段时间，确保了装置的安全。

61. 装置危害因素较大的主要场所或设备有哪些？

答：本装置危害因素较大的主要场所或设备见下表。

序号	场所或设备	危害介质	危害
1	酸性气预热器 E-306	硫化氢、氨气	泄漏时易燃易爆、剧毒
2	酸性气脱液罐 V-301	硫化氢、氨气	泄漏时易燃易爆、剧毒
3	反应炉烧嘴 F-301	硫化氢、氨气	泄漏时易燃易爆、剧毒
4	泵区	硫化氢	泄漏时易燃易爆、剧毒、噪声
5	液硫看窗及液硫池	硫化氢	泄漏时易燃易爆、剧毒
6	液硫看窗及液硫池	二氧化硫	泄漏时有毒
7	第一二在线炉烧嘴	煤气	泄漏时易燃易爆、有毒
8	尾气净化炉烧嘴	煤气	泄漏时易燃易爆、有毒
9	焚烧炉烧嘴	煤气	泄漏时易燃易爆、有毒
10	再生塔及酸性气回流罐	硫化氢	泄漏时易燃易爆、剧毒
11	过程气抽射器 J-302	硫化氢	泄漏时易燃易爆、剧毒
12	主风机 C-301		噪声

第五章

合 成 与 精 馏

第一节　岗位理论知识补充

1. 合成气水冷后的气体温度控制过高与过低的害处是什么？

答：合成气水冷后的气体温度控制过高，会影响气体甲醇和水蒸气的冷凝效果，随着合成气水冷温度的升高，气体中未被冷凝分离的甲醇含量增加，这部分甲醇不仅增加循环压缩机的能耗，而且在甲醇合成塔内会抑制甲醇合成向生成物方向进行。

但合成气水冷温度也不必控制得过低，随着水冷温度的降低，甲醇的冷凝效果会相应的增加，当温度降低到 20℃ 以下时，甲醇的冷凝效果增加就不明显了，所以一味追求过低的水冷温度很不经济，不仅设备要求提高，而且增加了冷却水的耗量。

一般操作时控制合成气冷却后的水温在 20～40℃。

2. 甲醇合成冷却器的种类有哪些？主要作用是什么？

答：有喷淋式、套管式、列管式等种类。主要目的是冷却合成后的高温气体，冷凝气体中的甲醇和水。

3. 影响甲醇合成水冷器水冷效果的主要原因有哪些？

答：（1）水量明显减少，其冷却效果受到影响。可采取开大冷却水进口阀、提高冷却水压达到增加冷却水量的目的。

（2）水冷器水层管壁积垢或淤泥加剧，将影响热量的传递或热量的移出，使水冷效果受到影响。

（3）水质处理比较差，水中可能夹带塑料纸等杂物，这种夹带物对水冷器的冷却效果有很大影响，尤其对列管换热器，杂物会聚积在冷却器进口的花板上堵塞孔道，导致流水不畅通，影响水冷效果，如发生这种情况，除加强水处理净化工作外，还可在水冷器进水前安装两只并联的过滤器，以便于清除杂物。

（4）甲醇合成时生成的石蜡会吸附在冷凝器管壁内，随时间延长影响增大，如结蜡严重影响生产，可采取停车用蒸汽吹扫、热煮的方法予以去除。

4. 影响分离器分离效果的因素有哪些？

答：（1）温度，一定在甲醇临界温度以下，温度越低越好。
（2）压力。
（3）分离器结构的好坏。
（4）适当的气体流速。
（5）分离器空间液位的高低。

5. 甲醇合成催化反应的过程是怎样的？

答：无论是锌、铬催化剂还是铜基催化剂，甲醇反应作为一个多相催化过程是一致的，这个复杂的过程按照下列五个步骤。
（1）扩散，气体从气相扩散到气体-催化剂界面。
（2）吸附，各种气体组分在催化剂活性表面上进行化学吸附。
（3）表面反应-化学吸附的气体，按照不同的动力学进行反应生成产物。
（4）解吸，反应产物的脱附。
（5）扩散，反应产物自气体-催化剂界面扩散到气相中。

6. 甲醇合成催化反应过程的速率由哪个步骤决定？

答：整个甲醇动力学催化反应速度决定于反应动力学的第三

步：表面反应-化学吸附的气体过程，按照动力学进行反应生成产物，第三步在前面五个过程中是最慢的。

7. 氮气在甲醇合成中的作用是什么？

答：氮气的存在对合成反应气体中有效组分分压会造成一定影响，但是对于高活性的铜基催化剂，氮气恰恰能使合成反应得到缓和，使反应温度易于控制，能有效防止过分剧烈的反应所引起的超温或温度大幅波动；同时也能减少因温度过高而产生的副反应，对提高甲醇质量起到积极的作用。

8. 铜基催化剂和锌铬催化剂使用及性能比较

答：见下表。

项目	锌基催化剂	铜基催化剂
制备方法	沉淀，氧化物混合	沉淀、混合、压制成型
操作条件	温度 350～420℃ 压力 25～32MPa	温度 250～290℃ 压力 5～15MPa
抗毒性及耐热性	对毒物敏感性小，能耐受100℃以上的过热	对毒物尤其是 H_2S，As，P 特别敏感，不能耐高温
生产能力,甲醇/(催化剂·小时)	1.2～1.6	1.5～2.5
反应气体 CO/H_2	1/2.5～1/1.5	1/5～1/3
再生	容易	困难
产品质量	副产物多,产品中杂质成分复杂,精馏难度大	产品纯度高,容易得到高纯度的精甲醇

9. 甲醇合成催化剂破碎的原因有哪些？

答：（1）搬运、储存时催化剂受潮。

（2）过筛充装时受磨、受挤压。

（3）还原时出水不均一。

（4）生产负荷过重，压差太大。

（5）生产及升温还原过程中生产负荷及压差波动太大。

10. 鲁奇水冷式甲醇合成塔压差太大的原因是什么？

答：（1）合成塔负荷太大。进塔新鲜气量太大，进塔气中的一氧化碳含量太高，塔反应状态良好，反应热量大，为维持全塔热平衡，循环气量加得很大，气体在塔内流速过大，造成压差增加。

（2）合成塔循环量大。合成循环量太大，塔内空速高，气体通过的压力降增加。

（3）催化剂粉化、破碎严重。

（4）合成塔内件是否有损坏或堵塞。

11. 短期停车，铜基催化剂为什么卸压后要置换？

答：（1）短期停车时，合成系统卸压后系统内还残留少量的一氧化碳、甲醇、氢气等气体。检修时会流入大气中，对生产操作人员和检修人员造成身体危害，所以在合成系统卸压后要用氮气对系统进行置换。

（2）气体中的一氧化碳对设备有羰基腐蚀作用，尤其在 $150 \sim 250^{\circ}\mathrm{C}$ 时的腐蚀速度最大，形成五羰基铁。

（3）合成系统卸压后，为防止空气中的氧气进入系统氧化催化剂。

（4）部分专家认为，催化剂床层温度降低到 $210^{\circ}\mathrm{C}$ 以下时，原料气生成甲醇以外副产物的速度加快，故需进行氮气置换。

12. 卸催化剂前为什么要钝化？

答：甲醇铜基催化剂在投运前将其中的氧化铜还原为金属原子态铜，在催化剂卸出前，需进行钝化，即将原子态铜氧化成氧化铜。如果不钝化卸出，空气中的氧气与催化剂迅速充分接触，可以在短时间内迅速渗透到催化剂的内表面，并产生大量的反应热，以至于催化剂床层产生局部温度过高，或温差猛增，卸出时，可能灼伤人，遇到易燃物产生燃烧，或者因为膨胀应力作用损坏合成塔内件。

通常在催化剂卸出前利用氮气循环，通入少量氧气，对其进行缓慢催化剂氧化，在其外表面形成一层氧化的覆盖膜，该氧化膜可阻隔氧气与金属铜的进一步反应。

13. 铜基催化剂使用前为什么要还原？原理是什么？

答：氧化态铜不具有催化活性，在甲醇反应中，真正起催化作用的是金属原子态铜，故甲醇铜基催化剂在投运前，应首先将其中的氧化铜还原为金属原子态铜。采用氢气还原，其反应为 $CuO + H_2 = Cu + H_2O$，反应为强放热反应。

14. 250♯合成气调整单元的作用有哪些？

答：（1）将合成系统的弛放气中的氢气提纯回收。
（2）产品氢气返回转化工段作为天然气加氢反应器的原料气。
（3）产品氢气进入合成系统调整原料气的氢碳比。

15. 催化剂装填时的注意事项有哪些？

答：催化剂装填的好坏，对日后的正常生产、节能降耗、催化剂使用寿命有直接影响。
（1）装填前应按照催化剂使用说明书编写装填方案。
（2）装填过程应该实行专人负责制，做好计量。
（3）装填前应对装填人员组织学习装填方案、注意事项、安全规范及个人防护意识。
（4）按照方案准备好装填器具。
（5）选择天气，最好避开雨天或湿度大的天气，以免催化剂受潮。

16. 什么是转化率？什么是单程转化率？

答：转化率指参加反应原料的量与投入反应器原料的量的百分

比。单程转化率指一次通过反应器参加反应原料量与投入反应器原料量的百分比。

17. 转化率、收率、产率、单程转化率之间的关系如何？

答：假设总原料量为 A＝B＋C＋D，其中 B 为生成主产物消耗的原料量，C 为副产物消耗的原料气量，D 为未反应原料气量，则

转化率＝（B＋C）/A；产率＝B/（B＋C）；收率＝B/A

如果计算单程转化率，将第一式原料气换为一次通过反应器的量即可。

18. 粗甲醇闪蒸槽压力突然上涨的原因是什么？

答：（1）甲醇分离器的液位过低，排放阀的开度过大，有可能是甲醇合成系统中的高压气体串气到低压系统。

（2）到精馏系统的甲醇送不走，粗甲醇闪蒸槽液位过高，甲醇的缓冲的空间过小。

（3）粗甲醇闪蒸槽的放空阀或放空路线有故障，造成闪蒸气体放不走而憋压。

（4）合成反应中轻组分生成量增加。

19. 甲醇分离器出口带液的原因是什么？

答：（1）甲醇分离器液位过高，应立即开大排放阀，降低液位。

（2）分离效果差，设备内结构不合理，设备出现故障，可在检修时对其检查处理。

（3）气体温度过高，甲醇冷却器效果差，应立即改善水冷条件。

20. 甲醇合成气体中甲醇是如何分离的？

答：甲醇分离采用冷凝分离法，利用甲醇在高压下容易被冷凝的原理进行分离。在高压下与液相甲醇平衡的气相甲醇含量随温度

降低、压力增加而下降。在高压下将反应后的合成气冷却冷凝到小于 40℃，在分离器中，甲醇和水从合成气中分离出来，进入精馏系统，从而达到分离的目的。

21. 精馏操作的三大平衡是什么？

答：热量平衡、物料平衡、汽液平衡。

22. 什么是挥发度？

答：挥发度通常用来表示一定温度下饱和蒸气压力的大小，对处于同一温度下的物质，饱和蒸气压力大的称为易挥发物质，否则称为难挥发物质。用沸点也可以说明物质的挥发性能，沸点越低，挥发度越高。精馏操作即是利用互溶液体混合物中各个组分沸点的不同而分离成较纯组分的一种操作。

23. 按蒸馏操作中的不同特点，蒸馏有哪些分类方法？

答：（1）按蒸馏操作中采用的方式不同，可分为简单蒸馏、蒸馏和特殊蒸馏三类。

（2）根据原料中组分数目的不同可分为双组分蒸馏和多组分蒸馏两类。

（3）按操作压力不同，可分为常压蒸馏、减压蒸馏和加压蒸馏三类。

（4）按操作流程不同，可分为间歇蒸馏和连续蒸馏两类。

24. 精馏系统由哪些部分构成？精馏塔是如何分段的？

答：精馏系统主要由精馏塔、塔釜加热器、塔顶冷凝器及其他附属设备构成。精馏塔以加料板为界分为上下两段，上段称精馏段，下段称为提馏段，加料板一般算在提馏段内。

25. 何谓泡点和露点？

答：溶液被加热开始沸腾产生第一个小气泡时的温度称为

泡点。

混合气被冷凝产生第一个小液滴时的温度称为露点。

26. 精馏塔中两段的作用分别是什么？

答：精馏段的作用主要是浓缩易挥发组分，提高馏出液（塔顶产品）中易挥发组分的浓度。提馏段的作用则主要是为浓缩难挥发组分，在釜底得到难挥发组分纯度很高的残液。

27. 何谓回流？精馏操作中为什么要有回流？

答：将一部分塔顶馏出液返回塔内的过程称回流。回流液是各块塔板上使蒸气部分冷凝的冷凝剂，是维持精馏塔连续稳定操作的必要条件，没有回流，整个精馏操作将无法进行。

28. 何谓恒摩尔气化？何谓恒摩尔溢流？

答：假定精馏段内，从每一塔板上升的气量都相等，提馏段内同此，但两段气量并不一定相等，称之为恒摩尔气化。

两段内各板上下降的液流量皆相等，但两段的液流量并不一定相等，称为恒摩尔溢流。

29. 甲醇精馏的原理是什么？甲醇精馏工艺流程分类有哪些？

答：原理　在甲醇精馏塔内把含甲醇的液体混合物经多次部分气化，同时又把气体混合物经多次部分冷凝，从而使甲醇从混合物中分离出来，得到所要求质量的精甲醇。

流程分类　单塔、双塔、三塔，四塔（3+1）流程。

30. 甲醇精馏中预塔作用是什么？预塔加碱液的目的是什么？

答：作用是去除溶解在粗甲醇中的二甲醚、H_2、CO、CO_2 等轻组分杂质。

加碱液的目的是中和粗甲醇中的酸性物质，调整精甲醇 pH 值，保证产品质量。

31. 预塔的类型有哪些？塔板数如何？

答：通常有泡罩塔、筛板塔、浮阀塔、浮动喷射塔、浮动舌形塔、导向浮阀塔。

塔板数与操作条件、粗甲醇成分含量有关，一般塔板至少 50 块，塔高 20～30 米。

32. 甲醇工艺中精馏塔的作用是什么？

答：去除粗甲醇中以水、乙醇、高级醇为代表的重组分，去除杂醇油等杂质，得到合格的甲醇产品。

33. 甲醇精馏塔的塔型及基本情况如何？

答：常见的塔型有筛板塔、浮阀塔、浮动喷射塔、浮动舌形塔、导向浮阀塔。泡罩塔已基本淘汰，很少采用填料塔。

通常精馏塔有 75～85 块塔板，板间距为 300～600 毫米，塔高 35～45 米左右。

34. 粗甲醇的组成如何？什么叫粗甲醇？

答：在甲醇合成反应过程中，无论是锌-铬催化剂还是铜基催化剂，均受选择性的限制，而且受合成条件的压力、温度、合成气组分的影响，在生成甲醇的同时，还伴随一系列的副反应，所得的产物除甲醇和水外，还含有几十种微量的有机杂质，包括醛、酮、醚、酸、酯、烷烃、胺、羰基铁等。这些含水和有机杂质的甲醇叫粗甲醇。不同的催化剂、不同的工艺，以及同种催化剂不同活性期，粗甲醇中杂质含量、种类可能发生变化。

35. 精馏塔的结构有哪些共同要求？

答：（1）具有适宜的流体力学条件，达到气液两相的良好接触。

（2）结构简单，制造成本低，安装检修方便。在使用过程中耐吹冲，局部的损坏影响范围小。

（3）分离效果高，处理能力较大，要求在较大的气液负荷范围内板效率高而且稳定。

（4）阻力小，压降低。

（5）操作稳定，反应灵敏，调节方便。

36. 粗甲醇中轻、重馏分的定义是什么？

答：以甲醇的沸点为界，将粗甲醇中有机杂质分为高沸点杂质和低沸点杂质。常压下甲醇的沸点为 64.7℃，甲醇杂质中，沸点低于甲醇沸点的物质叫轻馏分，沸点高于甲醇沸点的物质叫重馏分。

37. 粗甲醇中有哪些轻馏分杂质？有哪些重馏分杂质？

答：轻馏分杂质有二甲醚、甲醛、一甲胺、二甲胺、三甲胺、乙醛、甲酸甲酯、戊烷、丙醛、丙酮、甲酸乙酯等。

重馏分杂质有己烷、乙醇、丁酮、丙醇、庚烷、异丁醇、水、甲酸、异戊醇、丁醇、乙醇、乙酸、辛烷，戊醇等。

38. 甲醇精馏塔有哪些塔型？

答：一般有四种：泡罩塔、浮阀塔、浮动喷射塔、斜孔板塔等，本公司采用的是浮阀塔。

39. 浮阀塔的结构及优缺点有哪些？

答：（1）结构　①塔板结构与泡罩塔相似，用浮阀代替升气管与泡罩；②塔板结构由浮阀、溢流堰、降液管、塔板四部分组成。

（2）浮阀塔优点　①单位面积生产能力大，比泡罩塔高 20%～30%；②操作弹性大，可达 7%～9%，而泡罩塔只有 4%～5%；③板效率高，比泡罩塔高 10% 左右；④气体通道简单，阻力小，浮阀塔整体压降小；⑤塔板上无障碍物、液面梯度小，气流分布均匀；⑥塔板结构简单，制造容易，造价为泡罩塔的 50%～60%。

（3）浮阀塔缺点　①因为浮阀频繁浮动，容易造成阀片爪子磨损脱落，或塔板阀孔增加，浮阀被气流吹出，引起气液短路，要求精细安装，阀体与阀孔配合过紧浮阀容易卡死；②对于黏稠及容易结焦的液体，不宜选用。

40. 什么叫做关键组分？

答：在多元组分蒸馏中，必然分别对塔顶和塔底的一个主要组分规定其组成，作为分界的界限，在整个多元物系的精馏中起到控制作用，这样才能简化精馏计算。这两个组分叫关键组分。挥发度大的叫轻关键组分，在塔底必须对它的浓度加以控制；挥发度小的叫重关键组分，在塔顶必须对它的浓度加以控制。在甲醇精馏塔中，轻关键组分为甲醇，重关键组分为水。

41. 什么是回流液？回流液在精馏分离过程中的作用？

答：塔釜的混合物液体在再沸器加热的作用下，部分气化成蒸气，沿塔体上升，在塔顶出来进入冷凝器，使其部分蒸气被冷凝下来，冷凝液沿塔内回流下来，此液体称回流液。

回流的液体与上升的蒸气接触，上升的蒸气给予一定热量给下降的低温回流液，部分高沸点蒸气冷凝下来进入回流液中，同时下降的回流液因为吸热温度上升，部分易挥发液体进入上升的蒸气中。通过这个过程，加大了易挥发组分在上升蒸气中的浓度，也加大了下降回流液中难挥发组分的浓度，从而使混合液得以分开。

42. 什么是回流比？

答：回流比：精馏段内液体回流量与采出量之比，通常用 R 来表示。

$$R=L/D$$

式中，R 为回流比；L 为单位时间内从精馏段内某一塔板下降的液体（kmol/h）；D 为单位时间内从精馏塔顶采出的馏出液（kmol/h）。

回流比越大，分离效果越好，产品质量越高，生产能力越小，能耗越高。

43. 什么是最小回流比？怎样确定最小回流比？

答：对某一种需要分离的介质，根据其物料和选用塔型特性，有一个回流比下限，即叫做最小回流比。

在规定的要求下，最小回流比时所需要的理论塔板数将无限大。

对固定分离要求过程，最适宜的回流比确定依据为：回流比减少，生产操作费用减少，但所需的塔板数增加，投资费用增加，反之增加回流比，减少塔板数，却增加运行费用。最适宜的回流比以投资费用和经常运行费用之和在特定的经济条件下为最小。

通常实际生产操作中回流比取最小回流比的 1.3～2 倍。

44. 精馏塔的压力降是什么？塔压增加对精馏的影响有哪些？

答：精馏塔的压力降指塔釜和塔顶的压力差。

塔压增加对精馏操作的影响　①造成气相温度和组成对应关系的混乱；②压降增加，组分间的相对挥发度降低，分离效果下降；③影响气液相平衡。压降增加，气相中重组分减少，从而提高了气相中的轻组分浓度，使液相量增加，气相量减少。总之塔顶轻组分浓度增加，数量减少，釜液轻组分浓度增加，数量也增加。

45. 什么叫空塔速度？

答：单位时间内，精馏塔上升的气体体积与塔体截面积的比，即指单位时间内，上升气体移动的距离 $[m^3/(m^2 \cdot h)$，或 $m/s]$。计算式：

$$W = V/A$$

式中，W 为空塔速度（m/s）；V 为精馏塔上升气体的体积（m^3/s）；A 为塔体截面积（m^2）。

46. 生产操作中空塔速度过大、过小有什么影响？

答：空塔速度是影响精馏操作的一个重要因素，对已确定了操作条件的塔，如果在允许范围内提高空速，则能提高塔的生产能力。

当空速达到一定限度时，气液两相在塔板上的接触时间过短，且会产生严重的雾沫夹带，从而破坏塔的正常生产。一般以雾沫夹带量不大于 10％ 来确定空塔速度，称为最大允许速度。

当空塔速度过低时，不利于气体穿过孔道，甚至托不起上层板上的液体，上层板上的液体通过升气孔倒流到下层板，这种现象叫液体泄漏，严重时也会降低精馏塔的分离效果。

47. 什么叫液泛？如何处理？

答：精馏塔中上升气量过大，超过最大允许速度并增加到某一数值时，液体被气体阻拦不能向下流动，在塔板上越积越多，甚至可以从塔顶溢出，此现象称为液泛。

出现液泛时，无法进行气液两相正常传热、传质交换，甚至出现轻重组分颠倒。

处理方法　停止、或减少进料量，减少塔底加热蒸汽，停止采出，进行全回流操作。使涌到塔顶上层的难挥发的组分慢慢回流到塔底或正常位置。当生产不允许停止进料时，可适当降低釜底温度，加大采出到粗甲醇罐，减少回流比，当塔压压差正常后再慢慢全面恢复。

48. 什么叫精馏塔的操作弹性？

答：精馏塔内上升气体速度的最小允许值（负荷下限）到最大允许值（负荷上限）之间的范围，称为精馏塔的操作弹性。

上升气体速度在此范围内变动时，精馏塔能在一定的分离效果下，维持正常生产操作。

精馏塔的操作负荷上限为上升气相的雾沫夹带量不超过气相流量的 10％，精馏塔的操作负荷下限以塔板上液体的泄漏量不超过液体流量的 10％为限。

通常板式塔中，浮阀塔的操作弹性较大，精馏塔的操作负荷上下限之比可达 7～9，其次为泡罩塔，筛板塔最小。

49. 预塔塔顶冷凝液温度控制的意义是什么？

答：预塔以去除轻组分为主体的大部分有机杂质为目的，通过预塔塔顶的冷凝器的作用，大部分甲醇被冷凝下来，未被冷凝的轻组分进入放空系统，因此冷凝温度的控制对脱除粗甲醇的轻组分杂质有直接关系，控制过高，轻组分杂质脱除彻底，甲醇损失大，控制过低，轻组分杂质脱除不彻底。

预塔塔顶冷凝温度控制一般在 30～40℃，但不是一成不变的，它随催化剂使用的初、中、晚期的不同，成分的变化可作适当小量调整。

50. 灵敏板温度控制的意义是什么？

答：在精馏塔逐板计算中，发现某一板液的组成变化大，因而反应的温度变化也较大，在生产操作中物料平衡被破坏时，该板和该区段的温度变化最灵敏。实际生产中选择其中一块板作为灵敏板，以此温度来控制整个塔体物料的变化。一般选择塔体自下而上的第 8～12 块板上。控制该点温度的好处：①变化灵敏，调节准确；②生产中可提前看出物料变化，并提前调整。

51. 精馏塔塔顶温度控制的意义是什么？

答：精馏塔塔顶温度是决定产品质量的重要条件，即决定操作压力下纯甲醇的沸点温度。常压精馏一般控制顶部温度 66～67℃，在压力不变化的情况下，温度升高，说明塔顶的重组分增加（不排除设备内漏），甲醇产品的沸程和高锰酸钾值将可能超标，生产操作中可通过适当调节气体量和回流比进行调整。

52. 精馏塔塔釜温度控制的意义是什么？

答：维持正常的精馏塔塔釜温度，可避免轻组分的流失，提高甲醇回收率，也可以减少甲醇残液的污染。通常控制在 106～110℃（与塔压有关）。塔温过高，重组分上移，影响产品质量。塔温过低，轻组分如甲醇进入水中；当然也可能是塔下部的重组分过多（恒沸物沸点比水低）造成，也可能是热负荷骤减造成。

53. 塔底液位对精馏操作有什么影响？

答：塔底液位的稳定是维持釜温恒定的首要条件。

（1）塔底液位的变化，主要取决于塔底排出量的大小。

（2）塔底排出量过大，会造成塔釜液面降低或抽空，进入再沸器釜液量减少，蒸发量减少，气体速度降低，直至破坏塔内的热平衡和传质效果。

（3）如果塔底排出量过小，则塔釜液面过高，而增加了釜液的循环阻力，传热效果差，釜温下降。

（4）如果塔底液位长期不稳，则会影响产品质量。

54. 影响精馏塔塔底液位变化的因素有哪些？

答：（1）釜液组成的变化　在塔压力不变的情况下，降低釜温，而使釜液中轻组分增加，如排除量不变，塔底液位也将上升。

（2）进料组成的变化　若进料中水或重组分增加，如排除量不变，塔底液位也将上升。

（3）进料量的变化　若进料量增加，釜液排除量也相应增加，否则塔底液位也将上升。

（4）加热量发生变化　塔低温度改变，塔釜液位将发生改变。

（5）排除量加大　塔釜液位将发生改变。

（6）采出量发生变化　也将影响塔釜液位。

55. 精馏塔塔顶采出量对精馏操作有什么影响？

答：精馏塔塔顶采出量的大小和该塔进料量的大小有着对应关系，进料量增加，采出也相应加大。

为保证塔内物料平衡，维持塔的正常操作，采出量应该随着进料量的大小和组成变化而变化。当采出量超出弹性允许范围时，则应及时对进料量和热负荷进行调整。

在进料量不变时，加大采出，超过弹性范围，重组分上移，回流比减少，回流量减少，塔内温度上涨，时间久了产品质量就不合格。如果进料加大，采出不变，超过弹性操作范围，使原来的物料平衡和气液平衡组成受到破坏，回流比加大，塔底中的轻组分浓度提高，上升气体速度提高，顶底压差加大，严重时会引起液泛。

56. 精馏操作中的进料状态有哪几种？

答：冷液进料；泡点进料；气液混合进料；饱和蒸气进料；过热蒸气进料。

57. 五种进料状态对精馏操作有什么影响？

答：设 δ 为每摩尔进料液体变为饱和蒸气所需要的热量与每摩尔进料的气化潜热之比。

即五种进料可表示为：冷液进料（$\delta>1$）；泡点进料（$\delta=1$）；气液混合进料（$0<\delta<1$）；饱和蒸气进料（$\delta=0$）；过热蒸气进料（$\delta<0$）。

在假定回流比和塔顶馏出物组成为定值时，进料状态的改变将引起理论塔板数、精馏段、提馏段塔板数的改变。对于固定进料状况的精馏塔，进料状况的改变，必将影响产品质量及损失情况的改变。

一般甲醇精馏多采用泡点进料，则精馏段、提馏段的上升蒸气流量相等。在实际生产中，由于精馏段有富裕，在保证甲醇质量的前提下，可采用气液混合进料，这样可减少精馏段的塔板数，增加提馏段的塔板数，有利于重组分的提浓回收。在调整进料高度时，可改变进料状态，达到产品质量的要求。

进料状态的改变要引起精馏段、提馏段的重新分配，必然会引起塔内气液平衡、温度的变化，要通过调整达到新的平衡。

58. 精馏进料量的大小变化对精馏有何影响？

答：进料增加，为维持整个塔的操作条件不变，蒸气上升的速度加快，塔底再沸加热量应增加，塔顶冷却量负荷加大，采出增加，为维持恒定的回流比，下降的回流液也增加；进料减少的情况则正好相反。

59. 什么叫塔板的分离效率？

答：塔板的分离效率以单板效率来表示，为实际塔板上气相（或液相）组成的变化值与理论塔板上组成的变化值之比。

60. 简述浮阀塔内浮阀的分离操作过程

答：浮阀可自由地在一定的范围内升降，没有蒸气上升时，浮阀落在塔板上，这时浮阀的开度仅为 2.5 毫米。当上升的蒸气克服浮阀的重量时，浮阀的开度随着蒸气速度的大小改变而改变。蒸气穿过阀孔，从阀的边缘向水平方向喷入塔板的液层，形成鼓泡，气液两相进行接触。由于克服阀体的重量而改善鼓泡状态，增加了气液的接触时间，即使蒸气速度较大，雾沫夹带量也较小，分离效果高，生产容易控制。塔板上的液体沿着降液管下降，经过各层塔板进入塔釜中，在塔板上实现传热传质。当蒸气速度很低时，塔板上出现鼓泡层和清液层区域，泄漏和鼓泡同时产生；当速度增加，清液层区域逐渐减少，到达一临界速度时，塔板全部处于鼓泡状态，塔压降随着蒸气速度增加而增加。因此浮阀塔的蒸气速度应该在临界速度下工作。

61. 精甲醇产品常见的几种质量问题是什么？

答：（1）水溶性　精甲醇加水后出现浑浊现象。

（2）稳定性　精甲醇产品的高锰酸钾氧化值时间过短。

（3）水分　精甲醇产品水分超标。

（4）色度　精甲醇与蒸馏水对比成微锈色，可能是粗甲醇原料或精馏设备未清洗干净所致。

（5）碱性高 可能因原料气中含有氨所导致（特别是联醇生产中）。

62. 如何控制精甲醇中水分不超标？

答：（1）加大回流，降低采出温度和采出量。

（2）降低灵敏板温度，减少重组分上升。

（3）防止精馏塔顶冷却器内漏。

63. 精甲醇氧化值不合格的原因及处理办法有哪些？

答：氧化值即高锰酸钾值，也是衡量甲醇稳定性的一个指标。

（1）加大主、预塔轻组分的排放。

（2）预塔进行加水萃取精馏操作将杂质去除。

（3）根据合成粗甲醇反应条件和催化剂使用的前中后期粗甲醇成分的变化，加强对预塔顶冷凝温度的控制。

（4）必要时可在预塔采出部分粗馏物。

（5）加大回流比，严格控制好灵敏板的温度，避免重组分上移。

（6）连续采出部分杂醇油。

64. 粗甲醇精馏的目的是什么？

答：甲醇合成不论采用什么工艺，也不论采用什么催化剂，均受其选择性的限制，在生成甲醇的同时，也生成一些副产物。通过精馏的方法，除去粗甲醇中的水和有机杂质，根据不同的要求，得到符合质量的不同产品。

65. 甲醇收率是什么？

答：在单位时间内，精馏过程中收到精甲醇的量与投入粗甲醇的原料中纯甲醇量的百分比率。

甲醇收率＝单位时间精甲醇产量（t）/［单位时间内粗甲醇的投入量（m^3）×密度×甲醇含量］

66. 影响甲醇收率的因素有哪些?

答:(1)主、预塔塔顶冷凝温度过高,甲醇冷不下来,从放空管放空损失部分甲醇。

(2)主塔塔底温度太低,甲醇从残液中排出。

(3)在侧线采出中,杂醇油中有部分甲醇未回收而损失。

(4)在粗甲醇输送、精馏过程中,泵体及设备的泄漏,分析取样的损失等。

67. 精甲醇的质量标准有哪些?

答:精甲醇的质量标准主要有美国联邦 O-M-232K "AA"级标准和中国 GB 338—2011 工业用甲醇。具体指标见下表。

美国联邦 O-M-232K "AA"级标准

项目	单位	指标
丙酮	%[①]	最大 0.002
酸度(以醋酸计)	%[①]	最大 0.003
外观		无乳白色物和沉淀
可碳化物的颜色		不暗于 ASTM D1209 铂-钴标准色阶第 30 号的颜色
颜色		不暗于 ASTM D1209 铂-钴标准色阶第 5 号的颜色
馏程在 760mmHg 下		最大 1.0℃(包括 64.6℃±0.1℃)
乙醇	%[①]	最大 0.001
不挥发性物质	mg/100mL	最大 10
气味		有特殊气味,无异味
高锰酸钾试验时间		30 分钟不退色
相对密度		最大 0.7928,20℃
水分	%[①]	最大 0.10
甲醇纯度	%[①]	最小 99.85

① 质量分数。

中国 GB 338—2011 优等品标　工业用甲醇

项目	指标		
	优等品	一等品	合格品
色度,Hazen 单位(铂-钴色号) ≤	5		10
密度,ρ_{20}/(g/cm³)	0791~0.792	0791~0.793	
沸程①(0℃,101.3kPa)/℃ ≤	0.8	1.0	1.5
高锰酸钾试验/min ≥	50	30	20
水混溶性试验	通过试验(1+3)	通过试验(1+9)	—
水(质量分数)/% ≤	0.10	0.15	0.20
酸(以 HCOOH 计,质量分数)/% ≤	0.0015	0.0030	0.0050
或碱(以 NH₃ 计,质量分数)/% ≤	0.0002	0.0008	0.0015
羰基化合物(以 HCHO 计,质量分数)/% ≤	0.002	0.005	0.010
蒸发残渣(质量分数)/% ≤	0.001	0.003	0.005
硫酸洗涤试验,Hazen 单位(铂-钴色号) ≤	50		
乙醇(质量分数)/% ≤	供需双方协商	—	

① 包括 64.6℃±0.1℃。

注：当需要计算甲醇的质量分数时,参见附录 B。

第二节　岗位操作知识

1. 合成系统压力上升的原因有哪些？

答：(1) 反应温度下跌,合成反应变差,甚至恶化,而新鲜气源又不断送入造成系统压力上涨,甚至超压。

(2) 循环气中甲烷含量升高会影响甲醇合成反应,也是造成进口压上涨的原因。

(3) 合成气经循环水冷却器时冷却效果差,使生成的甲醇不能分离出去。

(4) 气量增加。

(5) 触媒活性下降，转化率不高。

2. 分离器液位过高或过低有什么危害？

答：液位过高　容易发生带液事故，液体甲醇带入压缩机，造成压缩机叶轮损坏，带入甲醇合成塔，影响甲醇合成反应。

液位过低　易发生高低压窜气，造成膨胀槽超压，安全阀起跳或其他事故。

3. 为什么要设置汽包液位低低联锁停车？

答：汽包的液位太低使反应热不能及时带走，催化剂温度升高对催化剂的使用寿命造成极大危害，严重时会烧毁催化剂乃至合成塔内件，故设汽包液位低低联锁停车。

4. 合成塔内催化剂绝热层的作用是什么？

答：(1) 绝热层能较快地将床层温度提高至反应的最佳温度区域。

(2) 因为催化剂层上部负荷大老化中毒较快，反应热将快速减少，在取走它的热量后，上层温度会降低，不利于发挥所有催化剂的活性作用。

(3) 床层温差大，不易操作。

5. 还原终点的判断依据是什么？

答：(1) 累计出水量接近或达到理论出水量。

(2) 出水小时速率为零或小于 0.2kg。

(3) 合成塔进出口 （H_2＋CO） 浓度基本相等。

6. 升温还原控制原则有哪些？

答：(1) 三低　低温出水；低氢还原；还原后的低负荷生

产期。

（2）三稳　提温稳；补氢稳；出水稳。

（3）三不准　提温提氢不准同时进行；水分不准带入合成塔；不准长时间高温出水。

（4）三控制　控制补 H_2 速度；控制 CO_2 浓度；控制出水速度。

7. 惰性气体含量对甲醇合成有何影响？

答：甲醇原料气中的甲烷、N_2 等惰性气体不参与合成反应，且在合成系统中越积越多，降低了原料气中 CO、CO_2 及 H_2 的有效分压，对甲醇合成反应不利，并增加了压缩机的动力消耗，但在系统中又不能过多排放，否则会引起有效气体损失。

8. 膨胀槽压力高的原因是什么？如何处理？

答：（1）分离器液位低，排放阀开的太大。关小自调阀。

（2）甲醇膨胀槽排液自调失灵全关。应走旁路，并联系仪表检修自调。

（3）精馏工序粗甲醇槽进口阀关，造成膨胀槽液位大幅度上升，因缓冲空间小而压力猛涨，应立即打开贮槽阀及膨胀槽放空阀，将压力调至正常。

9. 合成塔压差大的原因是什么？

答：（1）合成塔负荷大。

（2）触媒破碎、风化严重。

10. 精馏操作中发生液泛如何处理？

答：停止或减少进料量，减少塔底加热蒸汽，停止采出，进行全回流操作。使涌到塔顶上层的难挥发组分慢慢回流到塔底或塔板下正常位置。当生产不允许停止进料时，可适当降低釜底温度，加大采出到粗甲醇罐，减少回流比，当塔压压差正常后再慢慢全面恢复。

11. 精馏系统紧急停车步骤是什么？

答：在生产过程中，如果发生电中断、循环水中断、蒸汽中断、仪表空气中断或遇到爆炸、着火等意外情况时，应采取紧急停车处理。

（1）立即关闭各再沸器加热蒸汽进口阀及蒸汽总阀。

（2）停止采出及各塔入料。

（3）将各泵电源切断，并检查出口阀并关闭。

（4）停止给预精馏系统加碱液和萃取水。

（5）各塔充氮保压或进行进一步工艺处理。

12. 如何控制合成塔的温度？

答：合成塔的温度主要通过调节汽包蒸汽压力来控制，在 4.0MPa 左右蒸汽压力变化 0.1MPa，对应的温度变化约 1.35℃，利用合成汽包蒸汽压力来控制塔温，既简单又可靠，合成塔的温度一般随触媒使用时间的不同而做适当的调整。当通过调整温度、压力和空速也不能维持甲醇产量或合成塔压差超过规定值时，则需停车更换触媒。

13. 合成塔催化剂层温度上涨的原因有哪些？

答：（1）循环气量减少会使塔温上升。

（2）PV22002A/B 故障，阀门关闭，汽包压力增加。

（3）汽包液位低。

（4）新鲜气量增大。

（5）气体组分变化，如新鲜气中甲烷含量下降也会使塔温上涨。

（6）仪表失灵引起的温度上涨假象。

14. 膜分离的原理是什么？有哪些特点？

答：膜分离的原理是两种或两种以上的气体混合物通过高分子

膜时，因各种气体在膜中扩散系数的差异，导致不同气体在膜中相对渗透速率不同而被分离，利用这一原理将不同气体分离的技术称为膜分离技术，其特点是：易操作便维护；易安装寿命长；安全可靠能耗低；连续运行适用范围广。

15. 回流液的作用是什么？

答：回流液是各塔板上升气体的冷媒，并提供了各板所必须的液流，是建立各板正常浓度分布，维护全塔连续稳定操作的必要条件。

16. 加压塔再沸器泄漏会出现什么现象？对精馏工艺有何影响？

答：现象是加压塔塔釜温度升高，塔釜、塔顶温差增大，塔釜液位升高，釜液分析水含量增加，停车时冷凝液管线导淋会有甲醇蒸气排出。再沸器微量泄漏对精馏工艺的影响不大，若泄漏量过大，则会导致系统中水含量剧增，废水泵输送不及，各塔液位居高不下，严重时会影响产品质量，此时应立即停车进行检修。

17. 预精馏塔加萃取水对精馏操作起到什么作用？

答：预塔加萃取水是稳定提高精馏甲醇产品水溶性和稳定性的一个重要操作手段。生产中当精甲醇稳定性（氧化值）达不到质量指标时，加大萃取水量，能稳定甲醇质量；当精甲醇加水浑浊时，加大萃取水量，水溶性会明显好转。

18. 粗甲醇中所含杂质按性质分为哪几种？

答：（1）还原性物质　主要是醛、胺、羰基铁等。

（2）溶解性杂质　①水溶性杂质，醚、C1～C5 醇类、醛、酮、有机酸、胺等；②醇溶性杂质，C6～C15 烷烃、C6～C16 醇类，这类杂质在甲醇浓度降低时就会析出，使溶液变得浑浊；③不溶性杂质，C16 以上烷烃和 C10 以上醇类在常温下不溶于甲醇和水。

（3）无机杂质　触媒粉末、设备管道中带来的铁杂质等。

（4）电解质及水，有机酸、胺、金属离子等。

19. 精甲醇产品氧化值不合格的原因是什么？如何处理？

答：精甲醇氧化值不合格，即高锰酸钾试验时间过短，说明产品中还原性杂质增多。其处理方法和水溶性不合格时的处理方法类似，即预塔通过调节萃取水量和塔顶冷凝温度来保证轻组分的脱除效果，主塔通过调整热负荷和回流量严防重组分上移带入产品，同时在常压塔连侧线续采出重组分。

20. 热虹吸式再沸器的工作原理是什么？如何使用？

答：工作原理　热虹吸式再沸器实际上是一个靠液体的冷热对流来加热冷流体的换热器，当管程冷流体被壳程热流体加热后，变成气液混合物，密度变小，从上面进入塔釜上部，而塔釜底部的液体因密度较大，自动流向再沸器形成自然循环。

使用　再沸器应以调节冷凝液排放量来调换热面积，从而达到调节热量的目的。再沸器投用时应注意：先进行暖管，再缓慢将蒸汽投入，防止管道液击或温差过大而损坏设备。

21. 预精馏塔加碱的目的是什么？

答：其目的是为了促使胺类及羰基化合物的分解，同时防止粗甲醇中有机酸对设备的腐蚀，一般控制预后甲醇 pH 值为 7.5～8.5。

22. 预防甲醇中毒的措施有哪些？

答：（1）皮肤接触　要立即脱去被污染的衣着，用肥皂水和清水彻底冲洗皮肤。

（2）眼睛接触　要立即提起眼睑，用流动清水或生理盐水冲洗，就医。

（3）吸入　迅速脱离现场至空气新鲜处，保持呼吸畅通。如呼吸困难，给输氧。如停止呼吸，立即进行人工呼吸。

（4）食入　饮足量温水、催吐，用清水或 1% 硫代硫酸钠溶液洗胃，就医。

23. 预精馏塔压力如何调节？若通过塔底再沸器蒸发量来调节会带来什么后果？

答：在蒸汽稳定的前提下，预塔压力应通过不凝气放空自调来调节。若通过再沸器蒸发量来调节，会出现不良结果，当压力偏低而加大蒸发量时，塔内温度上升，甲醇等重组分被蒸到塔顶，从而浪费原料及能量；反之塔压高而减小蒸发量时，使得塔内温度下降，导致轻组分不能彻底蒸出，而使加压塔产品不合格。

24. 甲醇泄漏后的应急处理措施有哪些？

答：迅速撤离泄漏污染区人员至安全区，并进行隔离，严格限制出入，切断火源。建议应急处理人员戴自给正压式呼吸器，穿防毒服，不要直接接触泄漏物。尽可能切断泄漏源，防止进入下水道，排洪沟等限制性空间。小量泄漏可用沙土或其他不燃材料吸附或吸收，也可用大量水冲洗，洗水稀释后放入废水系统。大量泄漏可构筑围堰或挖坑收容，用泡沫覆盖，降低蒸气灾毒，用防爆泵转移至槽车或专用收集器内，回收放送至废物处理场所处置。

25. 什么是设备检查？设备检查的目的是什么？

答：是对设备的运行状况、工作性能、磨损腐蚀程度等方面所进行的检查和检验。

设备检查能够及时查明和清除设备隐患，针对发现的问题提出解决措施，有目的地做好维修前的准备工作，缩短维修时间，提高维修质量。

26. 工艺技术规程应包括哪些内容？

答：①总则；②原料、中间产品、产品的物化性质及产品单耗；③工艺流程；④生产原理；⑤设备状况及设备规范；⑥操作方法；⑦分析标准；⑧安全计划要求。

27. 检修方案应包括哪些内容？

答：①设备运行情况；②检修组织机构；③检修工期；④检修内容；⑤检修进度图；⑥检修的技术要求；⑦检修任务落实情况；⑧安全防范措施；⑨检修备品、备件；⑩ 检修验收内容和标准。

28. 简述甲醇合成副反应对产品甲醇的质量影响

答：①甲醇合成副反应生成醚、酮和醛类物质，影响产品的高锰酸钾试验；②甲醇合成副反应生成有机酸影响产品的酸度；③甲醇合成副反应生成的高级醇和石蜡等物质影响产品水溶性试验；④以上所述物质都能造成产品甲醇的羟基化合物超标。

29. 影响甲醇合成操作的因素有哪些？

答：①甲醇合成的系统压力；②甲醇合成催化剂床层温度和活性；③合成塔循环气量；④循环气的 H/C 值和合成气的 H/C 值；⑤循环气中惰性气含量。

30. 当前甲醇生产工艺的发展呈现哪些特点？

答：①甲醇生成原料多样化；②甲醇生产规模大型化；③甲醇生产低能耗化；④甲醇生产过程控制高自动化。

31. 分析甲醇合成催化剂活性下降的原因有哪些？

答：①催化剂中毒；②空速过低，催化剂活性中心过热老化；③生产负荷过高或合成甲醇反应剧烈，催化剂活性中心过热老化；④因操作原因或其他原因造成催化剂粉碎。

32. 影响粗甲醇分离器分离效率的因素是哪些？

答：①可调冷却器出口温度；②系统压力，甲醇的临界压力 8.1MPa；③粗甲醇分离器的构造好坏，内件结构是否合理；④适当的气体流速。

33. 化工设备选材的一般原则是什么？

答：①首先必须了解所处理的是什么介质和介质的性质；②考虑材料的物理机械性能；③考虑本系统中其他材料的适应性；④考虑材料的价格和来源。

34. 压力容器全面检验的内容是什么？

答：①内外部检验的全部内容；②对压力容器进行耐压试验；③对主要焊缝进行无损探伤抽查或全部焊缝检查；④对压力很低、无腐蚀性介质的容器，若没有发现缺陷，取得一定应用经验后可不作无损探伤检查。

35. 甲醇产品碱度的超标的原因有哪些？

答：①粗甲醇中的有机胺类含量高；②预精馏塔加碱量过大；③加压精馏塔再沸器加热蒸汽量过低，造成加压精馏塔或常压精馏塔有雾沫夹带或泛塔，使氢氧化钠碱液或某些有机酸钠物质随产品从塔顶出来。

36. 离心泵、往复泵、回转泵各有什么优缺点？

答：（1）离心泵　结构简单、紧凑、流量均匀易调整、震动小，对基础要求不高，应用范围广，扬程不高，对黏度大的液体效率低，小流量者，扬程受到限制。

（2）往复泵　扬程高、流量固定、有干吸能力、效率高，可作计量泵使用；但流量不均匀，结构复杂，带有传动机。

（3）回转泵　适用于小流量、高扬程、黏度大的液体。

37. 分析甲醇产品氧化试验不合格的原因有哪些？

答：①预精馏塔脱除醚类等轻组分不彻底；②预精馏塔加碱量低，使粗甲醇中的易分离的羟基化合物分离不彻底；③粗甲醇中有机重组分含量过高，加压精馏塔或常压精馏塔精馏困难；④加压精馏塔或常压精馏塔操作控制回流比过低，使精馏塔内重组分上移，随产品从塔顶出来；⑤加压精馏塔再沸器加热蒸汽量过低，造成加压精馏塔或常压精馏塔有雾沫夹带或液泛。

38. 分析甲醇产品水溶性试验不合格的原因有哪些？

答：①粗甲醇中的高级醇或石蜡含量高；②加压精馏塔或常压精馏塔操作控制回流比过低，使精馏塔内重组分上移，随产品从塔顶出来；③加压精馏塔再沸器加热蒸汽量过高，造成加压精馏塔或常压精馏塔有雾沫夹带或液泛；④预精馏塔烷烃类物质脱除不彻底；⑤常压精馏塔侧线采出杂醇油量低。

39. 反应温度对甲醇合成有何影响？

答：（1）在甲醇合成反应过程中，温度对于反应混合物的平衡温度和速率影响非常重要。

（2）对化学反应而言，温度升高会使分子运动加快，分子间有效碰撞增加，并使分子克服化合时阻力的能力增加，从而增加分子的有效结合机会，使反应速度加快，但一氧化碳、二氧化碳与氢气合成甲醇的反应均为可逆的放热反应，升高温度可使反应速率常数增加，但平衡常数会下降，因此选择合适的操作温度对甲醇合成至关重要。

（3）一般锌-铬催化剂的活性温度为 $350 \sim 420℃$，比较适宜的操作温度区间为 $370 \sim 380℃$；铜基催化剂的的活性温度为 $200 \sim 290℃$，比较适宜的操作温度区间为 $250 \sim 270℃$。

（4）为了防止催化剂老化，在使用的初期宜维持较低温度，随使用时间增加，逐步提高反应温度。另外甲醇合成反应温度越高，则副反应越多，生成的粗甲醇中有机杂质等组分含量也增加。

40. 操作压力对甲醇合成反应有何影响？

答：甲醇合成反应为分子数减少的反应，因此增大压力对平衡有利。

　　不同的催化剂对合成压力有不同的要求，锌-铬催化剂的活性温度为 350～420℃，要实现甲醇合成必须压力在 25MPa 以上，实际生产中锌-铬催化剂的操作压力在 25～35MPa 左右；铜基催化剂的活性温度低（230～90℃），甲醇合成压力要求低，采用铜基催化剂操作压力一般在 5MPa 左右，由于生产装置规模的大型化，从而发展了 10MPa 左右的甲醇合成中压法。

41. 在开车准备阶段技师应具备哪些技能要求?

　　答：①能完成开车流程的确认工作；②能完成开车化工原材料的准备工作；③能按进度组织完成开车盲板的拆装操作；④能组织做好装置开车介质的引入工作；⑤能组织完成装置自修项目的验收；⑥能按开车网络计划要求，组织完成装置吹扫、试漏工作；⑦能参与装置开车条件的确认工作。

42. 开工方案应包括哪些内容?

　　答：①开工组织机构；②开工的条件确认；③开工前的准备条件；④开工的步骤及应注意的问题；⑤开工过程中的事故预防和处理；⑥开工过程中安全分析及防范措施；⑦附录，重要的参数和控制点。

43. 停工方案应包括哪些内容?

　　答：①设备运行情况；②停工组织机构；③停工的条件确认；④停工前的准备条件；⑤停工的步骤及应注意的问题；⑥停工后的隔绝措施；⑦停工过程中事故预防和处理；⑧停工过程中安全分析及防范措施；⑨附录，重要的参数和控制点。

44. 延长甲醇合成催化剂使用寿命的措施有哪些?

　　答：①减少合成气中使催化剂中毒的物质，如硫化物和羟基铁镍；②新催化剂投用要控制生产负荷 70%～90%，杜绝超负荷生产；③新催化剂投用要采用低温操作，充分利用催化剂的低温活性；④新催化剂的还原要严格按催化剂生产厂家方案操作，杜绝床层超温和还原速度过快；⑤控制合成塔较高的空速，防止催化剂过热老化；⑥控制合适的 H/C 值；⑦控制好合成塔入口气中二氧化碳含量 3%～5%，减缓反应。

45. 请分析合成塔入口氢碳比的影响因素有哪些?

答：①新鲜气的氢碳比过高或过低；②弛放气量过高会造成合成塔的氢碳比偏低；③系统的压力偏低也会造成氢碳比的下降；④当催化剂的工作温度控制偏低，该使用阶段的最佳活性温度也会造成氢碳比下降；⑤催化剂活性下降，则合成气的转化率下降弛放气量增大；⑥催化剂型号的不同会造成合成的氢碳比不同；⑦粗甲醇分离器的分离效果不好造成合成系统带液，也会造成合成系统的氢碳比下降；⑧系统的负荷偏低，合成系统为保证压力积累了较多的惰性气体，会使氢碳偏高。

46. 简述影响锅炉水磷酸根浓度的原因

答：①加药泵的打量的大小；②磷酸盐槽溶液浓度；③脱盐水中 Ca^{2+} 含量；④排污量的大小；⑤磷酸盐的隐藏。

47. 甲醇合成系统发生结蜡应如何处理?

答：如果石蜡的形成使调节冷凝器结垢，关掉空冷器部分或全部风机，提高空冷器出口温度高于石蜡熔点一段时间后除去石蜡。当空冷器温度挥发正常温度后，调节冷凝器循环水量，提高出口气温度除去石蜡。临时停车期间，粗甲醇分离器可通过反复充装锅炉给水和排放来除去石蜡。

48. 合成气水冷后的气体温度控制过高与过低的害处是什么?

答：合成气水冷后的气体温度控制过高，会影响气体甲醇和水蒸气的冷凝效果，随着合成气水冷温度的升高，气体中未被冷凝分离的甲醇含量增加，这部分甲醇不仅增加循环压缩机的能耗，而且在甲醇合成塔内会抑制甲醇合成向生成物方向进行。但合成气水冷温度也不必控制得过低，随着水冷温度的降低，甲醇的冷凝效果会相应的增加，当温度降低到 20℃ 以下时，甲醇的冷凝效果增加就不明显了。所以一味追求过低的水冷温度很不经济，不仅设备要求提高，而且增加了冷却水的耗量。

49. 预精馏塔塔顶冷凝液温度控制的意义是什么？

答：预精馏塔以去除轻组分为主体的大部分有机杂质为目的，通过预精馏塔顶的冷凝器的作用，大部分甲醇被冷凝下来，未被冷凝的轻组分进入放空系统，因此冷凝温度的控制对脱除粗甲醇中的轻组分杂质有直接的关系，控制过高，轻组分杂质脱除彻底，甲醇损失大，控制过低，轻组分杂质脱除不彻底。

预精馏塔塔顶冷凝温度控制一般在 30～40℃，但不是一成不变的，随催化剂使用的初、中、晚期的不同，成分的变化可作适当小量调整。